1　矢量图放大后无锯齿

2　导入图像

3　"导出"文件

4　导出到 Office

5　"增强"图像效果

6　"全屏预览"模式

7 　视图管理器

9 　标尺与辅助线

8 　放缩工具

10 　插入合并打印域

11　手形工具

12　Web 图像优化

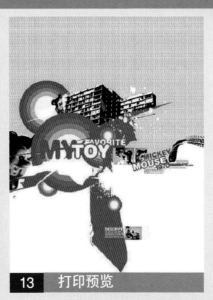

13　打印预览

14　挑选工具

15　基本形状工具组的应用

16　螺纹工具背景效果

17　编辑端点

18　钢笔工具

19　"智能绘图工具"效果

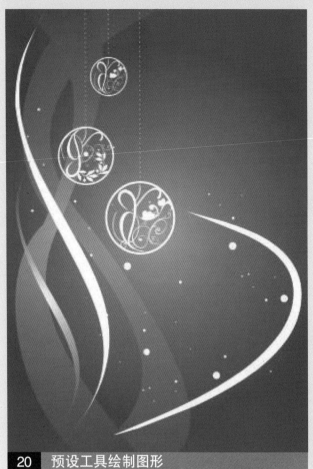

20 预设工具绘制图形

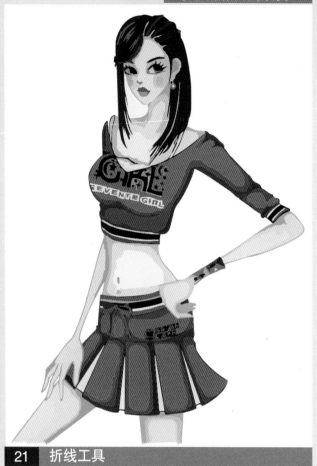

21 折线工具

22 3点曲线工具

23 撤销与重做命令

24 复制、剪切和粘贴

25 美术文字

单击"颜色库"按钮，将弹出"颜色库"对话框，在其中已经显示了与拾色器中选择的颜色最接近的颜色。单击"扩大"按钮，在弹出的下拉列表中选择所需的颜色系统。选择好颜色系统之后，可以拖动颜色滑块选取所需颜色，最后在"颜色"列表中根据

颜色编号选择所需要颜色。单击"拾色器"按钮，返回"拾色器"对话框。

在"拾色器"对话框中，设置需要

颜色后，单击"确定"按钮，工具箱中前景色的图标将显示设置后的颜色。要设置背景色，单击背景色图标，同样弹出"拾色器"对话框，以同样的操作设置背景色。

26 文本链接

房屋中整体设施				
卧室	双人床	衣柜	梳妆台	床头柜
次卧	单人床	衣柜	床头柜	电脑桌
其他	客厅	沙发	电视柜	茶几	书柜
	厨房	橱柜	推拉门	
	卫生间	浴室柜	推拉门	

27 创建表格

28 设置项目符号

29 导入文本

30 编辑调和对象

31 交互式阴影工具

32 "到中心"轮廓图效果

33 交互式封套工具

34 交互式立体化工具

35 交互式透明工具

36 添加透视点

■ 全面介绍CorelDRAW X5 基本功能

■ 实例贯通基础内容讲解，让学习更直观

■ 超过**180**个实用技巧，彻底解决最常见的疑难杂症

CorelDRAW X5

入门与实用
技巧大全

INTRODUCTION
AND PRACTICAL
SKILLS REFERENCE

新知互动　编著

中国铁道出版社
CHINA RAILWAY PUBLISHING HOUSE

内 容 简 介

　　本书是一本具有很高实用价值的 CorelDRAW X5 软件参考用书。全书包括软件相关知识和界面的介绍、软件的基础操作、绘制和编辑几何图形、图形对象的填充和轮廓修改、组织和管理对象、文本和表格的编辑、矢量特效、位图图像的处理、滤镜特效等，内容丰富多彩，讲解生动直观。同时，还精心添加了一些常用的软件操作技巧，使读者熟练掌握软件的操作方法，方便读者学习使用。

　　本书突破常规版式编排，采用了双栏排版形式，在主讲应用案例的同时，在侧栏辅以相关的印刷知识，可以在更大程度上提高读者在平面设计中的实际创意和制作能力。本书适合平面设计爱好者作为自学教材或高等院校相关专业学生作为教学用书。

图书在版编目（CIP）数据

CorelDRAW X5入门与实用技巧大全 / 新知互动编著.
—北京：中国铁道出版社，2012.1
　ISBN 978-7-113-13152-4

　Ⅰ.①C… Ⅱ.①新… Ⅲ.①图形软件，CorelDRAW
X5 Ⅳ.①TP391.41

中国版本图书馆CIP数据核字（2011）第189851号

书　　名：CorelDRAW X5 入门与实用技巧大全
作　　者：新知互动　编著

责任编辑：张雁芳　　　　　　　读者热线电话：010-63560056
特邀编辑：赵树刚
封面设计：李小娇　　　　　　　封面制作：郑少云
责任印制：李　佳

出版发行：中国铁道出版社（北京市西城区右安门西街 8 号　　邮政编码：100054）
印　　刷：北京米开朗优威印刷有限责任公司
版　　次：2012 年 1 月第 1 版　　　2012 年 1 月第 1 次印刷
开　　本：850mm×1 092mm　1/16　印张：22　插页：4　字数：510 千
书　　号：ISBN 978-7-113-13152-4
定　　价：79.80 元（附赠光盘）

CorelDRAW 是一款功能强大的图形绘制与平面设计软件，在平面广告设计、产品设计等领域中都有着较为广泛的应用。随着软件版本的不断升级，软件的功能越来越完善，在 CorelDRAW X5 版本中，增加了更多方便用户操作的实用功能，增强了人性化的操作方式，因而能更好地满足不同使用群体和设计层次的需求。

本书采用对 CorelDRAW X5 软件的基本知识和实用技巧相结合的方法进行了全面剖析，为读者提供了更为实用的学习平台。在充分借鉴前人宝贵经验的基础上，本书推陈出新，形成了自身独特的风格和特点。本书的编者均为业内经验丰富的设计师，他们明确各阶段读者的实际学习需求，依此精心设计讲解内容，兼顾了基础知识与实用技巧两方面。在介绍各种工具、命令的使用方法的同时，穿插了 CorelDRAW X5 中大量常用的操作技巧和注意要点，使读者能在短时间内迅速提高软件应用能力。在正文的基础部分讲解中，力求做到知识讲述层次清晰、系统全面、由浅入深，便于读者的理解和掌握；在侧栏的实用技巧部分讲解中，编者根据多年的实践经验，为读者提供了大量的软件快捷操作技巧，提高读者对软件的驾驭能力。

本书以循序渐进的学习模式全面地阐述了 CorelDRAW X5 软件的各项功能和常用技巧。全书内容共分 10 章：第 1 章讲解了 CorelDRAW X5 的一些相关知识和软件界面的组成，第 2 章讲解了 CorelDRAW X5 的一些操作基础，第 3 章讲解了如何绘制直线、曲线和几何图形，第 4 章讲解了图形和线的编辑和修改，第 5 章讲解了对象的填充和轮廓，第 6 章讲解了如何组织和管理对象，第 7 章讲解了文本和表格的编辑，第 8 章讲解了如何制作矢量特效，第 9 章讲解了位图图像的处理，第 10 章讲解了滤镜特效及其应用；并在各个章节中穿插了一些常用的软件操作技巧，以帮助读者提高软件操作的效率。

本书内容详略得当，图文并茂，实例适用，步骤清晰，其操作性和针对性都比较强，适于各类初、中级读者使用。对于没有 CorelDRAW 软件使用经验的读者，通过对本书的学习可以全面系统地掌握软件的操作方法和技巧；对于有一定 CorelDRAW 软件使用经验的读者，通过对本书的学习可以对 CorelDRAW 软件的各种功能有更加全面的认识，同时掌握更多的使用技巧和软件功能；对于已经熟练使用 CorelDRAW 软件的读者，前面的理论知识部分可以作为读者的技术手册，用于随时查阅一些需要的功能介绍；而后面的实例部分则可以帮助读者拓展视野，增加对软件的实际应用方面的经验。

　　本书不仅可以作为平面设计人员的参考用书，也可以作为相关职业学校的培训教材。由于时间、精力及能力有限，书中难免有不足和疏漏之处，敬请广大读者予以指正。

编　者

2011 年 8 月

Chapter 01　初识 CorelDRAW X5

本章知识缩影

Chapter 02　CorelDRAW X5 的
基础操作

■本章知识缩影

Chapter 03 绘制直线、 曲线和几何图形

本章知识缩影

Chapter 04　图形和线的编辑和修改

本章知识缩影

Chapter 05　　对象的填充和轮廓

本章知识缩影

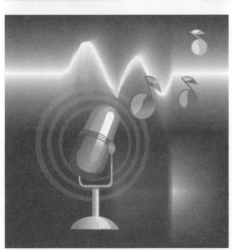

Chapter 06 组织和管理对象

本章知识缩影

Chapter 07 文本和表格的编辑

本章知识缩影

Chapter 08　矢量特效

本章知识缩影

Chapter 09 位图图像的处理

本章知识缩影

Chapter 10　滤镜特效

本章知识缩影

CorelDRAW X5 → 入门与实用技巧大全

01 Chapter

初识CorelDRAW X5

本章介绍了CorelDRAW X5图像处理基本概念，包括软件简介、处理对象、色彩模式、文件格式，CorelDRAW X5界面组成，使读者对CorelDRAW X5有一个宏观的认识，为今后的学习奠定基础。

隐藏和显示新功能的方法

由于CorelDRAW X5版本中新增了许多的新功能，许多用户却不知道哪些是新增功能，CorelDRAW X5为用户准备了"突出显示新功能"项，其中还启用了与过去的版本对照显示的方法，下面我们来介绍一下，如下图所示。

▲ 无突出显示新增功能状态

▲ "突出显示新增功能"命令位置

▲ 突出显示新增功能状态

1.1 图层概述

1.1.1 CorelDRAW 简介

CorelDRAW 是一款矢量图处理软件，更是非常专业的平面设计软件。随着计算机技术的发展，Corel 公司发布了 CorelDRAW X5 软件包，其强大的功能、简洁的操作环境，较好地满足了用户的需求，备受设计人员的青睐，也给图形专业的人员带来更多的乐趣。CorelDRAW X5 欢迎界面如图 1-1 所示。

图 1-1　CorelDRAW X5 的欢迎界面

1.1.2 CorelDRAW X5 新增功能

CorelDRAW X5 是 CorelDRAW Graphics Suite X5 套装软件中的核心软件。其功能非常丰富，不仅可以用它进行广告、封面的制作和设计，还可以将矢量图形转化成位图、应用各种效果、滤镜等，另外，它还提供了位图操作以及QuarkXpress等桌面出版功能。因此，可以说 CorelDRAW X5 完善地实现了网页和打印等多种媒体输出的设计平台。CorelDRAW 在很早的 PC 环境中就支持彩色出版，目前已推出了 MAC 版本。

CorelDRAW X5 新增功能和增强功能满足用户的多种需求，工作起来更加轻松快捷。CorelDRAW X5 中新增项目多达 50 多项，其中包括文件的新建、新增和改进的工具、锁定工具栏、Corel CONNECT 功能、包含新的艺术笔预设和笔尖、Adobe 产品支持、文件格式兼容性、像素预览、新增"十六进制"颜色模式、文档调色板、支持 html 页面导出，等等。下面对此进行简单介绍。

创建新文档对话框

CorelDRAW X5 包含创建新文档对话框，该对话框提供可供选择的页面尺寸预设、文档分辨率、预览模式、颜色模式和颜色预置文件。描述区域为新用户阐述了可用的控件和设置。在 Corel PHOTO-PAINT X5 中，创建新文档对话框已更新，可配合 CorelDRAW 中对应的对话框。它现在提供了颜色信息，如颜色模式和颜色预置文件。

绘图工具

CorelDRAW 中的一系列新绘图工具包括B-Spline 工具、对象坐标泊坞窗、可缩放箭头、增强的连线和度量工具以及新的线段度量工具。B-Spline 工具可让用户创建平滑的曲线，比使用手绘路径绘制曲线所用的节点更少。为了达到最大精确度，对象坐标泊坞窗可以让用户指定新对象的大小及其在页面上的位置。

轻松导出

CorelDRAW Graphics Suite X5 拥有行业领先的文件格式兼容性，提供了当今设计师需要的作品输出的灵活性。Web 网幅图像广告、印刷广告、手册、T 恤衫、广告标牌、数字看板等可能需要相同的设计。CorelDRAW Graphics Suite 为用户提供适用于所有输出形式的整合解决方案。

十六进制颜色值

现在，该套装提供了查看十六进制（hex)）颜色值的多个选项，用户可以通过 hex 值来选择颜色。网页设计师通常会指定标准十六进制格式的颜色，这样可以确保一致的颜色显示。使用 CorelDRAW X5，用户可以在均匀填充对话框、滴管工具提示、颜色泊坞窗和状态栏中查看十六进制值。

1.1.3　CorelDRAW X5 的处理对象

通过 CorelDRAW X5 的新欢迎屏幕，用户可以在一个集中位置访问最近使用过的文档、模板和学习工具。为激发用户灵感，欢迎屏幕还包括一个图库，其中展示了由世界各地 CorelDRAW 用户创作的设计作品。

CorelDRAW 的处理对象有两种：矢量图形和位图图像。在计算机中，图像是以数字化的方式存在的，这种数字化图像分为矢量图形和位图图像。这两种图像类型各有所长，相互区别又相互补充。图形设计人员经常需要将两种类型结合运用，下面分别对其进行介绍。

矢量图形

矢量图形还可以称为向量式图形，它以数学描述方式来记录图像内容，其内容是以线条和色块为主的。通常矢量图形所占的空间小，在进行放大等操作时，不会影响图形的清晰度。但矢量图形不易操作色彩丰富或色彩变化很大的图像，并且绘制出来的图形不是很逼真，无法像照片一样精确地呈现一些好看的景象，而且不容易在不同的软件中运行。如 FreeHand、Illustrator、CorelDRAW、AutoCAD 等软件都可以来制作矢量式图形。矢量图形放大后清晰度效果，如图 1-2 所示。

图 1-2　矢量图放大后无锯齿

位图

位图是由像素点组合成的图像，它可以制作出颜色和色调变化丰富的图像，同时也很容易在不同的软件之间进行交换文件，这些都是位图式图像的优点。但由于位图记录的是每个像素的位置和颜色，所以文件比矢量图形大，所占的硬盘空间也大，在处理图像时，计算机的运行速度慢。Adobe Photoshop 属于位图式的图像软件，它可以打开向量图形，所以能够与其他向量式图像软件交换文件。在 Photoshop 图像中，像素的数目和密度越高，图像就越逼真。如 Adobe Photoshop、Corel PHOTO-PAINT、Design Painter、Ulead PhotoImpact 等软件都可以用来制作位图式图形。位图放大后清晰度效果，如图 1-3 所示。

图 1-3　位图放大后有锯齿

打开位图的方法

CorelDRAW X5 虽然可以对矢量图形和位图进行处理，但此软件主要还是针对矢量图形进行编辑的，所以在打开图像的时候，直接在菜单中执行"文件"/"打开"命令来打开位图就会弹出提示对话框，提示尝试使用"导入"命令。使用"导入"命令时，会出现图标和位图信息，并提示单击拖曳重新设置大小或者是按【Enter】键居中。

▲　使用"打开"命令

▲　使用"导入"命令

◎ 颜色校准

在使用的过程当中，有时色板上的颜色会改变，这时候需要颜色校准，执行"工具"/"选项"命令，弹出"选项"对话框，在左侧选项中展开"工作区"/"自定义"/"命令"，在右侧命令下拉列表中选择"窗口"选项，在下方的列表框中选择"颜色校准设置"选项，用鼠标拖曳出来，放置到"标准工具栏"的旁边，单击即可校准颜色，如下图所示。

▲ 菜单中"颜色校准"的位置

▲ "颜色校准"命令

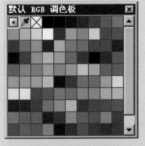

▲ "颜色校准"命令使用前

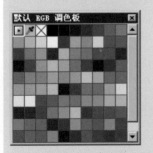

▲ "颜色校准"命令使用后

1.1.4 色彩模式

在 CorelDRAW 中使用的图像颜色都是基于颜色模式的，颜色模式定义了图像的颜色特征，并由其构成的颜色来描述。CorelDRAW 主要支持以下颜色模式：

RGB 模式：一种很好的屏幕显示模式，主要以红、绿、蓝三种基色光为主。这三种基色光，可通过不同比例因素的混合，产生青色、洋红、黄色、白色等多达 1 677 万种光色，也被称为真色彩，如图 1-4 所示。

CMYK 模式：一种基于印刷处理的模式，可做四色印刷，主要以青色、洋红、黄色、黑色 4 种基本印刷色为主。这 4 种印刷色，反映了油墨混合的比例，可通过不同比例等因素的混合，产生更多的其他印刷色，如图 1-5 所示。

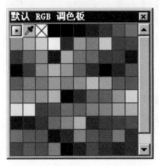

图 1-4　RGB 模式

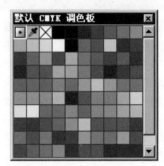

图 1-5　CMYK 模式

位图模式：该模式使用两种颜色值（黑色或白色）之一，表示图像中的像素。位图模式下的图像因为其色彩深度为 1 位，又被称为一位图像。它可以由扫描或置入黑色的矢量线条图像生成，也可以由灰度模式或双色调模式转换而成。其他图像模式不能直接转换为位图。

灰度模式：该模式只有亮度值，无色相/饱和度信息，只有黑、白、灰 3 色。该模式使用多达 256 级灰度。灰度图像中的每个像素都有一个 0（黑色）～255（白色）之间的亮度值。

Lab 模式：该模式是一种色域最广的模式，它包括 RGB、CMYK 色域中的所有颜色。Lab 模式也包含了 3 个通道，是 24 位颜色深度的图像模式。L 通道是亮度通道，a 和 b 两个通道为色彩通道。当 RGB 模式转换成 CMYK 模式，实际上是 RGB 转换成 Lab 模式再转换成 CMYK 模式。

双色调模式：该模式通过 2~4 种自定油墨创建双色调（两种颜色）、三色调（3 种颜色）和四色调（4 种颜色）的灰度图像。

调色板模式：调色板模式是 CorelDRAW 软件中所有对象应用颜色常用的模式。

1.1.5 文件格式

文件格式定义了文件的类型，也定义了应用程序如何在文件中存储信息。通常来说，一个文件扩展名都是 3 个字符长度（如.cdr、.psd、.jpg 等），并且用于帮助用户和计算机区别不同格式的文件。下面介绍几种常用的文件格式：

CDR 格式

CDR 格式是 CorelDRAW 软件自身的矢量图形格式，该格式的矢量效果是逐点映射到页面上的，因此在缩小或放大矢量图形时，原始图像不会变形。

AI 格式

AI 格式是 Illustrator 软件自身的默认格式。AI 格式的文件可以直接在 Photoshop 和 CorelDRAW 等软件中打开，当在 CorelDRAW 软件中打开时，文件仍为矢量图形，且可以对图形的颜色和形式进行编辑修改。

BMP 格式

BMP 格式是在 DOS 和 Windows 平台上常用的一种标准位图图像格式。当图像以这种格式保存时，可以选择存储为 Microsoft Windows 或者 OS/2 格式。另外，该格式支持 RGB、索引颜色、灰度和位图颜色的图像，但不支持 Alpha 通道。

GIF 格式

GIF 格式是互联网及其他联机服务上常用的一种文件格式，用于显示超文本置标语言（HTML）文档中的索引颜色图形和图像。GIF 是一种用 LZW 压缩的格式，目的是最小化文件大小和电子传输的时间。GIF 格式保留了索引颜色图像中的透明度，但不支持 Alpha 通道。

SWF 格式

SWF 格式是一种以矢量图形为基础的文件格式，常用于交互和动画的 Web 图形。将图形以 SWF 格式输出，便于 Web 设计和在配备 Adobe Flash Player 的浏览器上浏览。

JPEG 格式

JPEG 格式是一种用来描述位图的文件格式，常用于 Windows 和 MAC 平台。它支持 CMYK、RGB 和灰度颜色模式的图像，但不支持 Alpha 通道。此格式可以将图像进行压缩，使图像文件变小，是所有压缩格式中最优秀的。

TIFF 格式

TIFF 格式是一种灵活的位图图像格式，大多数绘图、图像编辑和页面排版应用程序都支持该格式，并且，几乎所有桌面扫描仪都可以生成 TIFF 图像。

EPS 格式

EPS 格式是一种跨平台的通用格式，大多数绘图软件和排版软件都支持此格式。它可以保存图像的路径信息，并可以在各软件之间相互转换。

PNG 格式

PNG 格式是针对于图像开发的文件格式。这种格式可以使用无损压缩方式压缩图像文件，并利用 Alpha 通道制作透明背景，是功能非常强大的网络文件格式。

TGA 格式

TGA 格式常用于描述位图。它支持各种压缩系统，并能够表示从黑白到 RGB 颜色的一系列位图。

PCX 格式

PCX 格式通常应用于 IBM PC 兼容电脑，支持 24 位颜色，并且支持 RLE 压缩方式，可以使图像占用较小的磁盘存储空间。

DXF 格式

DXF 格式是 AutoCAD 绘图文件中所含信息的一种标记数据表示法。它已成为交换 CAD 绘图的标准，支持许多 CAD 应用程序。图形交换是基于图形的格式，它支持 256 种颜色。

PSD 格式

PSD 格式是一种位图格式，是 Photoshop 软件自身的默认格式，该格式能保存图像数据的每个细节，且各个图层中的图像互相独立，唯一的缺点是存储的图像文件比较大。

打开 AI 格式

在设计工作的过程中我们会发现，实际上 Illustrator CS4 版本保存的 AI 格式文件在 CorelDRAW X5 中是打不开的，如果想打开怎么办？其实很简单，只要把 AI 格式文件在 Illustrator CS4 中打开另存的时候选择保存为 Illustrator CS 版本的 AI 格式，就可以在 CorelDRAW X5 中直接打开了。

色彩模式和滤镜

RGB 图像为三通道图像，在 Photoshop 中所有命令和滤镜都能够使用。但是其他模式在使用滤镜的时候就是受限制的，例如，CMYK 模式就不是所有滤镜都可以使用的，但是在 CorelDRAW X5 中则不是那样的，即使是 CMYK 模式，CorelDRAW X5 中滤镜也全部都可以使用。

单击"新增功能"选项卡,即可看到新增功能介绍,单击标题可以看到相应的新功能介绍,单击翻页按钮可以查看另一组新功能及相关介绍,如下图所示。

▲ 单击标题

▲ 单击翻页按钮

▲ 另一组新功能

单击"学习工具"选项卡,即可看到学习工具,第一项是"视频教学",可以单击"欢迎"按钮,回到首页,单击播放视频文件,如下图所示。

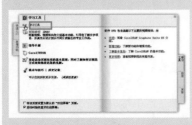

▲ 单击回到首页

1.2 CorelDRAW X5界面组成

安装完成后执行"开始"/"所有程序"/"CorelDRAW Graphics Suite X5"/"CorelDRAW X5"命令,即可启动CorelDRAW X5软件。在开始学习使用CorelDRAW X5软件绘制图形之前,首先要了解CorelDRAW X5的欢迎屏幕和操作界面。对于CorelDRAW X5的欢迎屏幕,只有熟悉了各种屏幕的快捷工具和界面中工具菜单的基本功能,才能利用软件设计出精美的图形作品。

1.2.1 欢迎屏幕

启动软件以后,出现如图1-6所示的欢迎屏幕。全新的欢迎屏幕界面使用户可以在一个集中位置访问最近使用过的文档、模板和学习工具,欢迎屏幕还包括一个图库,其中展示了由世界各地CorelDRAW Graphics Suite用户创作的设计作品。

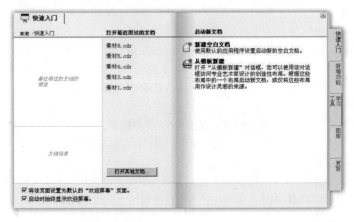

图1-6 欢迎屏幕页面

欢迎屏幕对话框中选项功能如下:

快速启动

此屏幕可创建空白文件,从模板新建文件,打开具有预览和文件信息的相关类型文件以及设置在默认状态下启动时是否显示该欢迎界面,如图1-7所示。

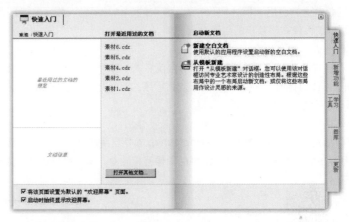

图1-7 快速启动

新建空白文件：单击该文字可以用默认模板新建一个图形文件。

最近使用的文件预览：在其右侧有最近使用过的文件名称，鼠标移动到某一文件上方会在预览下方显示文件信息。单击文件会直接打开该文件。

从模板新建：单击该文字会弹出"从模板新建"对话框，如图1-8所示。可以在其中选择所需的模板。

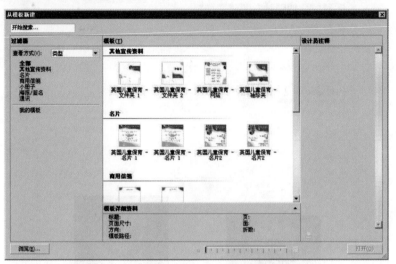

图1-8　从模板新建

新增功能屏幕

此屏幕中主要显示了当前版本CorelDRAW X5较以前版本新增加的相关功能，如图1-9所示。

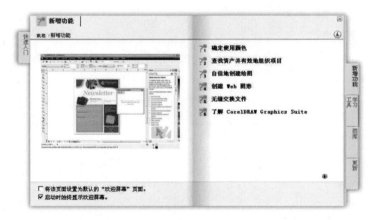

图1-9　新增功能

学习工具

此屏幕中主要提供了供读者学习的相关辅助性的工具，如图1-10所示。

画 廊

此屏幕中主要提供了非常优秀的矢量作品供读者参考制作和欣赏，如图1-11所示。

▲　单击播放视频文件

▲　播放视频文件

切换回"学习工具"页面，选择第二项，看到右侧有些图形教学，单击右侧的图，即可打开教学文件，如下图所示。

▲　单击文件

▲　打开的教学文件

打开工具栏的方法

如果 CorelDRAW X5 的工具栏、属性栏或工具箱没有在操作界面中显示出来，或者不小心关掉了，可单击"窗口"/"工具栏"命令在弹出的子菜单中选取相应的选项即可。

▲ "工具栏"命令

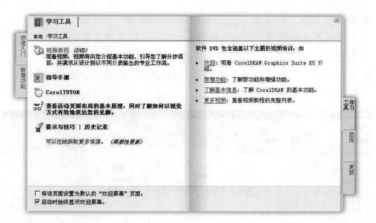

图 1-10 学习工具

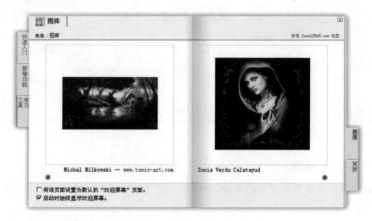

图 1-11 画廊

更新屏幕

此屏幕中主要显示了该软件版本的相关更新信息，并具有更新的详细资料供读者参考，如图 1-12 所示。

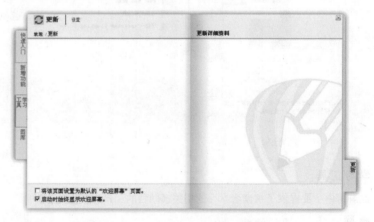

图 1-12 更新屏幕

1.2.2 界面组成结构

在欢迎屏幕中选择"新建空文档"，便会进入 CorelDRAW X5 的操作界面，操作界面主要由标题栏、菜单栏、标准工具栏、属性栏、工具箱、状态栏、泊坞窗、窗口控制按钮和默认 CMYK 调色板等组成，如图 1-13 所示。

标题栏
菜单栏
标准工具栏
属性栏

泊坞窗

工具栏

草稿区　　　绘图页

调色板

文档导航器

导航器
状态栏

图 1-13　CorelDRAW X5 的操作界面

1.2.3　标题栏

CorelDRAW X5 的标题栏与其他 Windows 的应用程序是相同的，都位于工作区的顶部，主要用于显示当前软件的程序图标、程序名称、文档路径以及当前文件的最大化、最小化及关闭按钮，如图 1-14 所示。

程序图标　程序名称　　　　　　　　　文档路径　　　最小化 最大化 关闭按钮

图 1-14　标题栏

1.2.4　菜单栏

菜单栏位于标题栏的下方，CorelDRAW X5 的主要功能都可以通过菜单栏中的命令来完成，共有 12 组不同功能的菜单，包括"文件"、"编辑"、"视图"、"布局"、"排列"、"效果"、"位图"、"文本"、"表格"、"工具"、"窗口"、"帮助"，如图 1-15 所示。并且每个菜单下都包含若干子菜单，各个菜单的下拉菜单从左到右依次排列，如图 1-16 所示。

图 1-15　菜单栏

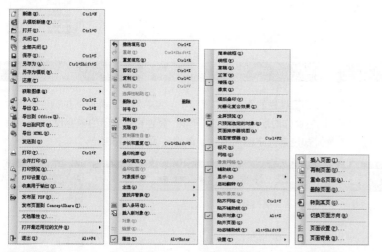

文件菜单　　　　　编辑菜单　　　　　视图菜单　　　　　布局菜单

📷　学习工具的使用

工具栏分为两种状态，一种称为固定状态，它在操作界面中处于固定位置，这也是启动CorelDRAW X5时标准工具栏的默认状态。使用鼠标单击标准工具栏左侧的手柄并进行拖动，可以将工具栏拖放至屏幕上的任意位置，这种状态被称为浮动状态。双击工具栏的标题栏即可使其返回到原来位置，并恢复到固定状态，如下图所示。

▲　拖拽到任意位置

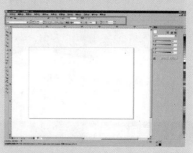

▲　返回到原来位置

隐藏和显示调板的快捷方法

如果CorelDRAW X5的工作界面元素妨碍了图像的显示，可以隐藏掉所有的调板，包括工具箱和选项栏，只要按一下【F9】键即可。要恢复显示隐藏掉的调板，再按一下【F9】键即可，如下图所示。

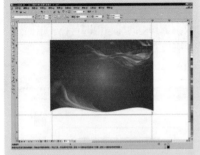

▲ 工作界面调板显示状态

▲ 工作界面的调板隐藏状态

工具箱操作

在使用工具箱时，将鼠标移动到工具上方稍停留片刻，则会出现工具提示。提示括号中的字母则表示该工具的快捷键。

如果在工具的右下角有◢小三角形图标，则表示该工具组中还有其他工具，单击即可弹出工具组，然后单击可选择所需的工具。

排列菜单

效果菜单

位图菜单

文本菜单

表格菜单

工具菜单

窗口菜单

帮助菜单

图1-16　菜单栏下子菜单

1.2.5　标准工具栏

标准工具栏中以按钮的形式汇集了一些常用的命令，如新建、打开、保存、打印、复制、粘贴、导入、导出、欢迎屏幕、应用程序启动器、贴齐和选项等，如图1-17所示。通过这些工具按钮，可以简化许多操作提高工作效率。

图1-17　标准工具栏

1.2.6　属性栏

属性栏位于标准工具栏的下方，它显示了与当前活动工具或所执行任务相关的最常用的功能。根据操作时所应用的工具不同，属性栏中显示的内容也不同，例如，选择"挑选工具"却没有选定图形时候的属性栏如图1-18所示。

图1-18　"挑选工具"属性栏

1.2.7 绘图窗口

绘图窗口是绘制与编辑图形的区域,它包括草稿区与绘图页,如图**1-19**所示。绘图页就是用于创建图形的绘图窗口中央的矩形,只有在绘图页中绘制的图形才会被打印出来;绘图页周边的的区域为草稿区,同样可以绘制出图形,只是打印时需要将图形移动到绘图页当中才可以。

可以对绘图窗口进行多种操作,可以改变大小和位置,也可以缩放、最大化和最小化窗口。

图 1-19 绘图窗口

1.2.8 工具箱

在 CorelDRAW X5 中工具箱有 10 多组工具,包含了 CorelDRAW X5 中所有的工具,如图**1-20**所示。工具箱中的每个按钮都代表一种工具,用鼠标单击所需要应用的工具按钮,按钮会处于被选中的状态,即代表该工具已经被选取。

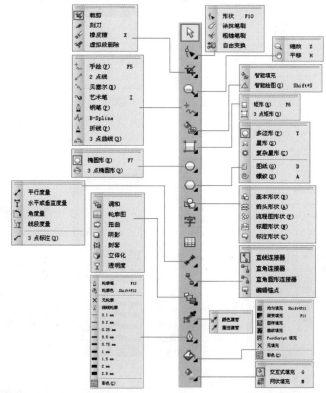

图 1-20 工具箱

恢复工具的默认设置

如果将"工具箱"中的工具,拖动丢失,或者移动到其他位置,我们就可以将工具箱恢复默认值。执行"工具"/"选项"命令,弹出"选项"对话框,在左侧选项中展开"工作区"/"自定义"/"命令栏",在右侧选择"工具箱",单击下方的"重置"按钮,弹出对话框询问是否将"工具箱"重置为应用程序的默认设置,单击"是"按钮,即可将"工具箱"恢复默认设置,如下图所示。

▲ 自定义"命令栏"

▲ 是否恢复工具箱默认设置提示框

不仅工具箱在这里可以恢复默认设置,其他的"菜单栏"、"状态栏"、"标准工具栏"、"属性栏"等都可以这样恢复默认设置。

自定义命令

为进行自定义，所有菜单、工具栏、属性栏和状态栏均看做命令栏。"命令栏"页允许创建、编辑、删除和设置命令栏的属性。

"命令"页允许将命令从命令列表拖放至任何命令栏，还可以编辑任何命令的属性，如工具提示、标题文本、快捷键和位图。

可以不使用"命令"页自定义任何命令栏。为此，按住【Alt】键移动或【Ctrl+Alt】组合键复制将选定项目从一个命令栏释放至另一个命令栏。

分离或嵌套泊坞窗

泊坞窗共有26个之多，操作时也经常会有不同的需要，有时需要对泊坞窗进行重新组合，有时则需要将它们独立分开。将常用的泊坞窗嵌套在一起可以节省屏幕的空间，留下更大的空间用来绘图、编辑空间，可以更方便的调出所需的泊坞窗。嵌套后的泊坞窗只需要单击泊坞窗标签，即可以在泊坞窗之间进行切换，这些泊坞窗被一起打开、关闭或最小化。

分离泊坞窗时要先将指针指向要分离的泊坞窗的标签上，再在其上按住左键并向泊坞窗外拖动，松开左键后即可将泊坞窗分离出来，如下图所示。

1.2.9 泊坞窗

泊坞窗可以通过对功能选项的设置，有效利用界面空间，快速地进行相关功能的操作，它与对话框不同，泊坞窗可以一直开着，便于使用各种命令来尝试不同的效果，使用泊坞窗的时候可以随时在"窗口"/"泊坞窗"打开，如图1-21所示。

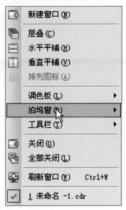

图1-21 "泊坞窗"位置

CorelDRAW X5提供了26个泊坞窗，如图1-22所示。泊坞窗既可以停放，也可以浮动。停放泊坞窗就是将其附加到应用程序窗口的边缘，也可以折叠泊坞窗以节省屏幕空间。取消停放泊坞窗会使其与工作区的其他部分分离，用户也可将它拖放到屏幕的任何位置上，只要将鼠标指针指向面板提示栏中的两条线或蓝色条，并按下左键不放，将它拖到屏幕所需的位置后松开鼠标左键即可。

"对象属性"　"对象管理器"泊坞　　　"提示"泊坞窗"视图管理器"　　"链接书签"
泊坞窗　　　窗　　　　　　　　　　　　　　　泊坞窗　　　　　泊坞窗

"图形和文本"
泊坞窗

"撤销"泊坞窗

"连接曲线"
泊坞窗

"轮廓图"泊坞
窗

"符号管理器"
泊坞窗

"艺术笔"泊坞　"调和"泊坞窗
窗

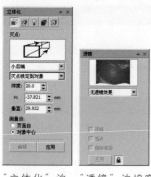

"立体化"泊坞窗 "透镜"泊坞窗 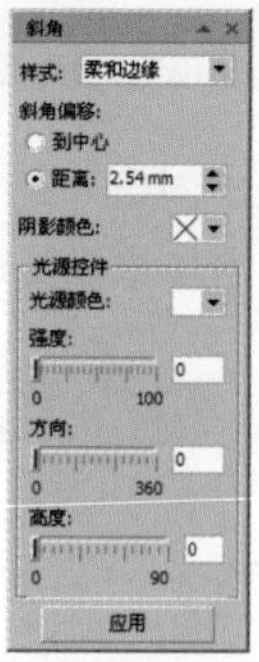 "斜角"泊坞窗 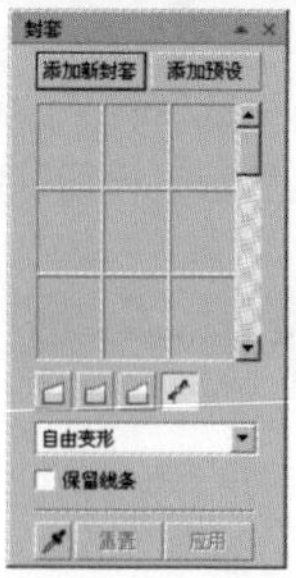 "封套"泊坞窗 "位图颜色遮罩"泊坞窗

"变换"泊坞窗 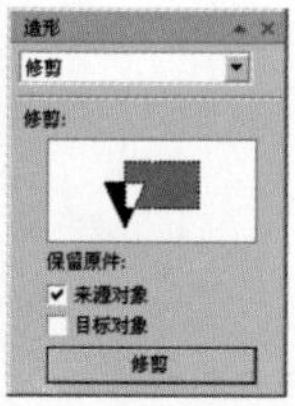 "造形"泊坞窗 "圆角/扇形切角/倒角"泊坞窗 "颜色"泊坞窗  "颜色校样设置"泊坞窗

"调色板浏览器"泊坞窗 "颜色样式"泊坞窗 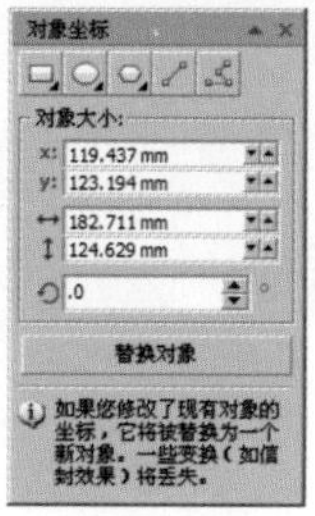 "对象坐标"泊坞窗 "Conceptshare"泊坞窗

图 1-22 泊坞窗

1.2.10 文档导航器

如果同时打开了几个泊坞窗，通常会嵌套显示，并且只有一个泊坞窗完整显示，可以通过点击泊坞窗的标签快速显示隐藏的泊坞窗，如图 1-23 所示。

文档导航器是位于应用程序窗口左下方的区域，包含用于页面间移动和添加页的控件，如图 1-24 所示。

图 1-23　泊坞窗标签

选择最前一页　总共页码
添加页　当前页码　向后选择页　页标签

图 1-24　文档导航器

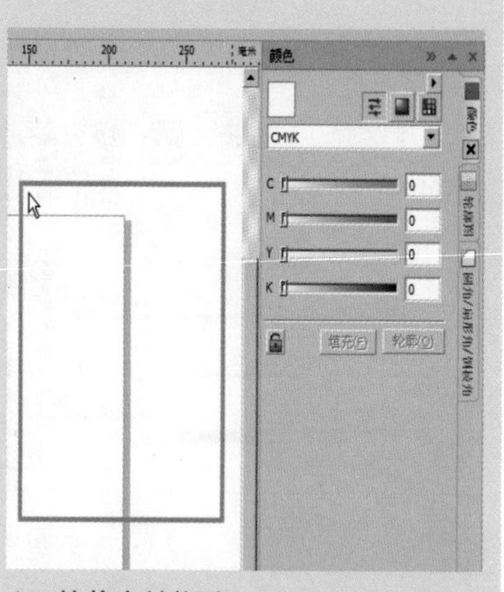

▲ 按住左键拖动

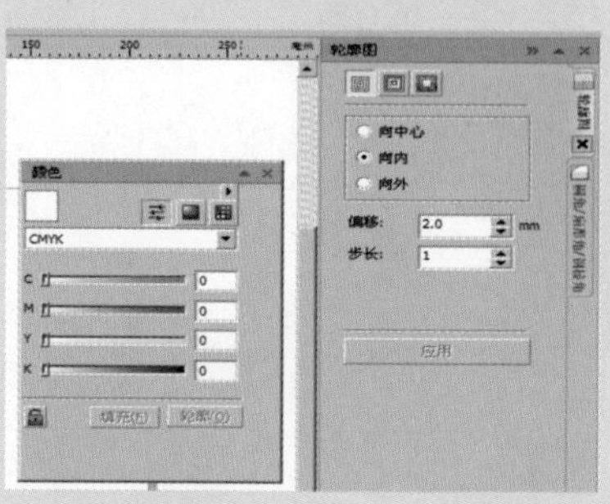

▲ 分离出来

嵌套泊坞窗时先将指针指向泊坞窗的标签或标题上，再在其上按住左键并向需要嵌套的泊坞窗中拖动，当泊坞窗中显示一个虚线粗方框时，松开左键即可将它们嵌套在一起，如下图所示。

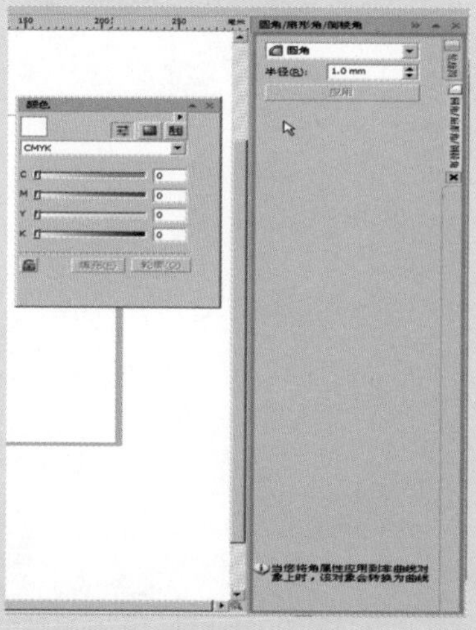

▲ 按住左键拖动

▲ 嵌套在一起

1.2.11 状态栏

状态栏显示有关选定对象的信息，例如，颜色、填充类型和轮廓、光标位置，等等。状态栏中还显示鼠标指针的当前位置以及相关命令，如图 1-25 所示。

图 1-25 状态栏

CorelDRAW X5 → 入门与实用技巧大全

02 Chapter
CorelDRAW X5的基础操作

本章介绍了CorelDRAW X5的文件基础操作、视图调整、版面设置、辅助工具与辅助功能，以及打印输出和帮助等内容，使读者熟悉CorelDRAW X5的基本操作方法，根据不同的需求创建文件并调整文件的格式、尺寸和保存图形文件等，为今后的学习奠定稳固的基础。

2.1 文件的基础操作

执行"文件"/"新建"命令，此时会弹出"创建新文档"对话框，如下图所示。

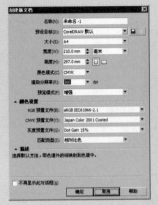

▲ "创建新文档"对话框

选项参数如下：

在"名称"文本框中输入文件名。

从"预设目标"列表框中选择一个绘图输出目标（默认 CMYK - 应用创建用于商业印刷的图形的设置。CorelDRAW 默认 - 应用创建用于打印图形的 CorelDRAW 默认设置。Web - 应用创建用于网络的图形的设置。默认 RGB - 应用创建用于打印到高保真打印机的图形设置）。

从 毫米 列表框中选择一种测量单位，更改页面的测量单位。

从"大小"列表框中选择绘图页面尺寸或在"宽度"和"高度"框中输入值。

单击 按钮之一可以更改页面方向。

从"原色模式"列表框中可以选择一种文档的默认颜色模式（从原色模式列表框中选择一种颜色模式后，所选的颜色模式会成为文档的默认颜色模式。默认的颜色模式会影响颜色的相互作用效果，如调和与透明度。它不会限制可以应用到绘图的颜色类型。例如，如果您将颜色模式设置为 RGB，您仍可以在文档中应用 CMYK 调色板中的颜色）。

如果要真正掌握和使用一个图像处理软件，就需要逐步地来进行学习，下面将介绍在 CorelDRAW X5 中的一些基本操作。

2.1.1 新建文件

CorelDRAW X5 中新建文件的方法有 4 种。

第 1 种方法：上一章我们讲过欢迎屏幕，可以在欢迎屏幕中直接单击"新建空文件"来新建文件，如图 2-1 所示。此时会弹出"创建新文档"对话框，设置完参数后，单击"确定"按钮，即可新建空文件，如图 2-2 所示。

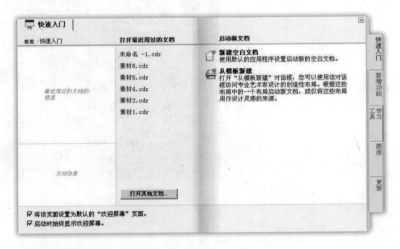

图 2-1　欢迎屏幕

图 2-2　"创建新文档"对话框与新建的空文件

第 2 种方法：可以执行"文件"/"新建"命令，如图 2-3 所示，创建一个新的图形文件。

第 3 种方法：按组合键【Ctrl+N】，同样也可以创建新文件。

第 4 种方法：直接在标准工具栏中单击"新建"图标 ，即可新建文件。

也可以利用 CorlDRAW X5 中自带的模板文件，通过"文件"/"从模板新建"

命令来创建模板图形文件。单击菜单栏中"文件"/"从模板新建"命令，如图2-4所示，弹出"从模板新建"对话框，如图2-5所示。选择一个需要的模板后，单击"打开"按钮就可以建立一个图形文件。

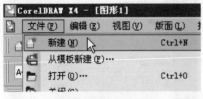

图2-3　"文件"菜单中"新建"命令

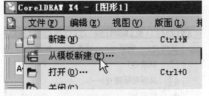

图2-4　"从模板新建"命令位置

图2-5　"从模板新建"对话框

从"渲染分辨率"列表框中选择一种渲染分辨率，可以设置将被光栅化的效果的分辨率，如透明、阴影等。

从"预览模式"列表框中选择一种绘图的预览模式。

从"RGB预置文件"列表框中选择绘图的RGB预置文件。

从"CMYK预置文件"列表框中选择绘图的CMYK预置文件。

从"灰度预置文件"列表框中选择绘图的灰度预置文件。

◎　可以打开保存的文件格式

CorelDRAW X5 中支持的文件格式有很多种，如CDR、PAT、CDT、CLK、DES、CSL、CMX、AI、PS、WPG、WMF、EMF、CGM、PDF、SVG、SVGZ、HTM、PCT、DSF、DRW、SXF、DWG、PLT、FMV、GEM、PIC、VSD、FH、MET、NAP、CMX、CPX、PPT、SHW及不同的矢量、点阵图形或文本格式文件。

在结束工作后，在关闭文件之前应先保存，实际上在绘制图形的过程当中需要随时的保存，避免突然死机或者停电导致绘制的图形丢失。可以保存的格式如下图所示。

2.1.2　打开文件

在CorelDRAW X5软件中打开文件也同样有4种方法可直接、快速地打开其他文件类型的文件，如AI格式、SVG格式、EPS格式等。

第1种方法：从欢迎屏幕中可以打开使用过的文件，使用过的文件会产生预览，单击文件名称，如图2-6所示。即可直接打开该文件，如图2-7所示。也可以单击"打开绘图"按钮，可以打开其他已经保存的文件。

图2-6　预览打开过文件

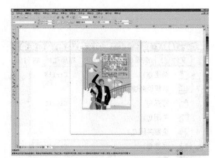

图2-7　打开文件

第2种方法：执行菜单中"文件"/"打开"命令，如图2-8所示。不仅可以打开使用过的文件，还可以打开其他已存在的图形文件。执行"文件"/"打开"命令，弹出"打开"对话框，如图2-9所示。选择文件，单击"打开"按钮即可打开该文件。

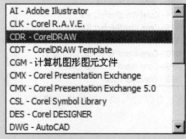

▲　可以打开和保存的文件格式

可以导入导出的文件格式

导出的文件格式要比保存的多，CorelDRAW X5中可以导出的文件格式如下图所示。

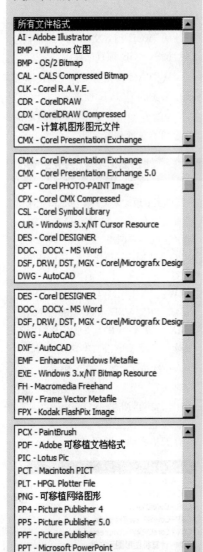

▲ 可以导入和导出的文件格式

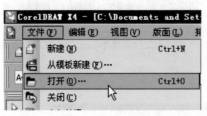

图2-8 "文件"菜单中"打开"命令

图2-9 "文件"菜单中"打开"命令

选项参数

"查找范围"选项：可选取要打开文件的路径文件夹。

"文件名"选项：用于显示打开文件夹中文件的名称。

"文件类型"选项：设置所要打开文档的格式类型，如打开AI格式、EPS格式等类型的文档。

"排序类型"选项：对打开文件夹中的文件按照相关顺序排列显示。

预览：以缩略图的方式预览显示选取后的文件。

第3种方法：按组合键【Ctrl+O】，也同样可以打开已存在的图形文件。

第4种方法：直接在标准工具栏中单击"打开"图标，即可打开文件。

2.1.3 保存文件

在CorelDRAW X5中，对于创建完成的图形文件进行保存时，读者可根据自己的要求设置保存文件的名称、文件格式、版本类型等。保存文件的方法同样有4种。

第1种方法：执行菜单"文件"/"保存"命令，可以保存文件，如图2-10所示。执行菜单"文件"/"保存"命令，弹出"保存绘图"对话框，如图2-11所示。设置名称和格式后单击"保存"按钮即可。

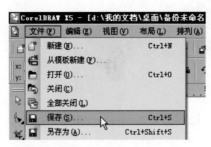

图2-10 "保存"命令

图2-11 "保存绘图"对话框

第2种方法：按组合键【Ctrl+S】，即可弹出"保存绘图"对话框，保存文件。

第3种方法：直接在标准工具栏中单击"保存"图标，即可保存文件。

第4种方法：如果要将已保存过的文件以另外的不同名称来命名，作为备份文件时，可执行菜单"文件"/"另存为"命令，组合键是【Ctrl+Shift+S】，如图2-12所示。

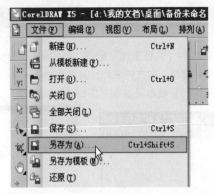

图 2-12 "另存为"命令

2.1.4 关闭文件

在 CorelDRAW X5 中可直接对制作完成或不需要的文档进行关闭操作。保存图像后，就可以将它关闭，具体有以下几种关闭的方法。

第 1 种方法：执行"文件"/"关闭"命令，如图 2-13 所示。

第 2 种方法：单击图像窗口标题栏右上角的关闭按钮，如图 2-14 所示。

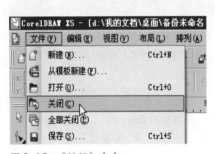

图 2-13 "关闭"命令

图 2-14 "关闭"按钮

第 3 种方法：如果打开了多个文件想一起把它们全部关闭可以执行"文件"/"关闭全部"命令，如图 2-15 所示。

第 4 种方法：按组合键【Ctrl+W】或【Ctrl+F4】，即可关闭文件。

在关闭文件时，如果文件进行过编辑而没有保存，就会弹出如图 2-16 所示的对话框，询问是否进行保存：单击"确定"按钮，新编辑的部分就会被保存；单击"否"按钮，文件就会维持上一次保存的状态；单击"取消"按钮，文件就不会被关闭，而维持当前的状态。

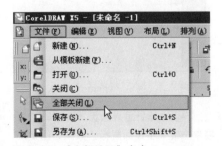

图 2-15 "全部关闭"命令

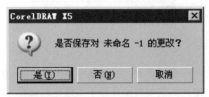

图 2-16 是否保存对话框

发布至 PDF

在 CorelDRAW X5 中，使用发布到 PDF 的功能可以直接将当前编辑操作的文档另存为 PDF 文件。要想查看 PDF 文件，计算机中必须装有 Adobe Reader 或 Adobe Acrobat 等专用 PDF 格式文件阅读器软件，只有这样读者才能在任何平台上查看、共享和打印 PDF 文件。

操作方法如下：

打开需要发布的文件，如下图所示。

▲ 打开文件

要想将当前编辑操作的文档转换为 PDF 格式，便于他人查看、共享和打印，可执行菜单"文件"/"发布至 PDF"命令，弹出"发布至 PDF"对话框，为其设置保存位置、文件名称、保存类型和 PDF 样式，单击"保存"按钮，即可完成保存为 PDF 格式的操作，如下图所示。

▲ "发布至 PDF"命令

来到刚才保存的文件夹下，找到保存的 PDF 文件，双击该文件，借助于 Adobe Acrobat 软件打开查看。

发送页面到 ConceptShare

发布页面到 ConceptShare 命令，可供读者快速查看当前页面显示效果以及页面显示于互联网上的效果。执行菜单"文件"/"发布页面到 ConceptShare"命令如下图所示。

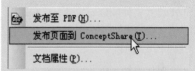

▲ "发布页面到 ConceptShare"命令

执行菜单"文件"/"发布页面到 ConceptShare"命令可将正在编辑操作的文档页面直接发布到 ConceptShare，在弹出的 ConceptShare 泊坞窗可快速预览显示当前文档页面中的内容，如下图所示。

▲ ConceptShare 泊坞窗

另外，也可以利用当前默认浏览器在互联网上打开，如下图所示为网络未连接时的网页显示效果。

▲ 网页显示效果

2.1.5 查看文件信息

执行菜单"文件"/"文档属性"命令，如图 2-17 所示。在弹出的对话框中可查看比较详细的文件信息，如文件名称、文件页面数、文件层数、页面尺寸、页面方向、分辨率、图形对象数量及其他对应的信息，如图 2-18 所示。

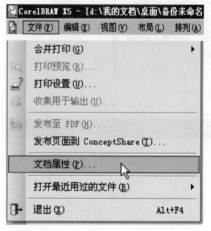

图 2-17 "文档属性"命令

图 2-18 "文档属性"对话框

2.1.6 导入与导出文件

利用"导入"、"导出"命令不仅可以对 CDR 格式的文件进行新建、打开等操作，而且还可以与其他程序中的文件（AI 格式、EPS 格式、BMP 格式）进行相互转换。

导入文件

"导入"命令可将其他程序中的文件导入到当前绘图窗口中，便于读者对其进行编辑与处理。其方法是执行菜单"文件"/"导入"命令，组合键是【Ctrl+I】，如图 2-19 所示。在弹出的"导入"对话框的"查找范围"下拉列表框中选择导入文件所在的文件夹，这里选择附书光盘"02\素材 1.jpg"文件，如图 2-20 所示。

图 2-19 "导入"命令

图 2-20 "导入"对话框

在"导入"对话框中单击"导入"按钮，界面中指针呈导入状，如图 2-21 所示。如果要将图片置于文档特定位置可直接单击或单击拖动鼠标，效果如图 2-22 所示。

图 2-21 "导入"状指针

图 2-22 "导入"图像

导出文件

"导出"命令可将创建的图形对象导出和保存为不同的文件格式，以供其他程序使用。其方法是执行菜单"文件"/"导出"命令，组合键是【Ctrl+E】，如图 2-23 所示。

先执行菜单"文件"/"打开"命令，打开附书光盘"02\素材2.cdr"文件，如图 2-24 所示。

图 2-23 "导出"命令

图 2-24 打开素材

要将当前文档中的图形对象导出为便于其他程序使用的格式，可执行菜单"文件"/"导出"命令，在弹出的"导出"对话框中设置保存的位置为桌面，"文件名"为"图形2"，保存类型为 AI 格式，其他参数默认，如图 2-25 所示。

单击"导出"按钮，弹出"Adobe Illustrator 导出"对话框，根据要求可设置导出参数，如目标文件、导出文本类型以及相关的符合选项设置等，最后单击"确定"即可，如图 2-26 所示。

图 2-25 "导出"对话框

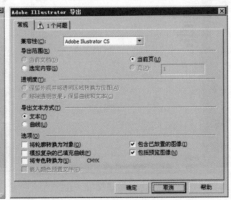

图 2-26 "Adobe Illustrator 导出"对话框

导出 HTML

执行菜单"文件"/"导出 HTML"命令可将正在编辑或操作的文档以 HTML 的方式进行发布，最终确保网页浏览器中的显示结果与原始文件相同，程序会按照原始文件的名称在指定的文件夹中另存一个扩展名为.htm 的文件，而文件中的图形会输出为 JPEG 等格式的图像文件。

"HTML"命令操作方法如下：

打开需要执行"HTML"命令的文件，如下图所示。

▲ 打开文件

要想将当前打开的文档发布到 HTML，可直接执行菜单"文件"/"导出 HTML"命令，如下图所示。

▲ 导出 HTML

在弹出"导出 HTML"对话框，可对当前文档进行"常规"、"细节"、"图像"、"高级"、"总结"、"问题"相关选项进行设置，如下图所示。

▲ "导出 HTML"对话框

单击"确定"按钮，最终的 HTML 显示原始文档效果，如下图所示。

▲ HTML 显示原始文档效果

"导出 HTML"对话框选项参数：

"HTML 排版方式"选项：选择 HTML 输出的类型。

"目标文件"选项：选择文件的输出路径，也可单击"浏览"按钮，自定义目标文件路径。

"图像子文件夹使用 HTML 名称"选项：选中该复选框，将使用下方"图像文件夹"文本框中的指定名称作为保存图片的文件名称。

"替换现有文件"：选中该复选框，在转换文件时，如果有同名的文件，将不作提示，而直接以现在的文件替换原有的文件。

"导出范围"：选中"全部"单选按钮，可以将全部的文档输出为 HTML 文件；选中"页"单选按钮，可以指定需要输出的页面；选中"当前页"单选按钮，只将当前页面输出为 HTML 文档；选中"选择区域域"

导出到 Office

CorelDRAW X5 可以将相关文件导出为 Office 的应用程序，如导出到 Microsoft Office 或 Wordperfect Office 中使用的文件。另外，也可以直接将 CorelDRAW X5 程序中的文件导出为 PNG 格式的文件。其方法是执行菜单"文件"/"导出到 Office"命令，如图 2-27 所示。

图 2-27 "导出到 office"命令

执行菜单"文件"/"打开"命令，打开附书光盘"02\素材 3.cdr"文件，如图 2-28 所示。

要想将该文件导出到 Office，并在 Office 程序中应用，可执行菜单"文件"/"导出到 Office"命令，在弹出的"导出到 Office"对话框中设置导出到"Microsoft Office"，图形最佳适合为"兼容性"，优化至"演示文稿"，如图 2-29 所示。

图 2-28 打开素材

图 2-29 "导出到 Office"对话框

单击"确定"按钮，则会弹出"另存为对话框"，将其保存在桌面上，命名为"图形 3"，其他参数默认，单击"保存"按钮即可完成操作，如图 2-30 所示。在桌面上双击刚刚保存的 PNG 格式的文件，在安装的 ACDSee 中打开即可查看最终效果，如图 2-31 所示。

图 2-30 "另存为"对话框

图 2-31 ACDSee 中打开效果

"导出到"选项：可选择 Microsoft Office 或 Wordperfect Office 不同的导出类型。其中，选取 Microsoft Office 可以满足 Office 应用程序不同的输出需求；选取 Wordperfect Office 则可以将图像转换为 Wordperfect 图形文件（WPG），自动进行优化。

"图形最佳适合"选项：可选择兼容性或编辑不同的图形适合的选项。其中，选取兼容性可以将绘图存储为 PNG 格式的位图；选取编辑则可以嵌入图元文件格式来保存绘图，以保留矢量图中的大多数可编辑元素。

"优化"选项：可选择演示文稿、桌面打印或商业印刷不同的优化方式。其中，选取演示文稿则可以优化输出的文件，如幻灯片、在线文档等；选取桌面打印则可以保持用于桌面打印好的图像效果；选取商业印刷则可以优化文件适用于更高质量的打印。

"放大、缩小、抓手"选项：可针对于预览区域中的图像效果进行不同要求的操作。

2.1.7　还原文件

对打开的文档对象进行移动、旋转等编辑操作后，如果要还原到原始效果，可执行菜单"文件"/"还原"命令，如图 2-32 所示。

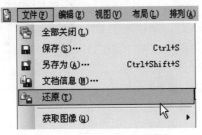

图 2-32　"导出到 Office"对话框

2.2　视图调整

在对 CorelDRAW X5 操作时，经常需要将图像放大缩小、平移画面和切换显示模式，查看目前的图形绘制完成效果或者局部效果。有时，还需要在打开的多个文档之间调整文档窗口的排列方式。下面来了解下视图的调整。

2.2.1　查看模式

CorelDRAW X5 共提供了增强、简单线框、线框、草稿、正常以及使用叠印增强 6 大查看模式。在不同的视图模式下，显示图形图像的画面内容、品质会有所不同。用户可以在菜单项中选择"视图"菜单中的相应选项，如图 2-33 所示。

执行菜单"文件"/"打开"命令，打开附书光盘"02\素材 4.cdr"文件，如图 2-34 所示。

单选按钮，可以将文件中所选择的对象输出为 HTML 文件。

"FTP 上载"：选中该复选框，可以使用文件传输协议将文档传送到指定的网络服务器上。单击"FTP 设置"按钮，在弹出的"FTP 上载"对话框中可以设置 FTP 服务器地址、读者名称、密码以及工作路径。

"浏览器预览"按钮：在浏览器中预览转换后的效果。

"确定"按钮：将文件转换为 HTML 格式。

嵌入 HTML 的 Flash

执行菜单"文件"/"导出"命令，可将文档以 .swf 格式导出并嵌入 HTML 中。

操作方法如下：

打开需要嵌入的文件，如下图所示。

▲　打开文件

要将当前文档导出为 Flash 格式并嵌入到 HTML 中，可执行菜单"文件"/"导出"命令，在弹出的"导出"对话框中可设置其文件名、保存类型、排序类型，如下图所示。

▲ "导出"对话框

单击"导出"按钮，在弹出的 "Flash 导出"对话框中可设置"常 规"、"HTML"等选项卡中的参数，如 下图所示。最后单击"确定"按钮即 可导出 Flash。

▲ "常规"、"HTML"等选项卡

如下图所示的为嵌入 HTML 后 的最终效果。

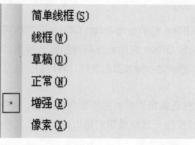

图 2-33　查看模式选项

图 2-34　打开素材

▌简单线框

　　"视图"菜单中的"简单线框"查看模式可以通过隐藏填充、立体模型、轮廓 图、阴影以及中间调和形状来显示出绘图的基本轮廓，使读者可快速预览绘图的各 个基本元素。另外，此模式还能以单色来显示位图效果。

　　要想查看打开的文件在"简单线框"查看模式下的效果，可执行菜单"视图"/ "简单线框"命令，效果如图 2-35 所示。

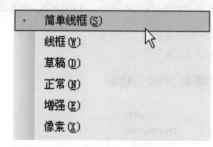

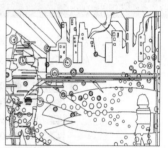

图 2-35　"简单线框"图像效果

▌线框

　　"视图"菜单中的"线框"查看模式能够以简单的线框效果来显示绘图和中间 调的形状。

　　在菜单中执行"视图"/"线框"命令，即可将简单线框或者其他视图转换为 "线框"视图，"线框"查看模式下的效果如图 2-36 所示。

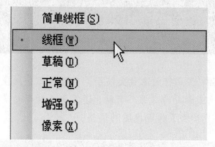

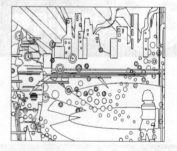

图 2-36　"线框"图像效果

▌草稿

　　"视图"菜单中的"草稿"查看模式可以消除文档中图形对象的某些细节，使 用户能够关注到文档中图形对象的颜色均衡问题。另外，此模式还可直接显示绘图 填充以及低分辨率下的位图效果。

　　在菜单中执行"视图"/"草稿"命令，即可将"线框"或者其他视图转换为"草 稿"视图，"草稿"查看模式下的效果如图 2-37 所示。

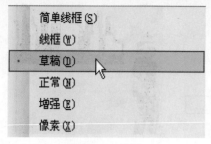

▲ 嵌入 HTML 后的效果

图 2-37 "草稿"图像效果

正常

"视图"菜单中的"正常"查看模式可以在不显示 PostScript 填充和高分辨率位图的基础上，正常地显示文档中的图形对象。在此模式下，打开或刷新文档中图形对象的速度比默认的"增强"模式要快。

在菜单中执行"视图"/"正常"命令，即可将"草稿"或者其他视图转换为"正常"视图，"正常"查看模式下的效果如图 2-38 所示。

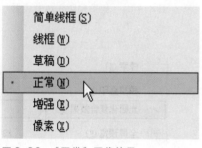

图 2-38 "正常"图像效果

增强

"视图"菜单中的"增强"查看模式能够直接显示绘图的 PostScript 填充、高分辨率以及光滑处理的适量图形，并且"增强"查看模式为默认的查看效果。

在菜单中执行"视图"/"增强"命令，即可将"正常"或者其他视图转换为"增强"视图，"增强"查看模式下的效果如图 2-39 所示。

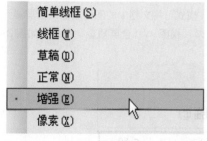

图 2-39 "增强"图像效果

像 素

CorelDRAW X5 中新增了"像素"视图可让您以实际像素大小创建绘图，从而更准确地显示设计在 Web 上的展示，如图 2-40 所示访问视图菜单的像素模式可帮助读者更精确地对齐对象。此外，CorelDRAW 还能让您将对象贴齐到像素。

"常规"选项参数

"位图设置"选项区域：设置位图的 JPG 压缩、分辨率以及平滑性。

"优化"选项区域：选中"转换虚线轮廓"复选框，可以将虚线轮廓转换为实线；选中"圆形和拐角"复选框，可以将线段和拐角处变平滑；选中"使用默认的渐变步长值"复选框，可以为渐变填充使用默认的渐变级别。

"装订框大小"选项区域：选中"页面"单选按钮，可以为整个页面设置边框；选中"对象"单选按钮，可以将边框与对象对齐。

"保护导入的文件"选项：选中该复选框，可以保护导出的文件不被导入到 Flash 编辑器中。

"声效性能"选项：选中该复选框，可以导出与翻滚效果不同状态相关联的声音。

"压缩"选项：单击该下拉式按钮，在弹出的列表选择压缩比例。

"HTML"选项参数

"Flash HTML 模板"选项：选择导出时使用的 Flash 模板。

"与动画影片匹配"选项：选中该复选框，可以将 HTML 文档的尺寸与 Flash 电影的尺寸匹配。

"启动时暂停"选项：选中该复选框，可以在打开 Flash 文件时暂时停止播放，直到读者开始播放。

"回路"选项：选中该复选框，可以循环播放 Flash 动画。

"显示菜单"选项：选中该复选框，可以在使用鼠标右键单击 Flash 动画时弹出菜单。

"质量"选项：选择 Flash 的播放质量。

"窗口模式"选项：设置文件的兼容性。

"HTML 对齐"选项：设置 Flash 动画在 HTML 文件中的对齐方式。

"缩放"选项：设置 Flash 动画在宽度和高度固定的框中的放置方式。

"预览"按钮：在 Web 浏览器中预览转换效果。

"确定"按钮：将文件保存为 HTML 文件并嵌入 Flash 格式文件，同时还会将文件保存为 SWF 格式。

◎ 导出到网页

执行菜单"文件"/"导出到网页"命令，可在文档输出到互联网之前，对文档中的图形对象进行优化，以减少文件的大小，提高文件在网络上的显示与下载速度。

操作方法如下：

选择需要优化的图形对象，如下图所示。

▲ 选择图形对象

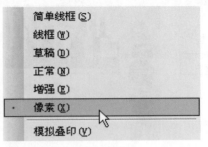

图 2-40　"像素"图像效果

▌模拟叠印

模拟叠印是将模拟重叠对象设置为叠印的区域颜色，并显示 PostScript 填充、高分辨率位图和光滑处理的矢量图形，命令位置如图 2-41 所示。

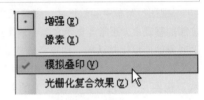

图 2-41　"模拟叠印"命令位置

▌光栅化复合效果

光栅化复合效果的显示，如增强视图中的透明、斜角和阴影。这对于预览复合效果的打印情况是非常有用的。为确保成功打印复合效果，大多数打印机都需要光栅化复合效果，其命令位置如图 2-42 所示。

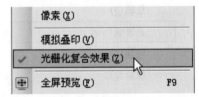

图 2-42　"光栅化复合效果"命令位置

2.2.2　预览模式

CorelDRAW X5 中，同时选择"视图"菜单中适合的菜单项，用户可以全屏方式进行显示预览，也可以仅对选定区域中的对象进行预览，还可以进行分页预览。

▌全屏预览

CorelDRAW X5 中的"全屏预览"模式可将文档中的图形图像以全屏最大化的方式显示于屏幕中。其方法是执行菜单"视图"/"全屏预览"命令，如图 2-43 所示。

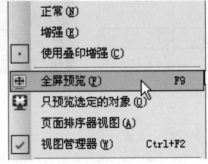

图 2-43　"全屏预览"命令

执行菜单"文件"/"打开"命令，打开附书光盘"02\素材 5.cdr"文件，如图 2-44 所示。要查看当前文件中图形对象"全屏预览"模式下的效果，可执行菜单"视图"/"全屏预览"命令，快捷键是【F9】，效果如图 2-45 所示。

图2-44 打开素材

图2-45 "全屏预览"模式

只预览选定的对象

"只预览选定的对象"模式可将某一个选定的图形对象,以全屏最大化的方式进行显示。其方法是执行菜单"视图"/"只预览选定的对象"命令,如图2-46所示。

执行菜单"文件"/"打开"命令,打开附书光盘"02\素材5.cdr"文件,如图2-47所示。如果要单独观察中间的人物,用"挑选工具"单击选择中间人物,以全屏最大化的方式显示,可以在选中背景图形后执行菜单"视图"/"只预览选定的对象"命令,效果如图2-48所示。

全屏预览(F)		F9
只预览选定的对象(O)		
页面排序器视图(A)		
✓ 视图管理器(W)		Ctrl+F2

图2-46 "只预览选定的对象"命令

图2-47 打开素材

图2-48 "只预览选定的对象"模式

页面排序器视图

"页面排序器视图"命令可将文档中的多页面效果,按照读者自己的需要以不同的顺序排列在绘图窗口中。其方法是执行菜单"视图"/"页面排序器视图"命令,如图2-49所示。

执行菜单"文件"/"打开"命令,打开附书光盘"02\素材6.cdr"文件,该文件共有4个页面,如图2-50所示。执行菜单"视图"/"页面排序器视图"命令,用户可以在"页面排序器视图"中查看整体页面效果的基础上,用鼠标单击拖动任意页面,完成所需的排序效果,如图2-51所示。

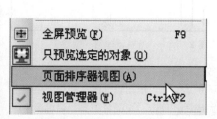

图2-49 "页面排序器视图"命令

图2-50 打开素材

要对当前文档中的图形对象进行优化处理,可执行菜单"文件"/"导出到网页"命令,在弹出的"导出到网页"对话框中设置相关参数,如设置优化后效果,格式为JPEG格式,质量为"中等质量JPG",其他参数默认,如gh图所示。

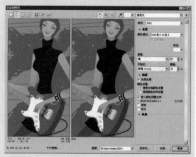

▲ "导出到网页"对话框

"导出到网页"对话框选项参数如下:

单击 速度 56 kbps Modem/ISDN 下拉按钮,可选择MODEM的传输速度。

三个按钮,可平移、放大和缩小图像在预览框中的显示。

单击 按钮之一,可设置图像的预览方式。

单击 格式 JPEG 下拉式按钮,可以选择图像的输出格式,并可以在下面的"设置"栏中设置图像的颜色、质量、子格式等。

在"高级"栏中可以对所选格式做更进一步的设置。

单击"另存为"按钮,在弹出的"将网络图像保存至硬盘"对话框中设置保存的路径为桌面,其他参数默认,单击"保存"按钮即可完成优化保存操作,如下图所示。

▲ "将网络图像保存至硬盘"对话框

如果用户对视图中的图形质量要求极高，并且所使用的计算机硬件配置也很高，显示速度块，可以采用"增强"显示模式。

如果用户需要快速的显示，来减少操作的时间，对图形质量要求也不是很高，即可采用"草稿"显示模式。

■◎ 打印

CorelDRAW X5中的"打印"命令为读者提供了更为专业的出版打印选项，读者可以根据自己的具体需求对这些选项进行设置，以打印出更加专业、符合出版要求的印刷品。其方法是执行菜单"文件"/"打印"命令，组合键是【Ctrl+P】，如下图所示。

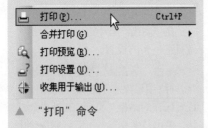

▲ "打印"命令

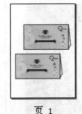
页 1

页 2

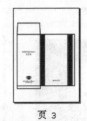
页 3

页 4

图 2-51 "页面排序器视图"模式

2.2.3 视图管理器

"视图管理器"泊坞窗可将文档中的图形对象按照用户自己的需要进行不同视图的切换查看，并可以分别保存，以便以后直接使用。还可以将当前视图删除，其方法是执行菜单"视图"/"视图管理器"命令即可打开"视图管理器"泊坞窗，如图2-52所示。

执行菜单"文件"/"打开"命令，打开附书光盘"02\素材7.cdr"文件，如图2-53所示。执行菜单"视图"/"视图管理器"命令，组合键是【Ctrl+F2】，弹出"视图管理器"泊坞窗，如图2-54所示。

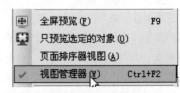

图 2-52 "视图管理器"命令

图 2-53 打开素材

图 2-54 "视图管理器"泊坞窗

在"视图管理器"泊坞窗中单击"放大"按钮，视图效果如图2-55所示，在"视图管理器"泊坞窗中单击"添加当前视图"按钮，如图2-56所示。

图 2-55 视图效果

图 2-56 "视图管理器"泊坞窗

再在"视图管理器"泊坞窗中单击"放大"按钮，并且在工具箱中选择"手形工具"，移动视图位置，视图效果如图2-57所示，在"视图管理器"泊坞窗中单击"添加当前视图"按钮，如图2-58所示。完成后，单击"视图管理器"泊坞窗中不同的视图可以快速切换。

CorelDRAW X5 入门与实用技巧大全

图 2-57 视图效果

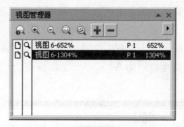

图 2-58 "视图管理器"泊坞窗

选项参数

"缩放一次"按钮：快捷键是【F2】，能够执行一次缩放操作，然后返回到最近使用的工具。

"放大"按钮：对当前文档的图形对象进行放大操作。

"缩小"按钮：快捷键是【F3】对当前文档的图形对象进行缩小操作。

"缩放选定范围"按钮：组合键是【Shift+F2】，将选定的图形对象完全显示于文档正中央。

"缩放全部对象"按钮：快捷键是【F4】，将文档中所有图形对象完全显示于文档正中央。

"添加当前视图"按钮：将当前显示的图形对象效果添加到"视图管理器"泊坞窗中保存，便于以后调用。

"删除当前视图"按钮：将"视图管理器"泊坞窗中保存的显示状态删除。

2.3 版面设置

在 CorelDRAW X5 绘图过程中，首先需要设置版面，设置版面的命令在菜单栏中"布局"菜单下，下面来学习版面设置的几种方法。

2.3.1 页面设置

利用"页面设置"命令可以详细地设置页面的大小、页面的版面类型、页面的出血等信息。其方法是执行菜单"布局"/"页面设置"命令，如图 2-59 所示。

执行菜单"文件"/"新建"命令，新建一个空白文档，默认页面大小为"A4"，如图 2-60 所示。

图 2-59 "页面设置"命令

图 2-60 "页面设置"对话框

常规设置

执行菜单"文件"/"打印"命令，在弹出的"打印"对话框中，选择"常规"选项卡，从中可对打印的文档进行常规设置，如下图所示。

▲ "常规"选项

"打印"对话框选项参数如下：

"目标"选项区域：在"名称"下拉列表框中可以选择合适的打印机，并对应显示打印机的类型、状态、位置等信息；选中"打印到文件"复选框可将当前的文档通过打印机打印到纸张、胶片、文件上。

"打印范围"选项区域：可指定当前文档的打印范围，如当前文档、整个文档以及当前页面的打印，另外也可对选定的内容进行打印，如在"页"文本框中输入打印的页码范围，并指定打印的页面是奇数页还是偶数页。

"副本"选项区：可设置要打印文档的份数。

"打印类型"选项：可选择系统预置的打印样式。

"另存为"按钮：可将设置好的样式保存在"打印类型"列表框中，便于以后打印同样样式时使用。

版面设置

执行菜单"文件"/"打印"命令，在弹出的"打印"对话框中，选择"常规"选项卡，从中可针对打印的文档进行版面设置，如下图所示。

▲ "布局"选项

版面设置选项参数如下：

"图像位置和大小"选项区域：选择"与文档相同"单选按钮，打印出的图像将与文件中的图像位置相同；选中"调整到页面大小"单选按钮，程序会自动缩放图像并适合到打印页面的大小；选中"将图像重新定位"单选按钮，可在右侧的下拉列表框中选择系统自带的图像在打印页面的相关位置，也可自定义设置图像的位置、粗细、缩放因子等参数；选中"打印平铺页面"复选框，可将一幅大图打印在多张拼接的纸张上面，并在平铺重叠中设置纸张页面相互拼接交叠的尺寸；选中"平铺标记"复选框可在页面中显示出打印标贴的标记。

"出血限制"选项：选中"出血限制"复选框可设置打印输出的出血线的尺寸。

"版面布局"选项：可在右边的下拉列表框中选择程序自带的页面布局方案，若不理想，可单击"编辑"按钮，在弹出的"打印预览"窗口中编辑版面布局。

要想详细设置该文档的基本页面信息，可执行菜单"布局"/"页面设置"命令，弹出"选项"对话框，如图 2-61 所示。

从纸张下拉框中选择纸张大小为"A4"，方向为"横向"，单位是"毫米"，宽度和高度自动为 A4 尺寸，出血设置为"3"，如图 2-62 所示。

图 2-61　"选项"对话框

图 2-62　设置参数

设置完毕单击"确定"按钮，可见出血并没有显示，这就需要在"选项"对话框中切换到"页面"项，选中"显示出血区域"复选框，如图 2-63 所示，单击"确定"按钮完成设置，效果如图 2-64 所示。

图 2-63　选中"显示出血区域"

图 2-64　页面设置后效果

2.3.2　页面背景设置

"页面背景"命令，可以将文档页面根据读者自己的想法设置为无背景、纯色、位图的背景效果。其方法是执行菜单"布局"/"页面背景"命令，如图 2-65 所示。弹出"选项"对话框，如图 2-66 所示。

图 2-65　"页面背景"命令

图 2-66　"选项"中"背景"对话框

选项参数

无背景：选择该选项为默认值，背景颜色为白色，如图 2-67 所示。

纯色：选择该选项可使背景为单色，并且可以自定义颜色，如图 2-88 所示。

图 2-67 选择"无背景"选项效果

图 2-68 选择"纯色"选项效果

位图：选择该选项可以使页面背景有各种纹理、花纹或动态背景。底纹式设计、相片和剪贴画等都属于位图。选择"位图"选项，单击"浏览"按钮，选中一张位图，如图 2-69 所示，设置"位图尺寸"，如图 2-70 所示。单击"确定"按钮，图像效果如图 2-71 所示。

图 2-69 选择位图

图 2-70 设置位图尺寸

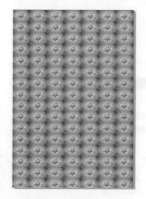

技巧提示 ● ● ● ●

　　选择位图作为背景时，默认情况下位图被嵌入绘图中，建议使用此选项。但也可以将位图连接到绘图，这样在以后编辑源图像时，所作的修改会自动反映在绘图中。如果要将带有连接图像的绘图发送给别人，还必须发送连接图像。

图 2-71 位图背景效果

分色设置

　　执行菜单"文件"/"打印"命令，在弹出的"打印"对话框中，选择"分色"选项卡，从中可对打印的文档进行分色设置，如下图所示。

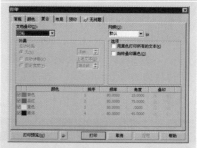

▲ "分色"选项

　　分色设置选项参数如下：

　　选中"打印分色"复选框后，"选项"选项区中可指定颜色分离的打印选项；"补漏"选项区中可指定印刷时的不同补漏效果。

　　"文档叠印"选项：可设置文档中图形对象之间的相互叠印效果是保留还是忽略。

预印设置

　　执行菜单"文件"/"打印"命令，在弹出的"打印"对话框中，选择"预印"选项卡，从中可对打印的文档进行预印设置，如下图所示。

▲ "预印"选项

　　"预印"选项参数如下：

　　"纸片/胶片设置"选项区域：从中可设置文档打印到胶片的方式（反显和镜像）。

31

"文件信息"选项区域：可在文档打印的同时打印文档的相关信息，如"打印页码"、"在页面内的位置"等信息。

"裁剪/折叠标记"选项区域：可设置是否在页面中打印裁剪/折叠以及外部的标记。

"注册标记"选项区域：可选取程序自带的打印套准标记，并设置是否要打印。

◎ 其他设置

执行菜单"文件"/"打印"命令，在弹出的"打印"对话框中，选择"预印"选项卡，从中可对打印的文档进行其他设置，如下图所示。

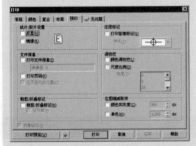

▲ "其他"选项

其他选项参数如下：

选择"应用ICC预置文件"选项：选中该复选框，可将普通的CMYK印刷机按照ICC颜色模式进行精确地印刷颜色。

选择"打印作业信息表"选项：选中该复选框可将文档中的相关工作信息进行打印。

"校样选项"选项区域：可设置需要校样的项目。

"将彩色位图输出为"选项区域：在下拉列表框中可选择彩色位图输出的模式。

"位图缩减取样"选项区域：可对位图进行颜色、灰度、单色的缩减取样，以便缩短打印输出的时间，提高工作效率。

2.3.3 插入、再制、重命名和删除页面

在CorelDRAW X5中，对页面可进行的一些最基本的操作，如页面的插入、再制、重命名、删除、转到某页以及更改页面的方向，读者可根据自己的不同情况设置不同的效果。

▌ 插入页面

在编排多页的文档时，时常需要在某页后面插入页面，可以执行菜单"布局"/"插入页"命令在当前文档中添加一页或多页，并可插入到指定的具体位置。命令位置如图2-72所示。执行菜单"布局"/"插入页"命令后，弹出对话框，如图2-73所示。

图2-72　"插入页"命令

图2-73　"插入页面"对话框

在"插入页面"对话框中设置插入页数为"3"，其他为默认值，如图2-74所示，单击"确定"按钮，即可在当前页的后面插入3页，如图2-75所示。

图2-74　设置参数

图2-75　图像效果

▌ 再制页面

"再制页面"命令是CorelDRAW X5版本中的新功能，执行菜单"布局"/"再制页面"命令可以复制页面以及页面内容，使用户操作更加快捷，提高了操作的速度，命令位置如图2-76所示。执行菜单"布局"/"再制页面"命令，弹出"再制页面"对话框，如图2-77所示。

图2-76　"再制页面"命令

图2-77　"再制页面"对话框

设置插入新页面为"选定页之后"选项，再选择"复制图层和内容"选项，单击"确定"按钮，复制后对比效果如图 2-78 所示。

图 2-78　再制后对比效果

重命名页面

执行菜单"布局"/"重命名页面"命令可以将文档中的某个插入页的名称更改为其他的名称，如图 2-79 所示。执行菜单"布局"/"再制页面"命令，弹出"重命名页面"对话框，如图 2-80 所示。

图 2-79　"重命名页面"命令　　图 2-80　"重命名页面"对话框

输入页的名称后，单击"确定"按钮，可见文档导航器上的页标签上的名称改变了，如图 2-81 所示。

图 2-81　"重命名页面"效果

删除页面

执行菜单"布局"/"删除页面"命令可以将文档中某个不需要的页面删除。

以上面"重命名页面"的文档为例，文档导航器上的页面，如图 2-82 所示，要删除刚刚名称改为"信使"的页面。执行菜单"布局"/"删除页面"命令，弹出"删除页面"对话框，设置删除第 2 页，如图 2-83 所示。单击"确定"按钮，名为"信使"的页面被删除，效果如图 2-84 所示。

图 2-82　"重命名页面"效果

图 2-83　"删除页面"对话框　　图 2-84　"删除页面"效果

印前检查

执行菜单"文件"/"打印"命令，在弹出的"打印"对话框中，选择"无问题"选项卡，从中可对打印的文档进行印前检查，如下图所示。

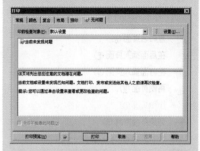

▲　"无问题"选项

在该选项卡中程序会将检测到的印前问题以列表的形式进行显示，并在下方的列表框中提供解决问题的建议，若选中"以后不检查该问题"复选框后，当再次出现此问题时，系统则不再检查和提示。单击"设置"按钮，则可在弹出的"印前检查设置"对话框中设置检查的项目，如下图所示。

▲　印前检查设置"对话框

文档导航器设置页面

在上一章中讲过"文档导航器"，我们知道在"文档导航器"中可以设置页面，在"文档导航器"单击右键也可以重命名页面、插入页面、再制页面、删除页面、切换页面方向和发布页面到ConceptShare，如下图所示。

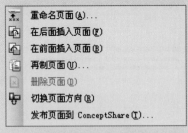

▲ "文档导航器"右键菜单

单击"页标签"可以切换页面，如下图所示。

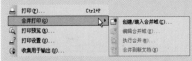

▲ "文档导航器"页标签

合并打印

"合并打印"命令可为同一文档应用不同的文本域数据表或数字域数据表，对文档的特殊部分进行修饰，并最终合并打印。其方法是执行菜单"文件"/"合并打印"命令，如下图所示。

▲ "合并打印"命令

打开需要打印的文件，如下图所示。要在打开的文档中应用文本域数据表，添加名片的姓名，可执行菜单"文件"/"合并打印"/"创建"/"装入合并域"命令，在弹出的"合并打印向导"对话框中，选中"从头开始创建"单选按钮，可以创建新的合并域；选中"从现有文件中选择"单选按钮，可以从已有的文件中创建合并域。这里选中"从头开始创建"单选按钮，如下图所示。

切换到某页

执行菜单"布局"/"转到某页"命令，可以将文档中的某个页面切换为当前页。"转到某页"命令如图2-85所示，此时会弹出"定位页面"对话框，在对话框中输入所要定位的页面，如图2-86所示，单击"确定"按钮，画面即可以切换到所要定位的页面，如图2-87所示。

图2-85 切换到某页菜单

图2-86 "定位页面"对话框

图2-87 "切换到某页"效果

切换页面方向

执行菜单"布局"/"切换页面方向"命令可以更改当前页面的显示方向，如将横向文档更改为竖向文档或将纵向文档更改为横向文档，如图2-88所示。

为了大家看的更清楚，随意打开一张素材，如图2-89所示，执行菜单"布局"/"切换页面方向"命令，图像效果如图2-90所示。

图2-88 "切换页面方向"命令

图2-89 打开素材

图2-90 "切换页面方向"图像效果

2.4 窗口的基本操作

打开多个文档的同时会有多个窗口需要操作，本节将主要讲解CorelDRAW X5软件中窗口的基本操作。

2.4.1 新建窗口

在CorelDRAW X5中，"新建窗口"命令可在当前文档中显示图形对象的基础上，创建另一个同样的文档，这样可使同一图形对象显示于多个文档窗口中，并且在操作任何窗口中的图像对象时，其他窗口的图形对象都会随之更新。其方法是执行菜单"窗口"/"新建窗口"命令，如图2-91所示。

打开一个文件窗口，如图2-92所示，执行菜单"窗口"/"新建窗口"命令后，拖动窗口，查看"新建窗口"命令效果如图2-93所示。

图2-91 "新建窗口"命令位置

图2-92 打开文件

图2-93 "新建窗口"命令效果

2.4.2 排列窗口

在绘制图形的过程当中经常会打开多个窗口，这时有3种方法排列窗口，如图2-94所示。

打开3个文档，随意拖动窗口位置，如图2-95所示。

图2-94 排列窗口

图2-95 打开3个文件

▲ 打开文件

▲ "合并打印向导"对话框

单击"下一步"按钮，弹出对话框，在"文本域名称"文本框中输入"姓名"并单击"添加"按钮，将域名添加到下方的列表框，其中可配合右边的几个按钮对其进行重命名、删除、位置移动等基本操作，如下图所示。

▲ "合并打印向导"对话框

单击"下一步"按钮，弹出对话框，可在默认记录号的基础上，在姓名区域输入名字"XX"，要添加其他的名字可单击"新建"按钮即可，如下图所示。

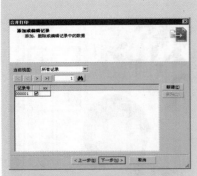

▲ "合并打印"对话框

单击"下一步"按钮,在弹出的对话框中可根据要求确认是否要保存刚才的数据设置,如下图所示。

▲ "合并打印向导"对话框

单击"完成"按钮,创建合并域成功后,生成"合并打印"工具栏,如下图所示。

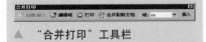

▲ "合并打印"工具栏

"合并打印"工具栏选项参数如下:

"创建/装入"按钮:可打开"合并打印向导"对话框,完成创建合并域操作。

"编辑合并"按钮:可在插入合并域的基础上,弹出"合并打印向导"对话框,并对合并域进行编辑操作。

"打印"按钮:可弹出"打印"对话框,进行打印选项设置。

"合并到新文件"按钮:可将插入的合并域完全合并到当前文档中,不可再被编辑。

"域"按钮:用于选择已经创建的不同合并域,便于插入、合并、打印。

层叠

"层叠"命令可将打开的多个文档以同样的视窗大小层叠显示,便于读者分别选取和查看。其方法是执行菜单"窗口"/"层叠"命令,如图2-96所示。

执行菜单"窗口"/"层叠"命令后,图像的效果如图2-97所示。

图2-96 "层叠"命令位置　图2-97 "层叠"命令效果

水平平铺

"水平平铺"命令可将打开的多个文档以水平排列的方式显示在窗口中,执行菜单"窗口"/"水平平铺"命令,如图2-98所示。

执行菜单"窗口"/"水平平铺"命令后,图像的效果如图2-9所示。

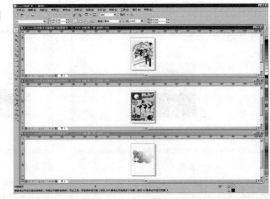

图2-98 "水平平铺"命令位置　图2-99 "水平平铺"命令效果

垂直平铺

"垂直平铺"命令可将打开的多个文档以垂直排列的方式显示在窗口中,执行菜单"窗口"/"垂直平铺"命令,如图2-100所示。

执行菜单"窗口"/"垂直平铺"命令后,图像的效果如图2-101所示。

图2-100 "垂直平铺"命令位置 图2-101 "垂直平铺"命令效果

排列图标

"排列图标"命令可将多个文档的最小化显示状态，依次整齐地排列在窗口状态栏的上方，便于读者快速地选取某文档。其方法是执行菜单"窗口"/"排列图标"命令，如图2-102所示。

单击"最小化"按钮，将打开的3个文档最小化，随意拖动，效果如图2-103所示。执行菜单"窗口"/"排列图标"命令，最小化显示条依次整齐排列，其效果如图2-104所示。

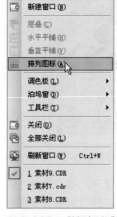

图2-102　"排列图标"命令位置

图2-103　最小化文档

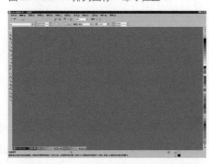

图2-104　"排列图标"命令效果

"插入合并打印域"按钮：可将创建好的合并域插入到文档中，便于编辑、合并、打印。

选择工具箱中的"文字工具"，将光标置于名片姓名处单击，生成文字输入状态，在"合并打印"工具栏中，选择刚刚创建的"姓名"域，单击"插入合并打印域"按钮，插入该文字域，并可调整其位置、大小等参数，效果如下图所示。设置完成后，单击"合并到新文件"按钮即可完成合并操作。如果要想打印，可单击"打印"按钮。

▲　插入合并打印域

2.5　辅助工具与辅助功能

CorelDRAW X5 提供了5种辅助工具和4种辅助功能，5种辅助工具包括缩放工具、手形工具、度量工具、颜色滴管工具、属性滴管工具，4种辅助功能包括标尺、辅助线、网格与动态导线。这些辅助工具可以帮助用户在绘制图形的时候更精确地排列和组织图形对象，使画面更加精致。下面为读者一一介绍它们的使用方法。

2.5.1　缩放工具

在绘制图形时需要查看局部或者全部图形，可以利用缩放工具。缩放工具可将图形缩小或放大，以便查看或修改。

使用"缩放工具"的操作步骤如下：

① 执行菜单"文件"/"打开"命令，打开附书光盘"02\素材8.cdr"文件，如图2-105所示。

② 在工具箱中选择"缩放工具"，将缩放工具移动到绘图窗口中时指针变成放大镜形状，单击图像就可以放大一级，其效果如图2-106所示。

打印预览

"打印预览"命令可以将打开的文档在打印之前进行整体的预览并根据需要设置相关参数，减少打印的错误。其方法是执行菜单"文件"/"打印预览"命令，如下图所示。

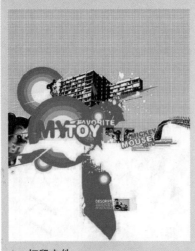

▲ 打印文件

打印预览操作方法如下：

打开预览文件，如下图所示。

▲ 打印预览效果

要将当前文档中的图形对象进行打印操作，可事先对其进行打印预览，执行菜单"文件"/"打印预览"命令，在弹出的预览界面中可根据需要进行相关编辑操作，要退出打印预览状态可单击界面右上角的"关闭"按钮，如下图所示。

图 2-105　打开素材文件

图 2-106　放大一级效果

③ 如果按【Shift】键，或者在属性栏中单击"缩小"按钮 ，则指针变成放大镜 形状，在图形上单击鼠标，图形就会缩小一级，如图 2-107 所示。

图 2-107　缩小一级效果

④ 如果需要利用"缩放工具"将局部放大，在工具箱中选择"缩放工具"，移动鼠标指针到画面中需要放大的部分上，按住鼠标左键拖出一个方框，方框中为需要放大的部分，如图 2-108 所示。松开左键后即可将该部分图形放大，并且所选的区域正好位于绘图窗口的的中间位置，其效果如图 2-109 所示。

图 2-108　选择放大区域

图 2-109　放大选中图像

⑤ 在属性栏中单击"缩放全部对象"按钮 ，即可快速地将文件中的全部对象显示在同一个视图窗口中，如图 2-110 所示。

⑥ 在属性栏中单击"显示页面"按钮 ，即可在视图窗口中显示完整的当前页面，如图 2-111 所示。

图 2-110　缩放全部对象

图 2-111　显示页面

⑦ 在属性栏中单击"按页宽显示"按钮 🔍，对照标尺可以发现，它可以将当前画面按页面的最大宽度显示，如图 2-112 所示。

⑧ 在属性栏中单击"按页高显示"按钮 🔍，对照标尺可以发现，它可以将当前画面按页面的最大高度显示，如图 2-113 所示。

图 2-112　按页宽显示

图 2-113　按页高显示

缩放工具的属性栏如图 2-114 所示。

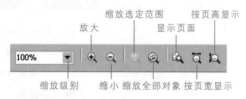

图 2-114　缩放工具属性栏

选项参数

"缩放级别"选项：在该下拉列表中可以选择所需的显示比例。

"放大"按钮：单击它可以将图形放大。

"缩小"按钮：单击它可以将图形缩小。

"缩放选定范围"按钮：单击它可以将选择的图形在绘图窗口中最大化显示。

"缩放全部对象"按钮：单击它可以显示绘图窗口中的所有对象。

"显示页面"按钮：单击它可将绘图窗口中的页面完全显示。

"按页宽显示"按钮：单击它可以将绘图窗口中的页面宽度最佳显示。

"按页高显示"按钮：单击它可以将绘图窗口中的页面高度最佳显示。

2.5.2　手形工具

查看绘图特定区域的另一种方法就是对窗口屏幕进行平移，在使用较高的放大倍数或处理大绘图时，可能无法看到整个绘图，使用平移功能可以在绘图窗口中移动页面的显示区域，这样就可以查看未显示的区域。"手形工具"就是专为平移而设的，利用它可以快速地查看窗口中没有显示的区域或对象。

使用"手形工具"的操作步骤如下：

① 执行菜单"文件"/"打开"命令，打开附书光盘"02\素材9.cdr"文件，如图2-115 所示。

图 2-115　打开素材文件

📷　打印设置

"打印设置"命令可在图形对象打印前，定义纸张的大小、类型以及模式等参数。其方法是执行菜单"文件"/"打印设置"命令，如下图所示。

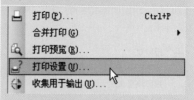

▲　"打印设置"命令

"打印设置"的操作方法如下：

打开需要打印的文件，要对其进行打印设置，可执行菜单"文件"/"打印设置"命令，弹出"打印设置"对话框，在"打印机"下拉列表框中可选取打印机的名称并显示相关信息，如下图所示。

▲　"打印设置"对话框

要对打印文档进行详细的打印设置，可单击"属性"按钮，弹出"属性"对话框，选取"页面设置"选项卡，从中设置页面尺寸为 A4 纸，方向纵向等参数，这些取决于打印设备的属性，这里不再多讲。

为彩色输出中心做准备

"为彩色输出中心做准备"命令可以完成配备和收集文件的基本操作,用于向彩色输出中心做专业输出。其方法是执行菜单"文件"/"为彩色输出中心做准备"命令,如下图所示。

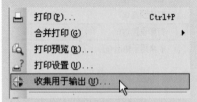

🖨	打印(P)...	Ctrl+P
	合并打印(G)	▶
🔍	打印预览(R)...	
📄	打印设置(U)...	
✛	收集用于输出(U)...	

▲ "为彩色输出中心做准备"命令

操作方法如下:

打开文件,如下图所示。

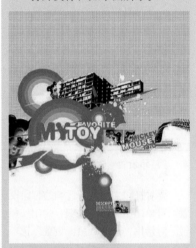

▲ 打开文件

要将当前文档中的图形对象作为向彩色输出中心作准备的文件,可执行菜单"文件"/"为彩色输出中心做准备"命令,弹出的"配备'彩色输出中心'向导"对话框,选中"自动收集所有与文档相关的文件【建议】"单选按钮,如下图所示。

② 在工具箱中选择"缩放工具"🔍,在图像中单击两下,将图像放大两级,如图2-116所示。

③ 在工具箱中选择"手形工具"✋,将鼠标移动到绘图窗口中时指针变成✋形状,在图像中按住鼠标左键并且拖动,其效果如图2-117所示。

图2-116　放大两级

图2-117　平移图像

2.5.3　度量工具

度量工具包括用于测量对象和角度。使用度量工具可以绘制尺度线,以指明图形中两点间的距离或对象的大小。在CorelDRAW X5中度量工具被编为一个工具组,并且新增了一个"线段度量"工具,如图2-118所示。

在工具箱中选择"平行度量"⬈工具,属性栏中相关选项如图2-119所示。(这里只对"平行度量"工具的属性栏进行讲解,因为度量工具组中的工具属性栏大体相同,所以就不一一介绍了)

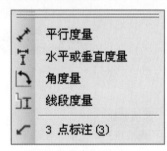

图2-118　度量工具

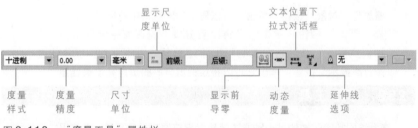

图2-119　"度量工具"属性栏

选项参数

"度量样式"选项:可以在如图2-120所示的下拉列表中选择所需的度量样式。

"度量精度":选项可以在如图2-121所示的下拉列表中选择所需的度量精度。

"尺寸单位"选项:可以在如图2-122所示的下拉列表中选择所需的尺寸单位。

"显示尺度单位"按钮:在默认状态下,是显示尺度单位的,如果单击该按钮,则不会显示尺度单位。

"前缀"与"后缀"选项:在"前缀"与"后缀"文本框中可以指定尺度文本的前缀与后缀。

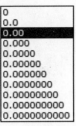

图 2-120 "度量
样式"下拉列表　图 2-121 "度量精
度"下拉列表

图 2-122 "尺寸
单位"下拉列表　图 2-123 "文本位
置"下拉列表

"显示前导零"按钮：单击该按钮，可以
隐藏或显示尺度值的前导零。

"动态度量"按钮：单击该按钮，可以设
置"度量样式"、"度量精度"、"尺寸单位"、"显
示尺度单位"、"前缀"与"后缀"等选项。

"文本位置"按钮：单击该按钮，弹出下
拉列表，可以从中选择尺度文本的位置，如图
2-123 所示。

"延伸线选项"按钮：单击该按钮，在弹
出的面板中，可以指定延伸线和对象之间的
距离和延伸伸出量的长度，如图 2-124 所示。

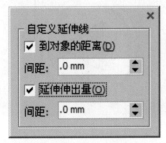

图 2-124 "自定义延伸线"
面板

使用"平行度量"工具的操作步骤如下。

① 执行菜单"文件"/"打开"命令，打开附书光盘"02\素材 10.cdr"文件，如
图 2-125 所示。

② 在工具箱中选择"平行度量" 工具，将鼠标指针移动到要测量的起点处单
击，如图 2-126 所示。

图 2-125 打开素材

图 2-126 单击起点

③ 再移动鼠标指针到终点处单击，如
图 2-127 所示。接着移动鼠标确定标注
文本放置的位置，如图 2-128 所示，单
击即可出现尺寸，如图 2-129 所示。

图 2-127 单击中点

▲ "配备'彩色输出中心'向导"对
话框

单击"下一步"按钮，选中"生
成 PDF 文件"复选框，如下图所示。

▲ "包括 PDF"复选框

单击"下一步"按钮，在新打开
的对话框中单击"浏览"按钮，指定
彩色输出中心文件的位置，如下图所
示。

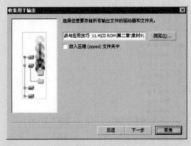

▲ 指定彩色输出中心文件的位置

单击"下一步"按钮，在打开的
对话框中列出了彩色输出中心文件的
所有信息显示，如下图所示。单击"完
成"按钮，在保存的指定位置找到相
关文件用于输出到彩色中心即可。

▲ 文件的所有信息显示

41

度量工具

"平行度量"工具：当使用此工具时，标注尺寸会随着对象的改变而改变，如果按住【Ctrl】键，可以以15°的增量限制标注线移动。

"垂直或水平度量"工具：用来标注对象垂直或水平方向的尺寸。

"标注工具"按钮：可以为对象添加注释。使用此工具时，如果标注的起点和终点不在相同的水平线或者垂直线上，"标注工具"将选择相对较长的一侧进行标注；如果要标注在另一侧，可以配合【Tab】键来进行操作。

"角度度量工具"按钮：可以标注出对象的角度值。在标注角度时，如果配合【Ctrl】键，可以限制标注位置和结束位置以15°、45°和90°变化。

突出显示新增功能

"突出显示新增功能"命令可将当前最高版本与其他旧版本进行比较，并将新增加的功能以突出显示状态显示。其方法是执行菜单"帮助"/"突出显示新增功能"命令，如下图所示。

▲ "突出显示新增功能"命令

与CorelDRAW X3版本进行比较，最后的新增功能突出显示界面，如下图所示。

▲ "缩放工具"选项栏

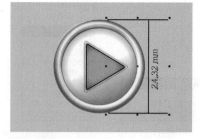

图2-128　确定标注位置　　　　图2-129　出现尺寸

④ 如果要设置文本颜色，可以在调色板中单击所需要的颜色，这里单击红色，如图2-130所示。如果需要设置文字大小，可以在工具箱中选择"挑选工具"选择文字，在属性栏中设置文字大小，设置完毕如图2-131所示。

图2-130　更换颜色

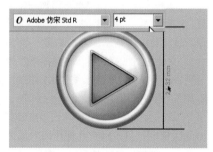

图2-131　更换标注字体大小

其他度量工具效果如图2-132所示。

垂直或水平度量工具

线段度量工具

标注工具

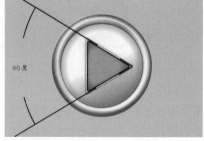

角度度量工具

图2-132　属性栏中各个工具的效果

2.5.4　颜色滴管工具与属性滴管工具

使用"颜色滴管工具"和"属性滴管工具"可以吸取对象的颜色或属性。在工具箱中选择"颜色滴管工具"，其属性栏，如图2-133所示。

图2-133 "颜色滴管工具"属性栏

单击"颜料桶工具" 按钮，使用"颜料桶工具"可以将吸取的颜色或属性应用到其他对象上。

单击"从桌面选择"可以吸取 CorelDRAW X5 软件以外的颜色。

"样本大小"按钮：单击 按钮之一，可以在其中根据需要选择要选取的样本。

在工具箱中选择"属性滴管工具" ，其属性栏，如图2-134所示。

图2-134 "属性滴管工具"属性栏

"属性"按钮：单击"属性"按钮，弹出如图2-135所示的面板，可以在其中根据需要选择要应用的属性，可以选择一项，也可以选择几项。

"变换"按钮：单击"变换"按钮，弹出如图2-136所示的面板，可以在其中根据需要选择要应用的变换，可以选择一项，也可以选择几项。

"效果"按钮：单击"效果"按钮，弹出如图2-137所示的面板，可以在其中根据需要选择要应用的效果，可以选择一项，也可以选择几项。

使用"颜色滴管工具"与"属性滴管工具"的操作步骤如下：

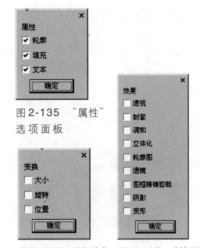

图2-135 "属性"选项面板

图2-136 "变换"选项面板　图2-137 "效果"按钮选项

① 执行菜单"文件"/"打开"命令，打开附书光盘"02\素材11.cdr"文件，如图 2-138 所示。

② 在工具箱中选择"属性滴管工具" ，并在属性栏的"属性"按钮上单击，在弹出的面板中选中"填充"、"轮廓"与"文本"复选框，如图 2-139 所示。

图 2-138 打开素材

图 2-139 选中"属性"选项

③ 移动鼠标指针到画面中要复制的对象上单击，吸取它的属性，如图2-140所示，再在工具属性栏中选择"颜料桶工具" ，然后移动鼠标指针到要应用所吸取属性的对象上单击，即可将吸取的属性复制到所单击的对象上，如图2-141所示。

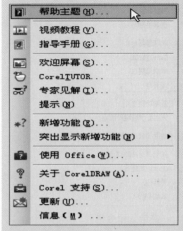

帮助主题

CorelDRAW X5中，"帮助主题"命令可为读者提供最权威、最全面的软件知识点。其方法是执行菜单"帮助"/"帮助主题"命令，快捷键是【F1】，如下图所示。

▲ "帮助主题"命令位置

在弹出的CorelDRAW help对话框中可通过目录、索引、搜索3种方式对程序中相关知识点进行帮助查询，如下图所示。

▲ CorelDRAW help 对话框

帮助菜单中提示命令

"提示"命令可对于所有工具进行各自的解释并演示出相关操作效果，其方法是执行菜单"帮助"/"提示"命令，如下图所示。

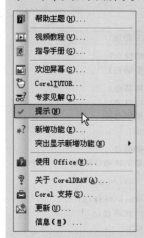

▲ "提示"命令位置

弹出的"提示"泊坞窗，如下图所示。

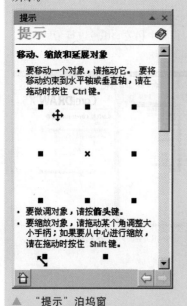

▲ "提示"泊坞窗

图 2-140　　"吸取"属性

图 2-141　　"填充"属性

④ 在工具箱中选择"颜色滴管工具" ，再按【Shift】键移动鼠标指针到要吸取颜色的对象上单击，如图 2-142 所示，然后在要应用颜色的对象上单击，即可将吸取的颜色应用到指定的对象上，如图 2-143 所示。

图 2-142　　"吸取"颜色

图 2-143　　"填充"颜色

2.5.5　标尺、辅助线、网格与动态导线

为方便窗口中的操作，CorelDRAW X5 为用户提供了一些窗口辅助功能，包括标尺、辅助线、网格与动态导线，可以帮助用户沿图形的宽度或高度或指定位置来准确绘制或定位对象。

标 尺

可以在绘图窗口中显示标尺，标尺上面有尺寸刻度，可以帮助用户精确绘制图形。

用户不但可以在绘图窗口中控制显示标尺，而且可以对标尺进行自定义设置，也可以隐藏标尺或将其移动到绘图窗口的其他位置。有时，为了便于在测量时直接看到所测量的值，需要更改标尺的原点，标尺原点默认情况下在绘图窗口页面的左下角，如图 2-143 所示。

图 2-144　　标尺的原点

使用"标尺"的操作步骤如下：

①执行菜单"文件"/"打开"命令，打开附书光盘"02\素材12.cdr"文件，如图2-145所示。

②如果标尺没有显示在绘图窗口中，先在菜单栏中执行"视图"/"标尺"命令，标尺打开后如图2-146所示。隐藏标尺也是同样的步骤。

图2-145　打开素材

图2-146　显示标尺

③在标尺栏的左上角交叉点处按住鼠标左键并向所需要的特定点拖动，在拖动的同时会出现一个十字虚线，如图2-147所示。到达特定点后松开鼠标左键，该点即成为标尺的新原点，如图2-148所示。如果需要恢复原点，双击标尺左上角交叉点即可。

图2-147　十字虚线

图2-148　新原点

④如果需要更改标尺设置，可以在标尺栏上双击或在标尺上右击，在弹出的下拉列表中选择"标尺设置"命令，如图2-149所示，即可弹出"选项"对话框，如图2-150所示。其中，可设置标尺的单位、原点位置、刻度记号以及微调距离等。

图2-149　标尺右键菜单

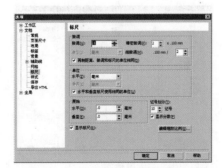

图2-150　标尺设置"选项"对话框

⑤单击"单位"项下拉按钮，在下拉列表中选择"厘米"，如图2-151所示。其他选择默认值，单击"确定"按钮，更改效果如图2-152所示。

除了在"菜单"/"布局"下设置页面大小，也可以在属性栏中设置页面大小，但前提是在工具箱中选择"挑选工具"，在没有选择任何图形的情况下属性栏如下图所示。

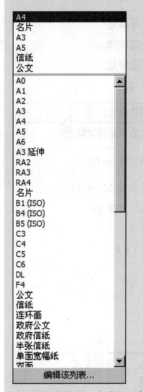

▲　属性栏

在"纸张类型/大小"下拉列表框中设置纸张类型和大小，也可以在"纸张高度和宽度"选项中自定义纸张大小如下图所示。

▲　"纸张类型/大小"下拉列表框

▲　自定义"纸张高度和宽度"

新增功能

在CorelDRAW X5中，"新增功能"命令是"欢迎屏幕"中5大界面之一，它主要显示了当前版本相比以前版本所新增的功能，如时尚的用户界面、查找设计资源的利用、高级图像编辑等功能。其方法是执行菜单"帮助"/"新增功能"命令，如下图所示。

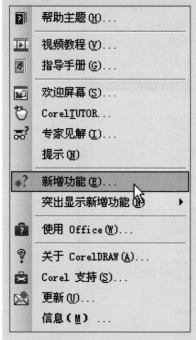

▲ "新增功能"命令位置

弹出的"新增功能"界面如下图所示。

▲ 新增功能

使用 Office

"使用Office"命令给出了程序中使用Office应用程序的整体概述，用户可通过目录、索引、搜索的方法进行查看。执行菜单"帮助"/"使用Office"命令，如下图所示。弹出的"CorelDRAW help"窗口如下图所示。

图 2-151　设置单位

图 2-152　设置单位效果

辅助线

辅助线是可以放置在绘图窗口中任意位置的线条，用来帮助绘制和修改对象。辅助线包括水平、垂直和倾斜，可以隐藏和显示。添加辅助线后，可对辅助线进行操作，包括选择、移动、旋转、锁定或删除操作。

使用"辅助线"的操作步骤如下：

① 新建辅助线，在水平标尺栏中按住鼠标左键向下拖动到适当位置，松开左键即可创建出一条水平辅助线，如图 2-153 所示。

② 在菜单栏中执行"视图"/"设置"/"辅助线设置"命令，弹出"选项"对话框，如图 2-154 所示。

图 2-153　创建水平辅助线

图 2-154　辅助线"选项"对话框

③ 在右边选择"垂直"选项，在垂直栏中输入"60"，如图 2-155 所示。再单击"添加"按钮，即可将数值添加到下方的文本框中，如图 2-156 所示。

图 2-155　输入数值

图 2-156　添加辅助线

④ 再在文本框中输入"180"，再单击"添加"按钮将数值添加到文本框中，如图 2-157 所，如图 2-158 所示。

图 2-157　输入数值

图 2-158　添加辅助线

⑤ 在工具箱中选择"挑选工具"，移动鼠标指针到辅助线上，鼠标效果如图2-159所示。按下鼠标左键拖动到其他位置，松开鼠标，辅助线便移动到了其他位置，如图2-160所示。

图 2-159　选择"挑选工具"

图 2-160　移动辅助线

⑥ 在工具箱中选择"挑选工具"，选中辅助线，在属性栏中设置旋转的角度即可创建倾斜的辅助线，如图2-161所示。

图 2-161　属性栏

　　如果要观察图形的效果，可以随时将辅助线隐藏，在菜单栏中执行"视图"/"辅助线"命令，就可以将辅助线隐藏，再次执行就可以将辅助线显示。

　　如果要删除多余的辅助线，可以用"挑选工具"选中辅助线，再按【Delete】键删除即可。

网格

　　网格是由一系列水平和垂直的等距离的交叉线或点组成的，可在绘图窗口中用于确定对齐和定位对象。通过设定网格的频率或间距，可以设置网格线和网格点之间的距离。

　　使用"网格"的操作步骤如下：

① 在菜单栏中执行"视图"/"网格"命令，可以显示网格，如图2-162所示。再次执行即可隐藏网格。

图 2-162　显示网格

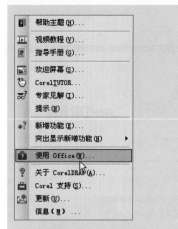

▲ "使用 Office"命令位置

▲ CorelDRAW help 窗口

About CorelDRAW

　　"About CorelDRAW"命令给出了该程序的相关注册信息、系统信息、法律公文以及许可证信息等，便于读者了解该程序。其方法是执行菜单"帮助"/"About CorelDRAW"命令，如下图所示。

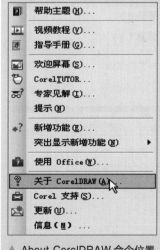

▲ About CorelDRAW 命令位置

弹出"关于CorelDRAW X5"对话框，如下图所示。

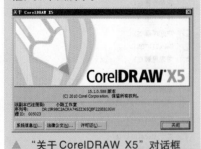

▲ "关于CorelDRAW X5"对话框

◎ 技术支持

在CorelDRAW X5中，"技术支持"命令可打开Corel公司的官方网站，给读者更多的技术方面的支持。其方法是执行菜单"帮助"/"Corel支持"命令，如下图所示。

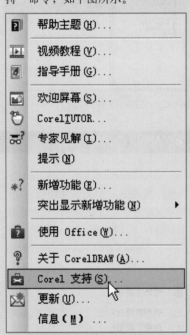

▲ 技术支持位置

打开的网站界面，如下图所示。

▲ 技术支持界面

② 如果需要设置网格，可以执行"视图"/"设置"/"网格和标尺设置"命令，弹出"选项"对话框，如图2-163所示。可以设置频率或者间距，还可以指定网格是按点显示，还是按线显示等。

图2-163 网格"选项"对话框

③ 在右边的选项中选择间距，设置间隔为"20"，单击"将网格显示为点"，如图2-164所示。设置完毕，单击"确定"按钮，网格效果如图2-165所示。

图2-164 "选项"对话框中设置参数

图2-165 网格效果

动态导线

动态导线可以帮助用户对于其他对象准确地移动、对齐和绘制对象。动态导线是临时辅助线。

在菜单栏中执行"视图"/"动态导线"命令，可以显示动态导线，在工具箱中选择"挑选工具"选择一个图形，按住鼠标左键进行移动，动态导线如图2-166所示。

图2-166 动态导线

03 Chapter

绘制直线、曲线和几何图形

许多漂亮的图像都是由各种点、线、面绘制而成的，其中很多面都是由几何图形变形而来的。CorelDRAW X5利用工具箱中的各种工具绘制图形，如直线、曲线、矩形、圆形等。本章主要讲解这些工具的使用方法，以及这些工具的相关内容。

如果需要对"挑选工具"进行自定义设置，可以执行菜单"工具"/"选项"命令，弹出"选项"对话框，在右侧选择"工具箱"/"挑选工具"，如下图所示。

▲ 选中被遮盖对象

在"挑选工具"设置项中，有鼠标指针、移动和变换、【Ctrl】和【Shift】键3类设置。

如果用户是经常使用鼠标为十字线软件，可以将CorelDRAW X5的鼠标指针更改为十字线，选中"十字线游标"选项，效果如下图所示。

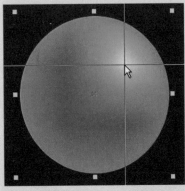

▲ 十字线游标

在默认情况下，CorelDRAW会视所有的对象为已经填充状态，鼠标只要在该对象的几何矩形范围内都可以选取该对象。如果取消该项的勾选，即视为未填充对象，就只能用鼠标单击对象的外框轮廓才能选取对象，如下图所示。

绘制直线和曲线

CorelDRAW X5允许使用多种技巧和工具来绘制线条或笔触，绘制的线条可以沿线喷涂，也可以设置颜色，转换成对象等。

3.1.1 挑选工具

"挑选工具"在用户使用CorelDRAW X5工作中使用频率非常高，所以在学习其他绘图工具之前先学习一下"挑选工具"。

"挑选工具"可对文档中的图形对象进行如选择、移动、缩放、旋转、倾斜等最基本的操作。

"挑选工具"属性栏内容不是固定的，它取决于选择的对象，当选择某个图形的时候，属性栏中显示与其相关的选项。在工具栏中选择"挑选工具" ，在不选择任何对象的情况下。属性栏内容如图3-1所示。

图3-1 "挑选工具"属性栏

使用"挑选工具"的操作步骤如下：

① 执行菜单"文件"/"打开"命令，打开附书光盘"03\素材1.cdr"文件，如图3-2所示。

② 选取工具箱中的"挑选工具" ，将指针移动到要选择的图形对象上方单击鼠标，即可完成选取操作，图形被选取后如图3-3所示。

③ 要选择多个对象，可在选取图形对象的基础上，按住【Shift】键单击其他图形对象，即可完成加选操作，如图3-4所示。再次单击该图形对象即可减选该对象，如图3-5所示。

图3-2 打开素材　　　图3-3 选择图形　　　图3-4 加选图形

④ 另外，还可利用单击拖动鼠标，用框选图形对象的方法来选择对象，按住鼠标左键拖曳，如图3-6所示。松开鼠标，选框内的图形被选中，如图3-7所示。也可以用接触式框选对象，按住【Alt】键单击鼠标拖动，如图3-8所示，所有接触过的图形都被选中，如图3-9所示。

图 3-5　减选图形

图 3-6　框选图形

图 3-7　选中框内图形

图 3-8　框选接触图形

图 3-9　选中接触的图形

⑤ 移动对象。以刚才打开的文件为例，要将文件中图形对象的位置变更，可在工具箱中选取"挑选工具"后，单击并拖动需要移动的图形，如图 3-10 所示，将其拖拽至合适位置松开鼠标即可，拖动后效果如图 3-11 所示。

图 3-10　拖动鼠标

图 3-11　移动图形

⑥ 缩放对象。在选择"挑选工具"状态下，在要选择的图形对象上单击选中，可以看到其四周出现了 8 个节点，将鼠标指针移动到节点上指针会改变形状，如图 3-12 所示，此时单击拖动节点即可变换该图形对象大小。如果要等比缩放，可配合【Shift】键单击拖动，如图 3-13 所示。

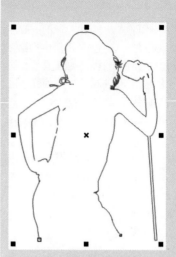

▲　选中"视所有对象为已填充"

▲　取消选中"视所有对象为已填充"

　　重绘复杂对象，是指在对象处于移动或变换的过程中显示的轮廓对象，此处以秒为计时单位，默认为0.5s，如果计算机的配置较高，可以将时间设短一些，如下图所示。

▲　重绘复杂对象

CorelDRAW X5中绘制的一般都是矢量图形，绘制矢量图形最重要的元素就是曲线工具，曲线工具绘制的图形都是由节点控制的。下面详细讲解绘制曲线工具的节点应用。

绘制一条曲线，无论是使用形状工具，还是使用手绘工具或是贝塞尔工具绘制曲线，都很难一次性绘制出需要的形状，在绘制过程中需要不断修改，这就需要选取、移动节点来调整整条曲线。

选取节点

在工具箱中选择形状工具，单击绘制的曲线形，如下图所示，可以选择曲线中的任意一个节点用鼠标进行调节。

▲ 选取节点

▲ 调整节点效果

图3-12　移动到节点上

图3-13　缩放图形

⑦ 旋转、倾斜对象，可在选择"挑选工具"状态下，双击图形对象，节点变化，当鼠标指针移动到四角的点上可以旋转对象如图3-14所示。当鼠标指针移动到4个中间点上时可以斜切对象，如图3-15所示。

图3-14　旋转图形

图3-15　斜切图形

3.1.2　手绘工具

使用"手绘工具"可用来绘制直线以及自由的曲线。【F5】键为"手绘工具"的快捷键。

在工具箱中选择"手绘工具"，属性栏中显示"手绘工具"相关选项，如图3-16所示。

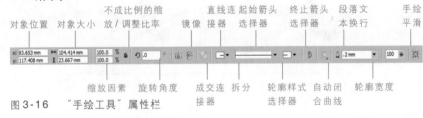

图3-16　"手绘工具"属性栏

"手绘工具"属性栏选项参数如下：

"对象位置"选项：如果在文档中绘制了手绘图形并选中，该选项将呈可用状态。主要用于显示或调节图形对象的（X，Y）坐标位置。

"对象大小"选项：如果在文档中绘制了手绘图形并选中，该选项将呈可用状态。主要用于显示或调节图形对象的宽度和高度大小。

"缩放因素"选项：如果在文档中绘制了手绘图形并选中，该选项将呈可用状态。主要以百分比的方式调节图形对象的大小。

"调整比率"选项：如果在文档中绘制了手绘图形并选中，该选项将呈可用状态。"锁定"状态为等比例大小设置状态，"非锁定"状态为非等比例大小设置状态。

"旋转角度"选项：如果在文档中绘制了手绘图形并选中，该选项将呈可用状态。主要设置图形对象的旋转角度，如图3-17所示。在该选项中设置了不同的旋转角度。

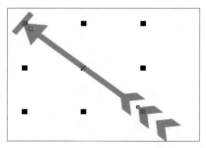
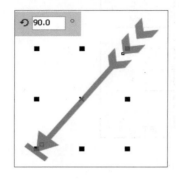

图3-17　旋转角度

"水平／垂直镜像"按钮：如果在文档中绘制了手绘图形并选中，该选项将呈可用状态。该选项可设置图形对象的水平或垂直方向的翻转效果，如图3-18所示，为分别将对象进行水平与垂直镜像后的效果对比图。

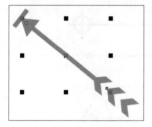
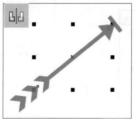

图3-18　镜像对比效果

"起始箭头选择器"选项：在其下拉列表框中，可为文档中绘制的手绘线选择应用所需的起始箭头效果，如图3-19所示。为线条设置不同起始箭头类型，其效果如图3-20所示。

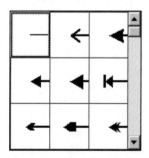

图3-19　"起始箭头选择器"
下拉列表框

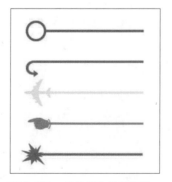

图3-20　起始箭头类型效果

"轮廓样式选择器"选项：在其下拉列表框中，可为文档中绘制的手绘线选择应用所需的轮廓样式效果，如图3-21所示。为线条设置不同样式的效果，如图3-22所示。

移动节点

在选中节点以后按住鼠标左键，拖动到合适位置，松开鼠标即可。

▲　移动节点

▲　移动后效果

利用"手绘工具"也能绘制一些简单的封闭图形对象，例如，一些直线构成的几何图形。现在来绘制一个三角形，方法如下。

先在适当的位置上单击鼠标左键确定三角形的顶点，按住【Ctrl】键将鼠标指针移动到顶点的正下方，距离适当，单击鼠标左键确定三角形的直角点，完成垂直直线的绘制，如下图所示。

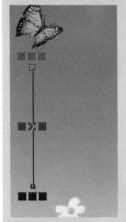

▲ 左图绘制垂直边

保持工具不变，鼠标指针移动到直角点上，光标变为 形，单击左键以继续绘制垂直线，按住【Ctrl】键，将鼠标指针移动到第三个点上，距离适当，如下图所示。

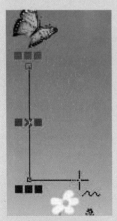

▲ 右图接续垂直线

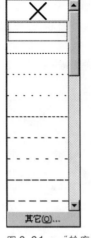

图3-21 "轮廓样式选择器"下拉列表

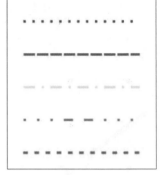

图3-22 线条不同样式的效果

"终止箭头选择器"选项：在其下拉列表框中，可为文档中绘制的手绘线选择应用所需的终止箭头效果，下拉列表框如图3-23所示。为线条设置不同终止箭头类型效果如图3-24所示。

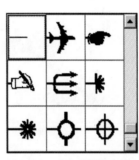

图3-23 "终止箭头选择器"下拉列表

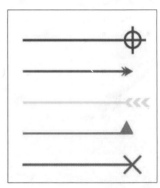

图3-24 终止箭头类型效果

"自动闭合曲线"按钮：如果在文档中绘制了开放的手绘图形并选中，该选项将呈可用状态。它可将开放曲线自动闭合转换为封闭图形，如图3-25所示。

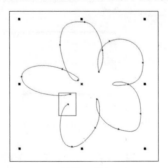
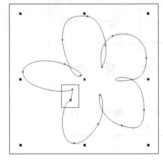

图3-25 转换为封闭图形

"段落文本换行"按钮：如果在文档中绘制了闭合的手绘图形并选中，该选项将呈可用状态。在单击该按钮弹出的面板中可选择不同的绕排方式，如图3-26所示。

"轮廓宽度"选项：在其下拉菜单中可选择不同的宽度，设置图形对象边缘的轮廓宽度效果。

"手绘平滑"选项：单击拖动水平滑动条设置不同的手绘平滑值，设置手绘图形对象的边缘平滑度，数值越大，越平滑。

图3-26 "段落文本换行"面板

使用"手绘工具"的操作步骤如下：

① 执行菜单"文件"/"打开"命令，打开附书光盘"03\素材2.cdr"文件，如图3-27所示。

② 绘制直线，在工具箱中选择"手绘工具"，在树根处单击鼠标左键确定起点，再向右平移鼠标到适当位置，如图3-28所示。单击鼠标确定终点，即可完成一条直线的绘制，图像效果如图3-29所示。

图3-27 打开素材

图3-28 确定起点

图3-29 绘制直线效果

③ 绘制曲线，在工具箱中选择"手绘工具"选项，将鼠标指针移动到页面的适合位置，单击左键拖动鼠标绘制曲线，如图3-30所示。绘制完毕后松开鼠标，即可完成操作，如图3-31所示。

图3-30 拖动鼠标

图3-31 绘制曲线效果

④ 绘制闭合曲线，在工具箱中选择"手绘工具"选项，将鼠标指针移动到页面的适合位置，单击左键拖动鼠标绘制曲线，如图3-32所示。移至终点后松开鼠标，即可完成操作，如图3-33所示。

单击鼠标左键确定三角形的最后一个点，完成水平直线的绘制，如下图所示。

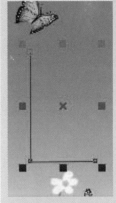

▲ 绘制水平边

然后在第三个点上单击左键接续水平线，并且移动鼠标指针到最上方的第一个点上单击左键，对象就会自动完成封闭处理。最终效果，如下图所示。

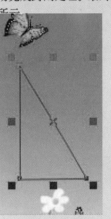

▲ 完成三角形绘制

在绘制过程中，如果对所绘制曲线的形状不满意，可以直接按【Ctrl+Z】组合键返回，最后添加的节点会自动显示出该节点的调节杆。此时可以单击该节点重新调整该曲线的形状。

在使用贝塞尔工具绘制曲线的过程中，在单击并拖动节点时，按住【Alt】键，则可以移动该节点的位置，而不是调整调节杆的位置，如下图所示。

▲ 绘制垂直边

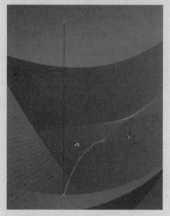

▲ 按住【Alt】键移动节点

在绘制曲线图形时，单击会添加一个直线节点，如果该节点与曲线相邻，则会产生一半直线一半曲线的效果。而单击并拖动创建的节点，都是对称节点，即节点两侧的调节杆是对称的。曲线绘制完成后，如果要修改曲线节点的属性或形状，则需要使用形状工具来进行编辑调整。

图3-32　拖动鼠标到起点

图3-33　绘制闭合曲线效果

3.1.3　贝塞尔工具

"贝塞尔工具"是绘图软件中最为重要的工具之一.它可以创建比手绘工具更为精确的直线和曲线，也可以配合鼠标单击或单击并拖曳的方法，根据读者的要求绘制各种形状的复杂图形。

"贝塞尔工具"是图形图像软件中勾勒和创建图形最重要的工具，在使用该工具之前首先要了解路径的概念与结构，利用"贝塞尔工具"绘制出来的曲线路径共分为节点、控制点、控制线以及路径片段4部分，如图3-34所示。

节点：节点是构成路径曲线的最基本要素，节点分为直线节点和曲线节点，如图3-35所示。

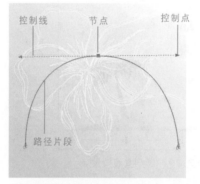

图3-34　曲线路径结构组成

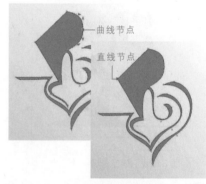

图3-35　直线节点与曲线节点

控制点与控制线：默认状态下一个曲线路径节点会自动生成两条对称的控制线，每条控制线的末端带有一个控制点。读者可利用工具箱中的"形状工具"，通过拖动调节控制点与控制线来完成曲线路径的形状调节，如图3-36所示。

图3-36　调节控制点与控制线

路径片段：两个节点之间的连线即为路径片段。那么，直线节点之间的连线为直线路径片段，曲线节点之间的连线为曲线路径片段，同理路径片段也可利用工具箱中的"形状工具"进行拖动操作，完成路径的调节，如图3-37所示。

图3-37　调节路径片段

使用"贝塞尔工具"的操作步骤如下：

①执行菜单"文件"/"打开"命令，打开附书光盘"03\素材3.cdr"文件，如图3-38所示。

②绘制直线路径。在工具箱中选择"贝塞尔工具"，在图像中单击鼠标确定第一个直线节点位置后，用同样的方法在其他位置连续单击，多个节点之间生成多条直线路径段，最后光标移至起点处，光标发生变化，单击闭合，完成闭合直线路径操作。若要绘制开放直线路径，可在绘制过程中选取工具箱中的其他工具，完成开放直线节点路径，如图3-39所示。

图3-38　打开素材

图3-39　闭合直线路径和开放直线节点路径

③绘制曲线路径。保持选择"贝塞尔工具"状态，在绘图窗口中单击鼠标左键确定第一个曲线节点位置后拖动鼠标，用同样的方法在其他位置单击并拖曳鼠标。按同样方法单击并拖曳多个节点，多个节点之间生成多条曲线路径段，最后光标移至起点处，光标发生变化，单击闭合，完成闭合曲线路径操作。若要绘制开放曲线路径，可在绘制过程中，选取工具箱中的其他工具，完成开放曲线节点路径，如图3-40所示。

设置贝塞尔工具

双击工具箱中的"贝塞尔工具"按钮，弹出如下图所示的"选项"对话框。

▲ "选项"对话框

通过调整该对话框中的各项参数，自定义"手绘"/"贝塞尔工具"值。各项参数具体含义如下：

手绘平滑：用于调整绘制曲线的平滑度。数值越低，所绘曲线越接近鼠标拖动的路径；数值越高，所绘曲线越趋于平滑。

边角阈值：使用手绘工具绘制曲线时，对其转折距离的默认值进行调整。转折范围在默认值内即设置尖角节点，超出默认值即设置圆滑节点，数值越低就越容易显示尖角节点。

直线阈值：使用手绘工具绘制曲线时，将鼠标拖动的路径看做是直线的距离范围默认值。鼠标拖动的偏移量在默认值之内为直线，在默认值以外即为曲线。所以，参数值越低越容易显示曲线。

自动连结：使用手绘工具绘图时，用于设置自动连接的距离，如果在两个节点之间的距离小于自动连接的数值，CorelDRAW X5将自动连接两个节点。

贝塞尔工具绘制折线

选择贝塞尔工具,在右侧画面的文字下方,连续单击绘制交叉的直线,产生一个五角星形的形状,并将光标放置在折线的起点上,如下图所示。

▲ **光标放置在折线的起点上**

单击鼠标,得到一个闭合的折线图形,如下图所示。

▲ **得到一个闭合的折线图形**

同样,选中折线图形,设置其轮廓颜色为黄色,轮廓宽度为1.0mm,并选择一种虚线样式,调整后的图形效果如下图所示。

▲ **调整图形效果**

图3-40 闭合曲线路径和开放曲线节点路径

④ 绘制复杂的图形。在工具箱中选取"贝塞尔工具",在程序界面中利用鼠标左键连续单击,图3-41所示。

图3-41 绘制复杂图形

3.1.4 艺术笔工具

"艺术笔工具"是一种具有固定或可变宽度及形状的画笔工具。用户可以利用"艺术笔工具"绘制具有艺术效果的线条或者图案。

"艺术笔工具"共有5个工具选项,分别是预设、笔刷、喷罐、书法与压力,每个选项都有各自的属性。下面介绍一下每个工具的属性选项和用法。

预设工具

预设类艺术笔提供了23种不同样式的笔触,用户可以根据需要从中挑选某种笔触,然后像使用"手绘工具"一样在屏幕窗口中拖动鼠标绘制图形对象。在工具箱中选取"艺术笔工具",绘图窗口上方选取"预设工具"属性栏,如图3-42所示。

图3-42 "预设工具"属性栏

艺术笔工具属性栏选项参数如下:

"预设"按钮:为"艺术笔工具"中5个工具选项之一,其中预置了几十种艺术笔触的形状。

"手绘平滑"选项：可设置艺术画笔笔触的平滑程度。图3-43所示为平滑度为10与平滑度为100的笔触效果对比。

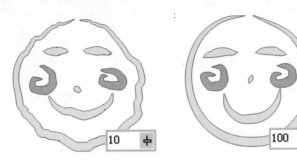

图3-43　不同手绘平滑对比

"艺术笔工具宽度"选项：可设置艺术画笔笔触的宽度，数值越大，笔触越宽。图3-44所示为笔触宽度为10.0 mm与笔触宽度为1.0mm的笔触效果对比。

图3-44　不同宽度笔触对比

"预设笔触列表"选项：软件中自带了多种不同风格的艺术画笔笔触，图3-45所示为不同风格的笔触效果对比。

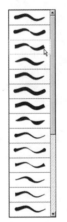

图3-45　预设笔触列表

笔刷工具

"笔刷"是一组可自定义的笔触工具，用户能利用"笔刷"工具中的预设绘制一些图形对象，也可以自己定义某些特定的笔刷共以后调用。"笔刷"工具绘制的对象可以随意进行色彩的更改，或其宽度的修饰。

在工具箱中选取"艺术笔工具"时，在属性栏上单击"笔刷"按钮，属性栏效果如图3-46所示。

📷 预设工具绘制图形

打开一个素材文件，如下图所示。

▲　打开文件

选择艺术笔工具，设置为预设模式，并适当地调整属性栏中各选项的设置，然后拖动鼠标指针绘制曲线，可以看到黑色轨迹预览，如下图所示。

▲　拖动鼠标绘制曲线

释放鼠标后，可以看到创建的艺术画笔效果，如下图所示。

▲ 预设画笔效果

此时，如果对绘制的艺术画笔图形效果不满意，可以在选中艺术画笔图形的状态下，在属性栏中对选项设置进行修改，选中的艺术画笔图形会随着选项的变化而变化。例如，选中绘制的艺术画笔图形后，在属性栏中为其设置另外一种笔触类型，艺术画笔图形将发生变化，效果如下图所示。

▲ 调整属性栏中选项

图 3-46　"笔刷"属性栏

选项参数如下：

"笔刷"按钮：为艺术笔工具 5 个工具选项之一，主要用来绘制一些艺术的笔触效果。

"手绘平滑"选项：可设置艺术画笔笔触的平滑度。

"艺术笔工具宽度"选项：可设置艺术画笔笔触的宽度，数值越大，笔触越宽。

"浏览"选项：可在弹出的"浏览文件夹"对话框中选择默认或自定义的笔触所在的文件夹。图 3-47 所示为默认状态下的笔触所在文件夹的对话框。

"笔触列表"选项：程序自带了多种不同风格的艺术画笔笔触，如图 3-48 所示。不同风格的笔触效果对比，如图 3-49 所示。

图 3-47　浏览文件夹

图 3-48　不同风格的笔触效果

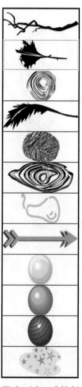

图 3-49　"笔触"预设列表

"保存艺术笔触"按钮：可将程序界面中一个或多个图形对象保存为自定义的艺术笔触，便于以后的随时调用。其方法是选中当前文档中的图形对象，如图 3-50 所示，保存为自定义的艺术笔触。在弹出的对话框中另存为艺术笔刷格式即可，如图 3-51 所示。

"删除"按钮：可将在笔触列表中自定义的笔触删除，在笔触列表中选取要删除的自定义笔触，单击"删除"按钮，

图 3-50　选中图形对象

弹出"确认文件删除"对话框，如图 3-52 所示。

图 3-51　另存为艺术笔刷格式　　图 3-52　删除笔触对话框

喷罐工具

"喷罐工具"可以在线条上喷涂一系列对象，除图形和文本对象外，还可导入位图和符号来沿线条喷涂。

在工具箱中选取"艺术笔工具" 时，选择属性栏中"喷罐工具" ，其属性栏如图 3-53 所示。

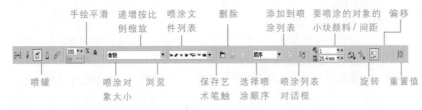

图 3-53　"喷罐工具"属性栏

选项参数如下：

"喷罐"按钮：为"艺术笔工具"的 5 个工具选项之一，主要用来喷洒图案效果。

"手绘平滑"选项：可设置艺术画笔笔触的平滑度。

"喷涂对象大小"选项：可输入 1%~999% 之间的数值来设定要喷涂对象的显示大小。图 3-54 所示为喷涂对象为 100% 与喷涂对象为 200% 的笔触效果对比。

图 3-54　喷涂对象大小对比

"递增按比例缩放"选项：可设置喷涂对象大小是否递增按比例缩放。

"浏览"按钮：可在弹出的"浏览文件夹"对话框中选择默认或自定义的笔触所在的文件夹。

"喷涂文件列表"选项：软件自带了多种不同笔触绘制效果，如图 3-55 所示，不同风格的图案喷涂效果对比，如图 3-56 所示。

笔刷模式绘制图形

打开一个素材文件，效果如下图所示。

▲ 打开文件

选择艺术笔工具，设置为笔刷模式，在"笔触列表"下拉列表中选择一种笔触类型，并适当地调整属性栏中各选项的设置，然后在星形右侧单击并向右边界拖动绘制，可以看到黑色轨迹预览，如下图所示。

▲ 拖动绘制

松开鼠标后，可以看到创建的艺术画笔效果，如下图所示。

▲ 笔刷模式效果

B-spline 工具

B-spline 工具是 CorelDRAW X5 新增的工具,通过使用 B-spline 工具,可以轻松塑造曲线形状和绘制 B-spline 样条线(通常为平滑、连续的曲线),如下图所示。

▲ 拖动绘制图形

▲ 绘制完成

图 3-55　喷涂文件列表

图 3-56　不同喷涂效果对比

"保存艺术笔触"按钮:可将程序界面中的一个或多个图形对象保存为自定义的艺术笔触,便于以后随时调用。

"删除"按钮:可将在笔触列表中自定义的笔触删除。在笔触列表中选取要删除的自定义笔触,单击该按钮即可。

"选择喷涂顺序"选项:程序自带了随机、顺序、按方向 3 种显示图案喷洒效果的顺序列表,不同顺序显示不同的效果。图 3-57 所示为随机、顺序、按方向这 3 种不同顺序的显示效果。

图 3-57　选择不同喷涂顺序效果

"添加到喷涂列表"按钮:可将当前文档中选中的矢量图形对象添加合并到当前喷涂列表选中的喷洒图案中,生成新的图案效果。

"喷涂列表对话框"按钮:单击该按钮弹出"创建播放列表"对话框,如图 3-58 所示。如果要增加喷涂时的对象,可以从"喷涂列表"中选择某个对象,再单击"添加"按钮,所选择的对象就会添加到"播放列表"窗口序列中,单击"删除"按钮即可从播放列表中删除对象,单击"上移"或者"下移"按钮,所选取的对象的排列次序就改变了。创建新的喷涂列表,绘制图像效果如图 3-59 所示。

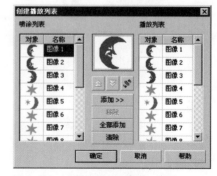

图 3-58　"创建播放列表"对话框

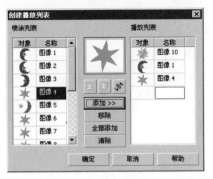

图 3-59　创建新的喷涂列表，绘制图像效果

"要喷涂的对象的小块颜料/间距"选项：可设置要喷涂图案对象之间的叠加密度和空间间距，数值越大，密度和间距则越大。图 3-60 所示为原图与设置密度和间距后的图案喷涂效果对比。

2 点线工具 ／ 是 CorelDRAW X5 新增的工具。它允许您绘制两点直线段，此工具还可使您创建与对象垂直或相切的直线。

2 点线工具的属性栏和大部分线条绘制工具的属性栏相同，只是多了 ／ ○ ○ 3 个按钮。

单击 ／ 按钮可以连接起点和终点，绘制一条直线，如下图所示。

图 3-60　"要喷涂的对象的小块颜料/间距"选项设置对比效果

"旋转"按钮：单击该下拉列表按钮可在弹出的对话框中，设置当前喷涂图案效果是基于路径还是基于页面的角度旋转效果。在对话框中设置参数，图 3-61 所示为原始图案与设置旋转后的图案喷涂效果对比。

▲　绘制线段

单击 ○ 按钮可以绘制一条与现有的线条或对象垂直的线段，如下图所示。

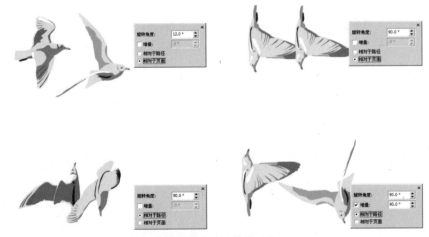

图 3-61　原始图案与设置旋转后的图案喷涂效果对比

"偏移"按钮：单击该下拉按钮可在弹出的对话框中，设置当前喷涂图案效果不同方向的偏移大小。图 3-62 所示为原图与设置偏移后的图案喷涂效果对比。

"重置值"按钮：单击该按钮，可将所设置的图案喷涂效果参数还原为默认状态。

▲　绘制垂直线段

单击 ○ 按钮可以绘制一条与现有的线条或对象相切的线段，如下图所示。

▲ 绘制相切线段

🔘 编辑端点

端点是指所绘曲线图形的起始点与终点，曲线的端点编辑方法与节点类似，可以利用形状工具，通过鼠标选择、移动来进行调节，如下图所示。

▲ 拖动端点

▲ 编辑端点效果

图 3-62 　原图与设置偏移后的图案喷涂效果对比

▍书法工具

"书法工具"可以在绘制线条时模拟书法钢笔的效果。书法线条的粗细会随着线条的方向和鼻头的角度而改变。默认情况下，书法线条呈现齐全鞍鼻绘制的闭合形状。通过改变相对与所选的书法角度绘制的线条角度，可以控制书法线条的粗细。

在工具箱中选择"艺术笔工具" 🖉 时，在属性栏中选择"书法"按钮 🖋，属性栏如图 3-63 所示。

图 3-63 　"书法工具"属性栏

选项参数

"书法"按钮：为"艺术笔工具"中 5 个工具选项之一，单击该按钮可改变曲线的粗细，模仿书法效果。

"手绘平滑"选项：可设置艺术画笔笔触的平滑度。

"艺术笔工具宽度"选项：可设置艺术画笔笔触的宽度，数值越大，笔触越宽。

"书法角度"选项：可设置在绘制过程中的倾斜角度。

▍压力工具

"压力工具"可以创建粗细不同的压感线条。可以使用鼠标或压感钢笔和图形工具来创造这种效果。

在工具箱中选择"艺术笔工具" 🖉 时，在属性栏中选择"压力"按钮 🖋，属性栏如图 3-64 所示。

图 3-64 　"压力工具"属性栏

3.1.5 　钢笔工具

"钢笔工具"可直接在文档页面中绘制各种直线、曲线以及各种复杂形状的图形，并且能在选段上任意增加或删除节点。

在工具箱中选取"钢笔工具" 🖋，绘图窗口上方会显示出该工具的属性栏，如图 3-65 所示。

预览模式

图 3-65 　"钢笔工具"属性栏

自动添加 / 删除

参数选项

"预览模式"按钮：单击该按钮在程序界面中绘制图形时，指针会自动显示一条橡皮带的线，它会随着指针的移动而移动或旋转，供读者在绘制过程中作为参考以绘制出精确的路径线。如果不单击该按钮，橡皮带效果将不会显示。

"自动添加/删除"按钮：单击该按钮，在程序界面中绘制图形时，随时地在路径线上单击添加节点，在节点上单击删除节点，完成路径绘制的基本操作功能，如果不单击该按钮，则不能编辑正在绘制的图形。

使用"钢笔工具"的操作步骤如下：

① 执行菜单"文件"/"打开"命令，打开附书光盘"03\素材4.cdr"文件，如图3-66所示。

图3-66　打开素材

② 绘制直线路径。在工具箱中选取"钢笔工具" ，在绘图窗口中单击已确定的直线的起点，然后移动鼠标指针到另一个界面位置再次单击，则生成一条基本直线路径，以相同方法再次单击其他位置，要结束路径的绘制可直接按【Esc】键或配合【Ctrl】键单击界面空白处，完成开放折线效果；若要完成闭合折线效果，可将鼠标指针移动到起点处，光标发生变化后单击闭合即可。图3-67所示为绘制的开放直线路径，图3-68所示为绘制的闭合直线路径。

图3-67　绘制的开放直线路径

图3-68　绘制的闭合直线路径

③ 绘制曲线路径。在工具箱中保持选择"钢笔工具"，在绘图窗口中单击拖动已确定的直线的起点，然后移动鼠标指针到另一个界面位置再次单击拖动，则生成一条基本曲线路径，以相同方法再次单击拖动鼠标指针到其他位置，要结束路径的绘制可直接按【Esc】键或配合【Ctrl】键单击界面空白处，完成开放曲线效果，若要完成闭合曲线效果，可将鼠标指针移动到起点处，光标发生变化后单击拖动闭合即可。绘制心形效果，图3-69所示为绘制的开放曲线路径，图3-70所示为绘制的闭合曲线路径。

折线工具与钢笔工具

折线工具与钢笔工具相同的是：在绘制开放式曲线时，需要在终点处双击；在绘制封闭式曲线时需返回到终点处单击鼠标，也可以通过两个不同位置的单击得到一条直线。

折线工具与钢笔工具不同的是：折线工具可以像使用手绘工具一样按住左键一直拖动，以绘制出所需的曲线；而钢笔工具则只能通过单击并移动或单击并拖动来绘制直线、曲线与各种形状的图形，并且它在绘制的同时可以在曲线上添加锚点，同时，按住【Ctrl】键还可以调整锚点的位置以达到调整曲线形状的目的。

折线工具的特点

折线工具与手绘工具不同的是：手绘工具在按住左键一直拖动到所需的位置时松开左键完成绘制；而折线工具则在按住左键一直拖动到所需的位置松开左键后，还可以继续绘制，直到返回到起点处单击或双击为止。当绘制直线时，手绘工具单击起始点后再次单击鼠标即为终止点，即完成绘制，而折线工具可以无限制地单击鼠标绘制折线，直到双击为止。

设置连线工具

双击工具箱中的"贝塞尔工具"按钮，弹出如下图所示的"选项"对话框。

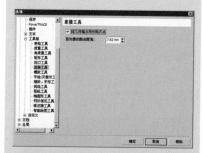

▲　光标放置在连接工具上

通过调整该对话框中的选项参数，自定义"连线工具"值。

连线工具技巧

当使用"连线工具"并配合"矩形工具"绘制图形时，需要按【Alt+Z】复合键贴齐对象，或者执行"视图"/"贴齐对象"，如下图所示，移动鼠标指针的时候会自动显示路径上的起点和中点。

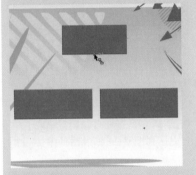

▲ 自动显示点

如果将"矩形工具"绘制出的矩形转化成曲线，则不能显示中点，如下图所示。

▲ 不能显示中点

"连线工具"绘制的连线必须从点出发，拖动鼠标指针到另一个图形对象上，松开鼠标即可绘制完成。

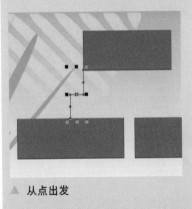

▲ 从点出发

图 3-69　绘制的开放曲线路径

图 3-70　绘制的闭合曲线路径

④ 绘制复杂的图形。在工具箱中保持选取"钢笔工具"，在绘图窗口中利用上述方法绘制复杂图形。绘制完成后的图形效果，如图 3-71 所示。

图 3-71　绘制复杂图形

3.1.6　折线工具

"折线工具"与"手绘工具"类似，可以绘制直线、斜线等，也可以按住鼠标不放并拖动鼠标指针绘制自由形式的曲线。

在工具箱中选取"折线工具"，绘图窗口上方会显示出该工具的属性栏，如图 3-72 所示。

| x: -76.912 mm | ↔ 115.088 mm | 100.0 % |
| y: 179.36 mm | ↕ 137.826 mm | 100.0 % |

图 3-72　"折线工具"属性栏

使用"折线工具"的操作步骤如下：

① 执行菜单"文件"/"打开"命令，打开附书光盘"03\素材 5.cdr"文件，如图 3-73 所示。

② 绘制规则的直线段。在工具箱中选取"折线工具"，在绘图窗口中单击鼠标左键确定一个起始点，移动鼠标指针到其他位置，再次单击可绘制一条直线段。用相同的方法在界面其他位置继续单击，可绘制出规则折线效果，绘制过程中可配合【Ctrl】键绘制具有一定角度的直线，如图 3-74 所示。要想退出绘制可按【Esc】键，要终止绘制可双击鼠标或按下空格键，要绘制闭合折线效果可将鼠标指针移动到起点处，待光标发生变化后单击闭合，完成基本操作，如图 3-75 所示。

图 3-73　打开素材

图 3-74 绘制开放式折线   图 3-75 绘制闭合式折线

③ 绘制不规则的复杂图形。在工具箱中保持选择"折线工具"，在绘图窗口中直接按住鼠标左键拖动，像使用铅笔一样自由绘制，可绘制出复杂的图形效果。在绘制过程中要想退出绘制可按【Esc】键，要想终止绘制可双击鼠标或按下空格键，如图 3-76 所示。要绘制闭合折线效果可将鼠标指针移动到起点处，待光标发生变化后单击闭合，完成基本操作，如图 3-77 所示。

图 3-76 绘制开放式曲线   图 3-77 绘制闭合式曲线

3.1.7 3 点曲线工具

"3 点曲线工具"可以在指定起始点和终点后，再根据需要绘制一定弧度的曲线。

在工具箱中选取"3 点曲线工具"，绘图窗口上方会显示出该工具的属性栏，如图 3-78 所示。

图 3-78 "3 点曲线工具"属性栏

使用"3 点曲线工具"的操作步骤如下：

① 执行菜单"文件"/"打开"命令，打开附书光盘"03\素材 6.cdr"文件，如图 3-79 所示。

② 在工具箱中选择"3 点曲线工具"，在小熊的嘴巴位置按住鼠标左键不放，拖动鼠标指针，如图 3-80 所示。

绘制螺纹时按住【Ctrl】键，可以绘制正螺纹形，却不是从中心绘制，如下图所示。

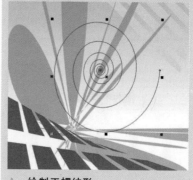

▲ 绘制正螺纹形

按住【Shift】键，将以起点为中心绘制螺纹形，但可以不是正螺纹形，如下图所示。

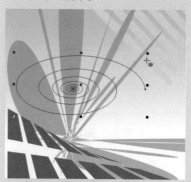

▲ 从中心绘制螺纹形

若同时按住【Ctrl+Shift】组合键，将从中心处向左右或上下延伸绘制正螺纹形，如下图所示。

▲ 从中心绘制正螺纹形

使用"直角连接器"

使用"直角连接器"工具的操作步骤如下：

执行菜单"文件"/"打开"命令，打开附书光盘"03\素材7.cdr"文件，如下图所示。

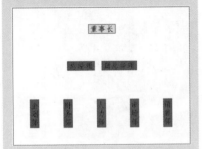

▲ 打开素材

在工具箱中选择"直角连接器" 工具，在对应的属性栏中根据需求选择连接器的类型，在绘图窗口中按住鼠标左键不放，单击拖动鼠标，直到绘制出满意的连线，松开鼠标即可，如下图所示。

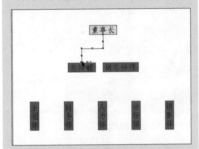

▲ 绘制直角连接线

绘制的不同类型的连接线，并应用了属性栏中的箭头选择器的流程图效果，如下图所示。

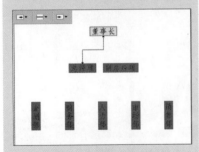

▲ 应用箭头选择器的流程图

图 3-79 打开素材

图 3-80 单击鼠标确定嘴角位置

③ 拖动到另外一个嘴角位置释放鼠标，绘制出直线轴效果，如图 3-81 所示。

④ 松开鼠标左键后，移动鼠标位置再次单击鼠标设置曲线的弧度，最后单击，完成基本操作。图像效果如图 3-82 所示。

图 3-81 释放鼠标确定另一个嘴角位置

图 3-82 移动鼠标单击设置弧形

3.1.8 连线工具

"连线工具"可以快速绘制多个对象之间连接关系的线段，并且当与其他对象建立连接关系后，其他对象移动，绘制的连线也会自动进行延伸或缩短，这些在制作流程图时非常有用。

在 CorelDRAW X5 中，连接工具被编为一个工具组，并且新增了"直角圆形连接器"工具和"编辑锚点"工具，如图 3-83 所示。

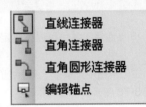

直线连接器
直角连接器
直角圆形连接器
编辑锚点

图 3-83 连接工具

"直线连接器" 工具允许您绘制直线连接线，单击该按钮，程序界面上方会显示出该工具的属性栏，如图 3-84 所示。

| x: 74.836 mm | 80.283 mm | 100.0 % | 🔒 | ↻ .0 ° | | | | | | | ⌂ .2 mm |
| y: 53.607 mm | 101.166 mm | 100.0 % | | | | | | | | | |

图 3-84 "直线连接器"属性栏

"直角连接器" 工具允许您绘制直角连接线，单击该按钮，程序界面上方会显示出该工具的属性栏，如图 3-85 所示。

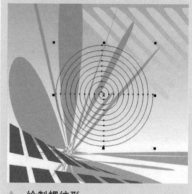

图3-85 "直角连接器"属性栏

"直角圆形连接器" 工具允许您绘制带有弯曲的角的直角连接线，单击该按钮，程序界面上方会显示出该工具的属性栏，如图3-86所示。

图3-86 "直角圆形连接器"属性栏

"编辑锚点" 工具允许您修改连接线锚点，单击该按钮，程序界面上方会显示出该工具的属性栏，如图3-87所示。单击属性栏上的锚点方向

图3-87 "编辑锚点"属性栏

按钮，在右侧锚点方向框中，键入数值即可改变连线的方向（0 - 使连线指向右、90 - 使连线直指向上方、180 - 使连线指向左 、270 - 使连线直指向下方）。当对象在绘图中移动时，添加至对象的锚点不可用作连线的贴齐点。要将锚点用作贴齐点，使用编辑锚点工具将其选中，然后单击属性栏上的"自动锚点" 按钮即可。默认情况下，锚点的位置是相对于其在页面中的位置进行计算的。可以设置相对于附加对象的锚点位置，如果想要将多个对象中的锚点的相对位置设为相同，这是非常有用的。要设置相对于对象的锚点位置，使用"编辑锚点"工具选择锚点。单击属性栏上的"相对于对象" 按钮，然后在锚点位置框中键入坐标。选中一个锚点，单击属性栏上的"删除锚点" 按钮，即可删除选中的锚点。

3.1.9 螺纹工具

"螺纹工具"主要用于在绘图窗口中绘制一种特殊的螺纹线效果。

在工具箱中选取"螺纹工具" ，绘图窗口上方会显示出该工具的属性栏，如图3-88所示。

图3-88 "螺纹工具"属性栏

选项参数

"螺纹回圈"选项：可在文本框中输入数值设置螺纹的圈数，值越大圈数越多。图3-89所示为圈数是2与圈数是4的螺纹对比效果。

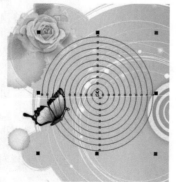

图3-89 不同圈数的螺纹对比效果

编辑螺纹线

螺纹线也可以利用"形状工具" 来进行编辑，具体方法如下：

在工具箱中选择"螺纹工具"，在其属性栏中设置为对称式螺纹，圈数适当，拖动鼠标绘制螺纹，如下图所示。

▲ 绘制螺纹形

绘制的螺纹形为开放式曲线，在工具箱中选择"形状工具"，在螺纹线上单击，在形状工具属性栏中单击 按钮，可以使其变成闭合图形。也可以在对象属性泊坞窗中勾选"闭合曲线"选项。其中，还包括节点数和子路径数、节点位置等，如下图所示。

▲ "对象属性"泊坞窗

成为闭合图形后可以为其填充颜色，填充效果如下图所示。

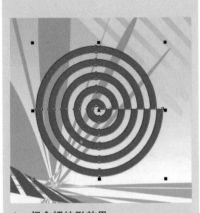

▲ 闭合螺纹形效果

如果在开放式曲线的状态下，框选螺纹线上所有节点，可以看到属性栏中的很多按钮变为可用状态，例如，"转换曲线为直线"、"旋转和倾斜节点连线"和"对齐节点"等，单击以上提及到的三个按钮可以制作出特殊的效果，如下图所示。

▲ 转换曲线为直线

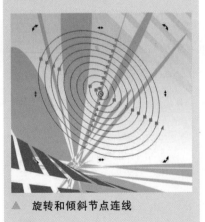

▲ 旋转和倾斜节点连线

"对称式/对数式螺纹"按钮：单击"对称式螺纹"按钮时，绘制的螺纹每一圈之间的距离都相等，单击"对称式螺纹"按钮时绘制的每一圈螺纹之间的距离将逐渐扩散。图3-90所示为对称式螺纹与对数式螺纹的对比效果。

图3-90 对称式与对数式螺纹对比效果

"螺纹扩展参数"选项：只有在单击对数式螺纹按钮后该选项才被激活，读者可拖动滑块或在文本框中输入数值的方法设置对数式螺纹每一圈之间的扩散程度。图4-91所示为扩展参数分别是1、50、100的不同扩展的螺纹对比效果。

图3-91 不同扩展参数的螺纹对比效果

利用"螺纹工具"可以绘制出任意样式、任意圈数的螺纹效果。其方法是在工具箱中选取"螺纹工具"，在其对应的属性栏中设置要绘制的样式与圈数，然后将鼠标指针移动到绘图窗口中，按住鼠标左键不动，拖动鼠标指针，绘制出满意效果后松开鼠标即可完成基本操作。若要绘制正螺纹效果，可在绘制中配合【Ctrl】键。图3-92所示为利用螺纹工具配合其属性栏绘制的背景效果。

图3-92 螺纹工具背景效果

3.2 绘制几何图形

使用 CorelDRAW X5 绘制矩形、多边形和椭圆的方法大致相同。首先选择工具，根据需要按住鼠标在绘图区域拖动，即可绘制出图形。

3.2.1 矩形工具和 3 点矩形工具

矩形工具

矩形工具组中的工具可以在绘图窗口中创建正矩形或斜矩形，并可设置圆角化等效果。

在工具箱中选取"矩形工具"，绘图窗口上方会显示出该工具的属性栏，如图 3-93 所示。

圆角半径   到图层前面 / 后面

图 3-93   "矩形工具"属性栏   同时编辑所有角   转换为曲线

选项参数

单击"圆角" 按钮可以将矩形角替换为圆角效果，单击"扇形角" 按钮可以将矩形角替换为曲线边缘，单击"倒棱角" 按钮可以将矩形角替换为直棱，单击"相对的角放缩" 按钮可以在放缩矩形的同时放缩圆角半径。

"圆角半径"选项：可在文本框中分别输入 0~100 之间的任意数值，完成对绘制矩形每个角的圆角半径的设置，数值越大，角效果越明显。图3-94 所示为填充图案的正方形，左上角圆滑度值为 20 和 100 的圆角对比效果。

图 3-94 圆角效果

"同时编辑所有角"按钮：在调节矩形的各个边角圆滑度时，可单击该按钮，使矩形的 4 个边角锁定比例，同时设置圆角效果。图 3-95 所示为填充图案的正方形的原始效果与锁定圆角比例圆滑度值为 50 的对比效果。

图 3-95   "全部圆角"按钮效果

▲ 水平对齐节点

▲ 对齐节点

绘制矩形技巧提示

在绘制矩形时，按住【Shift】键，可以绘制出一个以起点为中心向外扩张的矩形。

▲ 以起点为中心绘制矩形

按住【Ctrl】键拖动鼠标指针可以绘制出一个正方形，如图所示。

▲ 绘制正方形

按住【Shift+Ctrl】组合键拖动鼠标指针，可以绘制出一个由起点向外扩张的正方形。

▲ 由起点向外扩张的正方形

"到图层前面/后面"按钮：单击该按钮可对当前程序文档及当前图层中的图形对象进行位置的排列，读者可根据要求将选中的图形对象，排列到当前层所有对象的最前面或最后面。

"转换为曲线"选项：单击该按钮可将矩形对象转换为曲线效果，便于直接利用形状工具进行编辑。

利用矩形工具可以绘制出任意大小以及任意平滑度规则的矩形效果。其方法是在工具箱中选取"矩形工具"，将鼠标指针移动到绘图窗口中，单击拖动，绘制出满意效果后松开鼠标，即可完成基本操作。若不满意，可在对应属性栏中设置其大小、旋转、边角平滑度等属性。若要绘制正方形效果，可在绘制中配合【Ctrl】键。图 3-96 所示为利用矩形工具配合其属性栏绘制的背景效果。

图 3-96 "矩形工具"效果

3 点矩形工具

在工具箱中选取"3 点矩形工具"，绘图窗口上方会显示出该工具的属性栏，如图 3-97 所示。

x: 193.677 mm	56.077 mm	100.0 %	302.4		.0 mm		.0 mm						.2 mm	
y: 163.405 mm	56.44 mm	100.0 %			.0 mm		.0 mm							

图 3-97 "3 点矩形工具"属性栏

利用"3 点矩形工具"可以绘制出任意角度、任意平滑度的不规则矩形效果。其方法是在工具箱中选取"3 点矩形工具"，将鼠标指针移动到绘图窗口中，按住鼠标左键，单击拖动，绘制出一定长度的矩形边线效果后松开鼠标。移动鼠标指针至其他位置，绘制出满意效果后再次单击页面即可完成基本操作。若不满意，可在对应属性栏中设置其大小、旋转、边角平滑度等属性。图 3-98 所示为利用 3 点矩形工具配合其属性栏绘制的背景效果图。

图 3-98 "矩形形工具"效果

3.2.2 椭圆形工具和 3 点椭圆形工具

椭圆形工具

"椭圆形工具"中的工具可以在绘图窗口中创建正圆形或椭圆形，并可设置其饼形、弧形等效果。

在工具箱中选取"椭圆形工具"，绘图窗口上方会显示出该工具的属性栏，如图 3-99 所示。

椭圆形 / 饼形 / 弧形　　　　顺时针 / 逆时针弧形或饼形

x: -14.032 mm	36.661 mm	100.0 %	.0				90.0						.2 mm	
y: 53.831 mm	35.269 mm	100.0 %					90.0							

图 3-99 "椭圆形工具"属性栏　　　　起始和结束角度

选项参数

"椭圆形"/"饼形"/"弧形"按钮：椭圆的三大显示状态，读者可根据要求进行切换。图3-100所示为不同状态的显示效果。

图3-100　"椭圆形/饼形/弧形"按钮

"起始和结束角度"选项：可精确地定义3种椭圆状态的起始角度和结束角度。图3-101所示为起始角度到结束角度分别为0°~90°、0°~180°、0°~270°的饼形对比效果。

图3-101　　起始角度和结束角度

"顺时针/逆时针弧形或饼形"按钮：可将选中的弧形或饼形的显示部分，与其补交，即与缺口部分相互转换。图3-102所示互为补交的饼形对比效果。

利用"椭圆形工具"可以绘制出任意大小、任意显示状态的规则椭圆效果。其方法是在工具箱中选取"椭圆形工具"，将鼠标指针移动到绘图窗口中，单击拖动，绘制出满意效果后松开鼠标即可完成基本操作。若不满意，可在对应属性栏中设置其大小、旋转、显示状态等属性。若要绘制正圆效果，可在绘制中配合【Ctrl】键。图3-103所示为利用椭圆工具配合其属性栏绘制的背景效果。

图3-102　顺时针/逆时针弧形或饼形　　图3-103　"椭圆形工具"效果

3 点椭圆形工具

在工具箱中选取"3点椭圆形工具"，绘图窗口上方会显示出该工具的属性栏，如图3-104所示。

图3-104　"椭圆形工具"属性栏

在空白文档中打开一张素材，并绘制一个圆形，如下图所示。

▲　绘制一个圆形

选中素材图形对象，执行"效果"/"图框精确剪裁"/"放置在容器中"命令，光标变成黑色的箭头。在正圆形上单击，图片被置入到正圆形中，并且编辑内容效果，如下图所示。

▲　放置在容器中

选择该图形在椭圆形工具属性栏中，单击饼形按钮，可在页面中绘制饼形图形，并可在"起始角度和结束角度"文本框中输入数值以调整其弧形角度，如下图所示。

▲　光标放置在折线的起点上

73

在饼形中，再次按住【Ctrl】键绘制正圆，在拖动鼠标指针绘制的过程当中如果位置不对，可以按住鼠标右键移动起始点位置，移动到饼形中，如下图所示。

▲ 再次绘制正圆

在选择该图形在椭圆形工具属性栏中，单击弧形按钮，可在页面中绘制弧形图形，在"起始和结束角度"文本框中输入数值与饼形相同，如下图所示。

▲ 绘制弧形

◉ 修改多边形为星形

对于多边形，可以使用"形状工具"，拖动调整节点，将其向多边形内部或外部拖动，对象即跟随着变为星形图形。

选择多边形工具，在画面中再绘制一个六边形，然后选择"形状工

利用"3点椭圆形工具"可以绘制出任意角度以及任意显示状态的不规则椭圆效果。其方法是在工具箱中选取"3点椭圆形工具"，将鼠标指针移动到绘图窗口中，释放鼠标左键不动，单击拖动，绘制出一定长度的椭圆中轴线效果后松开鼠标，移动鼠标指针至其他位置，绘制出满意效果后，再次单击页面即可完成基本操作。若不满意，可在对应属性栏中设置其大小、旋转、显示状态等属性。图3-105所示为"3点椭圆形工具"配合其属性栏绘制的背景效果。

图3-105 "椭圆形工具"属性栏

技巧提示 ●●●●●

绘制椭圆与矩形工具相同，按住【Shift】键可以绘制出一个以起点为圆心向外扩张的椭圆；按住【Ctrl】键拖动鼠标指针可以绘制出一个正圆；同时按住【Shift+Ctrl】键，则可以绘制一个以起始点为圆点向外扩张的正圆。

3.2.3 多边形工具

"多边形工具组"中的工具可直接在文档页面中绘制多边形、星形和复杂星形等。

在工具箱中选取"多边形工具"，绘图窗口上方会显示出该工具的属性栏，如图3-106所示。

图3-106 "多边形工具"属性栏

选项参数

"多边形/星形/复杂星形的点数或边数"选项：可通过在文本框中输入3~500数值的方法设置多边形/星形/复杂星形的点数或边数，点数或边数越多，角就越多，边缘就越平滑。图3-107所示为边数分别是3、6、20的多边形显示的对比效果。

图3-107 "多边形工具"属性栏

利用"多边形工具"，可以绘制出任意的多边形显示效果.其方法是在工具箱中选取"多边形工具"，将鼠标指针移动到绘图窗口中，按住鼠标左键，拖动鼠标指针，绘制出满意效果后松开鼠标即可完成基本操作。若不满意，可在对应属性栏中设置其大小、旋转、点数或边数等属性。若要绘制正多边形效果，可在绘制中配合【Ctrl】键。图3-108所示为利用多边形工具配合其属性栏绘制的背景效果。

具",单击六边形上的一节点,如下图所示。

技巧提示 ● ○ ○ ○

绘制星形和复杂星形的同时按住【Ctrl】键,可以在绘制页面中绘制出正星形;按住【Shift】键可以以起始点为中心绘制星形;同时按住【Ctrl+Shift】组合键,可以在绘制页面中以起始点为中心绘制出正星形。

图3-108 "多边形工具"属性栏

3.2.4 星形工具

在工具箱中选取"星形工具",绘图窗口上方会显示出该工具的属性栏,如图3-109所示。

图3-109 "星形工具"属性栏

选项参数

"多边形/星形/复杂星形的点数或边数"选项:可通过在文本框中输入3~500数值的方法设置多边形/星形/复杂星形的点数或边数,点数或边数越多角就越多,边缘就越平滑。

"星形/复杂星形的锐度"选项:可通过在文本框中输入1~99数值的方法设置"星形/复杂星形边角锐度",数值越大,边角越尖锐。图3-110所示为锐度分别是10、50、100的五角星形显示对比效果。

图3-110 "星形/复杂星形的锐度"对比效果

利用"星形工具"可以绘制出任意的星形显示效果。其方法是在工具箱中选取"星形工具",将鼠标指针移动到绘图窗口中,按住鼠标左键,拖动鼠标指针,绘制出满意效果后松开鼠标即可完成基本操作。若不满意,可在对应属性栏中设置其大小、旋转、边角锐度等属性。若要绘制正星形效果,可在绘制中配合【Ctrl】键。图3-111所示为利用星形工具配合其属性栏绘制的背景效果。

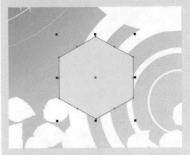

▲ 绘制六边形

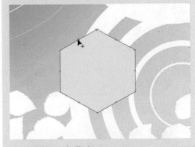

▲ 选择一个节点

按住鼠标左键向多边形内部拖动,可以看到蓝色的预览线条,变为星形状态,如下图所示。

▲ 向内拖动节点

松开鼠标后,变为星形图形,如下图所示。

▲ 变为星形图形

图3-111 "星形工具"效果

在绘制的多边形、星形和复杂星形等对象没有转换为曲线对象之前，都可以使用形状工具对其进行不同的变形操作。

例如，选择形状工具，单击星形的一个内角，然后向星形内部拖动鼠标指针，可以看到变形的预览线，如下图所示。

▲ 变形的预览线

松开鼠标后，星形的形状就会发生改变，如下图所示。

▲ 松开鼠标后的效果

同样地，选择形状工具，单击选中画面左上位置的复杂星形的一个尖角，然后向星形的外围拖动鼠标指针，可以看到变形的预览线，如下图所示。

▲ 变形的预览线

3.2.5 复杂星形工具

在工具箱中选取"复杂星形工具"，绘图窗口上方会显示出该工具的属性栏，如图 3-112 所示。

| x: -87.818 mm | ⟷ 94.602 mm | 100.0 % | | ⟳ .0 | ° | | | ☼ 9 | ▲ 2 | | ☐ | ⌒ .2 mm | ▼ | | |
| y: 119.763 mm | ⟱ 91.814 mm | 100.0 % | | | | | | | | | | | | | | |

图 3-112　"复杂星形工具"属性栏

利用"复杂星形工具"可以绘制出任意的星形显示效果，其方法是在工具箱中选取"复杂星形工具"，将鼠标指针移动到绘图窗口，按住鼠标左键，拖动鼠标指针，绘制出满意效果后松开鼠标即可完成基本操作。若不满意，可在对应属性栏中设置其大小、旋转、边角锐度等属性。若要绘制正复杂星形效果，可在绘制中配合【Ctrl】键。图 3-113 所示为利用复杂星形工具配合其属性栏绘制的背景效果。

图 3-113　"星形工具"属性栏

3.2.6 图纸工具

"图纸工具"主要用于在绘图窗口中绘制一定行数、一定列数的网格效果。

在工具箱中选取"图纸工具"，绘图窗口上方会显示出该工具的属性栏，如图 3-114 所示。

图纸行和列

| ⊞ 4 | ▼ | | ↻ 4 | ▲ | ◎ | | | | 100 |
| ⊟ 3 | ▼ | | | | | | | | |

图 3-114　"图纸工具"属性栏

利用"图纸工具"可以绘制出任意行数与列数的网格效果。其方法是在工具箱中选取"图纸工具"，在其对应的属性栏中设置要绘制的行数与列数，然后将鼠标指针移动到绘图窗口中，按住鼠标左键，拖动鼠标指针，绘制出满意效果后松开鼠标，即可完成基本操作。若要绘制正方形图纸效果，可在绘制中配合【Ctrl】键。图 3-115 所示为利用图纸工具配合其属性栏绘制的背景效果。

图 3-115　"图纸工具"效果

3.2.7 基本形状工具

在工具箱中选取"基本形状工具"，绘图窗口上方会显示出该工具的属性栏，如图 3-116 所示。

松开鼠标后，复杂星形的形状就
会发生改变，如下图所示。

▲ 松开鼠标后的效果

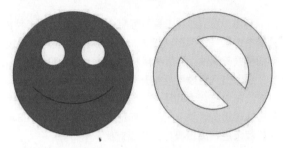

图 3-116　"基本形状工具"属性栏

选项参数

"完美形状"按钮：单击该下拉按钮可在弹出的选项面板中选择所需的基本形状，如图 3-117 所示。图 3-118 所示为不同的基本形状应用填充颜色后的对比效果。

图 3-117　"基本形状工具"选项面板

图 3-118　"基本形状工具"属性栏

　　利用"基本形状工具"可配合其属性栏绘制多种基本形状效果。其方法是在工具箱中选取"基本形状工具"，在其对应的属性栏中设置基本形状的样式、轮廓的粗细样式等属性，然后将鼠标指针移动到绘图窗口中，按住鼠标左键，拖动鼠标指针，绘制出满意效果后松开鼠标即可完成基本操作。若要绘制正的基本形状效果，可在绘制中配合【Ctrl】键。绘制出基本形状后，可借助于工具箱中的"形状工具"，单击拖动基本形状上的颜色标记进行编辑。图 3-119 所示为利用形状工具对基本形状的颜色编辑操作的对比效果。

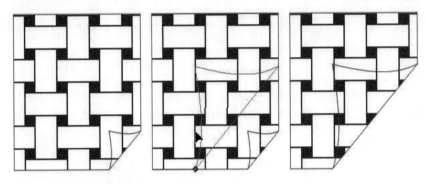

图 3-119　利用形状工具编辑的对比效果

3.2.8　箭头形状工具

　　在工具箱中选取"箭头形状工具"，绘图窗口上方会显示出该工具的属性栏，如图 3-120 所示。

图 3-120　"箭头形状工具"属性栏

选项参数

"完美形状"按钮：单击该下拉按钮，可在弹出的选项面板中选择所需的箭头形状，如图 3-121 所示。图 3-122 所示为不同的箭头形状应用填充颜色后的对比效果。

基本形状工具组的应用

形状工具组可以直接绘制 CorlDRAW X5 中为用户准备的一些图形，基本形状工具组如下图所示。

- 🔲 基本形状 (B)
- 🔲 箭头形状 (A)
- 🔲 流程图形状 (F)
- 🔲 标题形状 (N)
- 🔲 标注形状 (C)

▲ 形状工具组

这 5 种基本形状的应用方法是一样的，具体操作方法如下。

1. 执行菜单"文件"/"打开"命令，打开附书光盘"03\素材 8.cdr"文件，如下图所示。

▲ 打开素材

2. 在工具箱中选择"基本形状工具"，在其属性栏"完美形状"面板中选择图形，拖动鼠标指针进行绘制，绘制完毕，调整适当大小并且填充颜色，如下图所示。

图 3-121　箭头形状选项的"完美形状"面板

图 3-122　不同箭头形状的对比效果

利用"箭头形状工具"可配合其属性栏绘制多种箭头形状效果。其方法是在工具箱中选取"箭头形状工具"，在其对应的属性栏中设置箭头形状的样式、轮廓的粗细样式等属性，然后将鼠标指针移动到绘图窗口中，按住鼠标左键，拖动鼠标指针，绘制出满意效果后松开鼠标即可完成基本操作。若要绘制正的箭头形状效果，可在绘制中配合【Ctrl】键。绘制出箭头形状后，可借助于工具箱中的"形状工具"，单击拖动箭头形状上的颜色标记进行编辑。图 3-123 所示为利用形状工具对箭头形状的颜色进行编辑操作的效果对比。

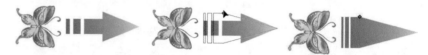

图 3-123　箭头形状的颜色效果对比

3.2.9　流程图形状工具

在工具箱中选取"流程图形状工具"，绘图窗口上方会显示出该工具的属性栏，如图 3-124 所示。

| x: 34.463 mm | ↔ 67.289 mm | 100.0 % | 🔒 ↻ .0 ° | 🔲 🔲 ⊕ ▬▬▬▬▼ | 🔲 🔲 .2mm ▼ | 🔲 🔲 |

图 3-124　"流程图形状工具"属性栏

选项参数

"完美形状"按钮：单击该下拉按钮，可在弹出的选项面板中选择所学的流程图形状，如图 3-125 所示。图 3-126 所示为不同的流程图形状应用填充颜色后的对比效果。

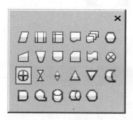  

图 3-125　流程图形状下　图 3-126　不同流程图形状的对比效果
的"完美形状"选项面板

利用"流程图形状工具"可配合其属性栏绘制多种流程图形状效果。其方法是在工具箱中选取"流程图形状工具"，首先在其对应的属性栏中设置流程图形状的样式、轮廓的粗细样式等属性，然后将鼠标指针移动到绘图窗口中，按住鼠标左键不放，拖动鼠标指针，绘制出满意效果后松开鼠标即可完成基本操作。若要绘制正的流程图形状效果，可在绘制中配合【Ctrl】键。图 3-127 所示为应用填充颜色的流程图效果。

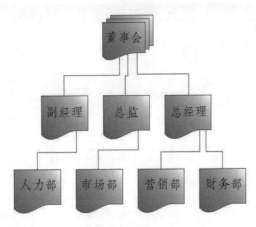

图 3-127 不同流程图形状的对比效果

3.2.10 标题形状工具

在工具箱中选取"标题形状工具",绘图窗口上方会显示出该工具的属性栏,如图 3-128 所示。

图 3-128 "标题形状工具"属性栏

选项参数

"完美形状"按钮:单击该下拉按钮,可在弹出的选项面板中选择任意标题形状,如图 3-129 所示。图 3-130 所示为不同的标题形状应用填充颜色后的对比效果。

图 3-129 标题形状的选项面板

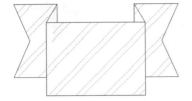

图 3-130 不同标题形状的对比效果

利用"标题形状工具"可配合其属性栏绘制多种标题形状效果。其方法是在工具箱中选取"标题形状工具",在其对应的属性栏中设置标题形状的样式、轮廓的粗细样式等属性,然后将鼠标指针移动到绘图窗口中,按住鼠标左键不放,拖动鼠标指针,绘制出满意效果后松开鼠标即可完成基本操作。若要绘制正的标题形状效果,可在绘制中配合【Ctrl】键。绘制出标题形状后,可借助于工具箱中的"形状工具",单击拖动标题形状上的颜色标记进行编辑。图 3-131 所示为利用形状工具对标题形状的颜色进行编辑操作的效果对比。

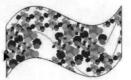

图 3-131 不同标题形状的效果对比

▲ 绘制完美形状

3. 按组合键【Alt+F7】打开变换泊坞窗,设置水平和垂直位移,连续单击"应用到再制"按钮,得到效果如下图所示。

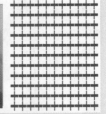

▲ 复制图形

4. 按【Ctrl+G】组合键群组复制出的图形,选中该图形后执行"效果"/"图框精确裁剪"/"放置容器中"命令出现黑色箭头,单击红色线框,将复制的完美形状放置到红色线框中,在色板中右击无轮廓⊠,并且调整该组图形顺序,效果如下图所示。

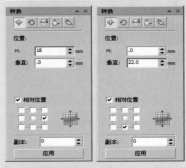

▲ 放置在容器中

5. 在工具箱中选择"箭头形状工具"，在素材的右下角绘制箭头形状，并且填充颜色，如下图所示。

▲ 绘制箭头形状

6. 在工具箱中选择"标注形状工具"，在其属性栏中选择适当的形状，拖动鼠标指针绘制标注形状，并填充颜色，效果如图所示。

▲ 绘制标注形状

3.2.11 标注形状工具

在工具箱中选取"标注形状工具"，在绘图窗口上方会显示出该工具的属性栏，如图 3-132 所示。

图 3-132 "标注形状工具"属性栏

选项参数

"完美形状"按钮：单击该下拉按钮，可在弹出的选项面板中选择所需的标注形状以应用，如图 3-133 所示。图 3-134 所示为不同的标注形状应用填充颜色后的对比效果。

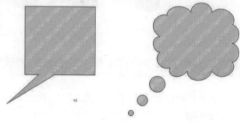

图 3-133 "完美形状"选项面板　　图 3-134 不同的标注形状对比效果

利用"标注形状工具"可配合其属性栏绘制多种标注形状效果。其方法是在工具箱中选取"标注形状工具"，首先在其对应的属性栏中设置标注形状的样式、轮廓的粗细样式等属性，然后将鼠标指针移动到绘图窗口中，按住鼠标左键不放，拖动鼠标指针，绘制出满意效果后松开鼠标，即可完成基本操作。若要绘制正的标注形状效果，可在绘制中配合【Ctrl】键。绘制出标注形状后，可借助于工具箱中的"形状工具"单击拖动标注形状上的颜色标记进行编辑。图 3-135 所示为利用形状工具进行颜色编辑的对比效果，图 3-136 所示为标注形状的简单应用效果。

图 3-135 不同标题形状效果对比

图 3-136 不同标题形状效果对比

　　"智能绘图工具"主要用于在绘图窗口中任意绘制出各种图形，并直接将其转换为基本形状，如将绘制的矩形和椭圆形转换为基本对象；梯形和平行四边形转换为完美形状对象；线条、三角、方形、箭头等转换为曲线对象等。

　　在工具箱中选取"智能绘图工具"，绘图窗口上方会显示出该工具的属性栏，如图3-137所示。

图3-137　"智能绘图工具"属性栏

选项参数

　　"形状识别等级"选项：在该下拉列表框中，可选择绘制图形形状识别等级的高低程度。识别等级越高，绘制生成的最终图形越接近于手绘原始效果。图3-138所示为识别等级为"无"和识别等级为"中"的最终图形的对比效果。

图3-138　不同形状识别等级的对比效果

　　"智能平滑等级"选项：在该下拉列表框中可选择绘制图形形状的边缘平滑程度。平滑等级越高，绘制生成的最终图形则越平滑。图3-139所示为平滑等级为最低和平滑等级为最高的最终图形的对比效果。

　　7. 在工具箱中选择"标题形状工具"，在其属性栏中选择适当的形状，拖动鼠标指针绘制标题形状，并填充颜色，效果如下图所示。

▲　标题形状效果

　　8. 在工具箱中选择"文字工具"，为绘制的图形对象添加文字，效果如下图所示。

▲　输入文字

"智能绘图工具"绘制手绘笔触，可以设置从创建笔触到实现形状识别所需的时间。假如将绘图协助延迟设置为1秒，然后绘制一种能够识别的形状，则形状识别在绘制该形状后1秒钟生效。

设置的方法是双击"智能绘图工具"，弹出"选项"对话框，在工具箱"智能绘图工具"中显示绘图协助延迟滑块，如下图所示。拖动滑块进行延迟设置，或者在文本框中输入数值，范围是0.02毫秒到2秒之间。

▲　"选项"对话框

在使用形状识别时，进行校正的方法是在到达延迟识别期限之前，按住【Shift】键，同时在要进行校正的区域上拖动鼠标指针。

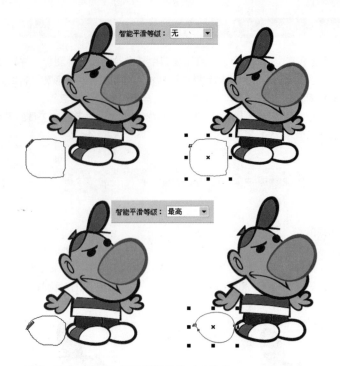

图3-139　不同智能平滑等级的对比效果

利用"智能绘图工具"可将随意绘制出来图形直接转换为基本形状。其方法是在工具箱中选取"智能绘图工具"，首先在其对应的属性栏中设置要绘制图形的形状识别等级、平滑等级等参数，然后将鼠标指针移动到绘图窗口中，按住鼠标左键不放，拖动鼠标指针，像铅笔一样自由绘制，绘制出满意效果后松开鼠标，即可自动生成基本形状效果。图3-140所示为利用"智能绘图工具"配合其属性栏绘制复杂图形的效果。

图3-140　"智能绘图工具"效果

04 Chapter

图形和线的编辑和修改

操作CorelDRAW X5不仅要求可以绘制图形，还必须学会编辑和修改图形对象。本章主要讲Corel-DRAW X5对矢量图的编辑和修改，其中包括修改图形对象节点、复制粘贴图形对象、删除对象、撤销与重做、变换对象、插入对象、符号的创建与管理以及编辑图形和线的工具等，另外还介绍了CorelDRAW X5中的专业术语，让读者理解的更加清晰透彻。

"编辑"/"撤销"命令可以按组合键【Ctrl+Z】来操作。

如果需要恢复撤销则可以按组合键【Ctrl+Shift+Z】来操作,如下图所示。

▲ 多复制一些蝴蝶

▲ 连续按【Ctrl+Z】撤销复制

▲ 连续按【Ctrl+Shift+Z】恢复复制

4.1 撤销、重做与重复

当操作中出现错误或操作不满意的动作时,就可以执行撤销、重做与重复操作命令。

4.1.1 撤销与重做

"编辑"/"撤销"命令可以取消上一步操作。单执行一次"撤销"命令后,"编辑"/"重做"命令就会变为可用状态,再一次执行"编辑"/"重做"命令则图形恢复到执行"撤销"命令前的操作。

使用"撤销"与"重做"命令的操作步骤如下:

① 执行菜单"文件"/"打开"命令,打开附书光盘"04\素材1.cdr"文件,如图4-1所示。拖动鼠标指针到蝴蝶位置,单击鼠标右键,复制蝴蝶,图像效果如图4-2所示。

图4-1 打开图形

图4-2 复制图形

② 执行"编辑"/"撤销"命令,撤销最后操作的复制命令,效果如图4-3所示。再一次执行"编辑"/"重做"命令对撤销的效果进行恢复,效果如图4-4所示。

图4-3 "撤销"命令

图4-4 "重做"命令

如果要重复某一个动作，可以在菜单栏中执行"编辑"/"重复"命令或按组合键【Ctrl+R】。

使用"重复"命令的操作步骤如下

① 以上一个素材为例，同样复制一个蝴蝶，效果如图4-5所示。

② 执行"编辑"/"重复"命令，或按组合键【Ctrl+R】，并且重复3次，图像效果如图4-6所示。

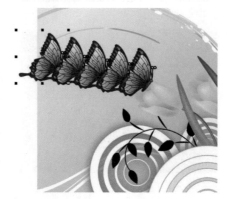

图4-5　复制蝴蝶　　　　　　　图4-6　"重复"命令

4.2 复制、剪切和粘贴

前面章节中提到利用"挑选工具"拖动图形对象并单击鼠标右键来复制图形，但是如果是原地复制图形的话，这样的方法就行不通了，下面来学习另外一种复制和粘贴的方法。

4.2.1 复制、剪切和粘贴的操作

"编辑"/"复制"命令和"编辑"/"剪切"命令可以将对象放置到剪贴板上。剪切对象可以将其放置在剪贴板上的同时删除对象。复制对象则可以将其放置在剪贴板上的同时保留原始对象。

"编辑"/"粘贴"命令可以将剪贴板中的对象粘贴到图中或其他应用程序中。

使用"复制"、"剪切"与"粘贴"命令的操作步骤如下：

① 执行菜单"文件"/"打开"命令，打开附书光盘"04\素材2.cdr"文件，如图4-7所示。

② 在工具箱中选择"挑选工具"，选中图中3朵小花，执行"编辑"/"复制"命令将3朵小花复制到剪贴板，效果如图4-8所示。

③ 再执行"编辑"/"粘贴"命令，将3朵小花粘贴到画面中，此时粘贴的对象和原有的对象重叠，所以在工具箱中选择"挑选工具"，移动粘贴的对象位置，图像效果如图4-9所示。

④ 执行"编辑"/"剪切"命令，将刚刚复制的对象剪切到剪贴板中，原位置图像删除，效果如图4-10所示。

复制、剪切和粘贴快捷键

"编辑"/"复制"命令可以按组合键【Ctrl+C】来操作。

"编辑"/"剪切"命令可以按组合键【Ctrl+X】来操作。

"编辑"/"粘贴"命令可以按组合键【Ctrl+V】来操作。

另外，复制和剪切的对象也可以粘贴到其他程序中，如在菜单栏中执行"程序"/"附件"/"写字板"命令，然后再执行"编辑"/"粘贴"命令，该对象就会粘贴到所需的位置上。

选择性粘贴选项

如果在"选择性粘贴"对话框中选择"位图图像",则将剪贴板中内容插入到指定的当前文档中,可以双击该图像,然后在窗口中对该图像进行编辑,如下图所示。

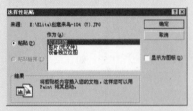

▲ 选择"位图图像"

▲ 确定后粘贴到文档中

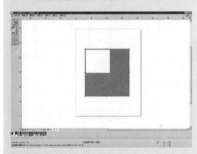

▲ 双击后可进行编辑

如果选择"图片(原文件)",则将剪贴板中的内容作为一幅图片插入到指定的当前文档中,如下图所示。

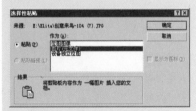

▲ 选择"图片(原文件)"

图4-7 打开素材

图4-8 "复制"并"粘贴"命令

图4-9 移动位置

图4-10 "剪切"命令

⑤ 执行"文件"/"新建"命令,新建空白文档,再执行"编辑"/"粘贴"命令,将3朵小花粘贴到新建文档中,图像效果如图4-11所示。

图4-11 "粘贴"命令

4.2.2 选择性粘贴

如果希望粘贴不受支持的文件格式中的对象,或者要为粘贴的对象指定选项,请在菜单栏中执行"编辑"/"选择性粘贴"命令。

使用"选择性粘贴"命令的操作步骤如下:

① 在屏幕的左下角单击"开始"按钮,在开始菜单中执行"所有程序"/"附件"/"画图"命令,打开画图程序,如图4-12所示。

② 在"画图"中执行"文件"/"打开"命令打开附书光盘"04\素材3"文件,执行"编辑"/"全选"命令,再执行"编辑"/"复制"命令,如图4-13所示。

③ 切换到CorelDRAW X5软件中,建立空白文档,执行"编辑"/"选择性粘贴"命令,弹出"选择性粘贴"对话框,如图4-14所示,并在其中选择"设备独立位图",单击"确定"按钮,即可将剪贴板中的内容作为一幅设备独立位图插入到当前文档中,图像效果如图4-15所示。

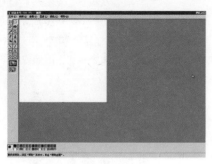

图4-12　打开画图

图4-13　全选图像

▲　确定后粘贴到文档中

如果"选择性粘贴"对话框中选择"位图图像"，则将剪贴板中内容插入到指定的当前文档中，可以双击该图像，然后在窗口中对该图像进行编辑。如右图所示。
如果选择"图片（原文件）"，则将剪贴板中内容作为依附图片插入到指定的当前文档中。

▲　作为图片插入文档中

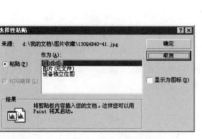

图4-14　"选择性粘贴"对话框

图4-15　粘贴完毕

4.2.3　再制与仿制

　　再制与仿制对象可以在绘图窗口中直接复制一个副本，而不使用剪贴板。所以速度比复制和粘贴要快一点。再制或者仿制对象时，可以沿着 X 和 Y 轴指定副本和原始对象之间的距离，此距离称为偏移距离。

　　"仿制"命令可以将对象的副本按指定距离放置在绘图窗口中，同时在修改源对象时副本也随之改变，但是修改副本对象则不会改变原对象。

　　使用"再制"与"仿制"命令的操作步骤如下：

①　执行菜单"文件"/"打开"命令，打开附书光盘"04\素材4.cdr"文件，如图4-16所示。

②　在绘图页的空白处单击，取消选择，再在属性栏中设置"再制距离"，设置为向右移动50mm，在绘图页中选择要再制的图形对象，然后执行"编辑"/"再制"命令，得到如图4-17所示的效果。

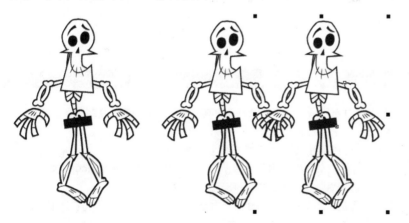

图4-16　打开素材　　　　图4-17　"再制"命令

◎　关于再制和仿制的补充内容

　　"编辑"/"再制"命令可以按组合键【Ctrl+D】来操作。

　　注意：不能用"仿制"命令来复制符号。

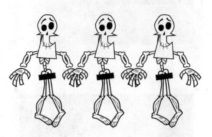
术语比较

Adobe Illustrator 和 CorelDRAW 中的某些功能采用了不同的术语和概念。下表列出了许多 Adobe Illustrator 术语及与之对应的 CorelDRAW 术语。

Adobe Illustrator	CorelDRAW
术语	术语
操作	宏／脚本
锚点	节点
作品	绘图
剪裁遮罩	图框精确剪裁
方向点	控制手柄
辅助线	辅助线
智能辅助线	动态辅助线
渐变填充	渐变填充
生动的颜色	颜色样式，颜色和谐
轮廓视图	线框视图
调色板	泊坞窗
路径	曲线
放置文件	导入文件
光栅化	转换为位图
笔触	轮廓
色样调色板	调色板

术语描述

CGI script

由 HTTP 服务器执行的一种外部应用程序响应在 Web 浏览器中执行的操作，如单击 Web 页面上的链接、图像或其他交互式元素

CMY

由青色 (C)、品红色 (M) 和黄色 (Y) 组成的颜色模式。这种模式用在 3 色打印过程中。

CMYK

由青色 (C)、品红色 (M)、黄色

③ 再次执行"编辑"／"再制"命令，再制一个副本，图像效果如图 4-18 所示。

④ 在绘图页面的空白出单击，取消选择，再在属性栏中设定再制距离 ，向上设置为 40mm，向右还是 50mm，然后执行编辑"／"再制"命令两次，图像效果如图 4-19 所示。

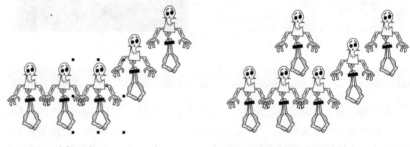

图 4-18 再次执行"再制"命令　　　图 4-19 "再制"命令效果

⑤ 在绘图页的空白处单击，取消选择，再在属性栏中设置"再制距离" ，向上设置为 80mm，向右还是 50mm，选择中间的图像，如图 4-20 所示。再执行两次"编辑"／"仿制"命令，得到效果如图 4-21 所示。

图 4-20 选择对象　　　图 4-21 "仿制"命令效果

⑥ 再选择被仿制图形，按【Shift】键拖动节点，缩小该图形对象，可见仿制而成的副本也跟着同样缩小，图像效果如图 4-22 所示。

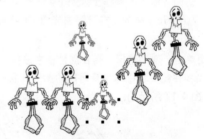

图 4-22 图形副本与原图形一起缩小

4.2.4 复制属性自

"复制属性自"命令可将图像窗口中其他图形对象的属性复制到当前选择的图形对象上来。

使用"复制属性自"命令的操作步骤如下：

① 执行菜单"文件"／"打开"命令，打开附书光盘"04\素材 5.cdr"文件，该图形应用了很多属性效果，如图 4-23 所示。

② 要将下方的黑色字母图形编辑成上方字母图形的属性效果，可在选中该文字图形后，执行菜单"编辑"／"复制属性自"命令，在弹出的"复制属性"对话框中可根据要求选中"填充"复选框，如图 4-24 所示。

图4-23 打开素材

图4-24 选中"填充"复选框

❸ 单击"确定"按钮，将鼠标指针移动到效果文字图形上方，单击左键，其生成的效果如图4-25所示。

图4-25 "复制属性"效果

4.2.5 步长与重复

"步长与重复"泊坞窗可在绘图窗口中的水平方向和垂直方向设置图形对象的偏移、间距及重复份数等属性。

在菜单栏中执行"编辑"/"步长与重复"命令，打开"步长与重复"泊坞窗，如图4-26所示。

图4-26 "步长和重复"泊坞窗

选项参数

"份数"选项：在该文本框中可设置要再制副本的数目。

"水平设置"选项：可在水平方向设置图形对象之间偏移的距离、方向。

"垂直设置"选项：可在垂直方向设置图形对象之间偏移的距离、方向。

"应用"按钮：单击"应用"按钮，可为图形对象应用步长和重复的选项参数效果。

使用"步长与重复"泊坞窗的操作步骤如下：

（Y）和黑色（K）组成的颜色模式。CMYK打印可以产生真实的黑色和范围很广的色调。在CMYK颜色模式中，颜色值是以百分比表示的，因此一个值为100的墨水意味着它是以全饱和度应用的。

DeviceN

颜色空间和设备颜色模型的类型。此颜色空间包含多个组件，允许颜色由非标准的三色（RGB）和四色（CMYK）组件集合定义。

dpi（每英寸的点数）

按每英寸的点数测量打印机分辨率的一种方式。常用的桌面激光打印机以600 dpi打印，图像排版机以1270或2540 dpi打印。具有较高dpi功能的打印机能产生较平滑和较清晰的输出。dpi术语还用来测量扫描分辨率和显示位图的分辨率。

FTP（文件传输协议）

在两台计算机之间传递文件的一种方法。许多因特网站点已建立了可以用FTP访问的资料信息库。

GIF

旨在用最小的磁盘空间方便地在计算机之间进行交换的一种图形文件格式。这种格式普遍用于将256色或更少颜色的图像发布到因特网上。

HSB（色度、饱和度和亮度）

定义以下3种组件的颜色模型：色度、饱和度和亮度。色度决定颜色（黄色、橙色、红色等）；亮度决定感知的强度（较亮或较暗的颜色）；饱和度决定颜色深度（从暗到强）。

HTML

万维网编写标准，由定义文档结构和组件的标记组成。创建Web页面时，这些标记用于标注文本并集成资源（如图像、声音、视频和动画）。

JavaScript

一种脚本语言，用于在Web上为HTML页面添加交互功能。

JPEG

一种摄影图像格式，它提供的压缩会使图像的质量有一定程度的损失。由于压缩率高（高达 20∶1），且文件较小，因此 JPEG 图像广泛应用在因特网发布方面。

JPEG 2000

JPEG 文件格式的改进版本，提供更佳的压缩功能，允许附加图像信息，并为图像区域指定不同的压缩率。

Lab

一种颜色模型，包含一个照度（或亮度）组件 (L) 和两个彩色组件："a"（绿色到红色）和 "b"（蓝色到黄色）。

LZW

使文件变得更小，处理速度更快的一种无损文件压缩技术。LZW 压缩常用于 GIF 文件和 TIFF 文件。

PANOSE 字体匹配

这种功能允许在打开的文件包含并未安装在计算机上的字体，选择替代字体。可以只替代当前工作会话，也可以永久性替代，以便重新打开保存的文件时会自动显示新字体。

PANTONE 印刷色

基于 CMYK 颜色模型的 PANTONE 印刷色系统中可用的所有颜色。

PNG（可移植网络图形）

专门在联机查看中使用的一种图形文件格式。这种格式可导入 24 位色的图形。

PostScript 填充

用 PostScript 语言设计的底纹填充的一种类型。

RGB

一种颜色模式，其中红、绿、蓝这三种光的颜色按不同强度组合起来产生所有其他颜色。每个红、绿、蓝色频都分配 0 到 255 之间的一个值。

1️⃣ 执行菜单"文件"/"打开"命令，打开附书光盘"04\素材 6.cdr"文件，该图形应用了很多属性效果，如图 4-27 所示。

2️⃣ 执行"编辑"/"步长与重复"命令，打开"步长与重复"泊坞窗，在泊坞窗中设置参数，设置份数为 3，水平设置中设置为"偏移"，距离为 30mm，如图 4-28 所示。

图 4-27　打开素材　　　　图 4-28　　"步长与重复"参数设置

3️⃣ 设置完毕后，单击"应用"按钮，图像效果如图 4-29 所示。

4️⃣ 按【Ctrl+Z】组合键撤销上一步操作，重新设置"步长与重复"泊坞窗，设置份数为 6，水平设置中选择"对象之间的间隔"，距离为 2mm，方向为"右部"。垂直设置则设置为"偏移"，距离为 5mm，如图 4-30 所示。

图 4-29　"步长与重复"效果　　　图 4-30　　"步长和重复"参数设置

5️⃣ 设置完毕后，单击"应用"按钮，图像效果如图 4-31 所示。

图 4-31　"步长与重复"效果

4.3 变换对象

图形对象的移动、旋转、缩放、镜像、尺寸调整与切屑被统称为变换对象的操作。灵活掌握这些操作可以帮助用户顺利完成对图形对象的各种改变。

4.3.1 变换位置

前面章节讲过，变换图形对象的位置可以利用"挑选工具"进行移动，但是如果移动到精确的位置"挑选工具"就不容易办到了。这时，可以执行菜单栏中"排列"／"变换"／"位置"命令，弹出"变换"泊坞窗，如图 4-32 所示。

图 4-32 "变换"泊坞窗

使用"变换"泊坞窗变换位置的操作步骤如下：

① 执行菜单栏中"文件"／"打开"命令，打开附书光盘"04\素材 7.cdr"文件，如图 4-33 所示。

② 在菜单栏中执行"排列"／"变换"／"位置"命令，在位置栏的文本框中输入水平距离和垂直距离，如图 4-34 所示。

图 4-33 打开素材

图 4-34 设置参数

③ 单击"应用到再制"按钮，即可按设定的数值对对象进行位置变换，并且复制出一个副本，效果如图 4-35 所示。

④ 如果单击的是"应用"按钮，也可按设定的数值对对象进行位置上的变换，只是简单的位置上的变换而已，图像效果如图 4-36 所示。

监视器、扫描仪和人眼都用 RGB 模式产生颜色或检测颜色。

TrueType 字体

Apple 公司开发的一种字体规格。TrueType 字体是按屏幕上的外观来打印的，它的大小可以重新调整以达到任何高度。

TWAIN

通过使用成像软件制造商提供的 TWAIN 驱动程序，Corel 图形应用程序可直接从数码相机或扫描仪获得图像。

Unicode

一种字符编码标准，它使用 16 位代码集和 65,000 多个字符为世界上的所有书面语言定义了字符集。Unicode 可以让您更高效地处理文本，而无须考虑文本的语言、操作系统或所使用的应用程序。

URL（统一资源定位器）

一个定义 Web 页面在因特网上的位置的唯一地址。

Windows 图像获取 (WIA)

从外围设备（如扫描仪和数码相机）加载图像的标准界面和驱动程序（由 Microsoft 创建）。

ZIP

使文件变得更小、处理速度更快的一种无损文件压缩的技术。

凹面

像碗的内部一样内空或内弯。

白点

颜色监视器上的白色的测量结果，它会影响高光和对比显示的方式。

图像校正中，白点确定了在位图图像中被认为是白色的亮度值。 在 Corel PHOTO-PAINT 中，您可以设定白点以改进图像的对比度。例如，在图像的柱状图中将亮度从 0（暗）调整到 255（亮）时，如果将黑点设置为 250，则所有亮度值大于 250 的像素都会转换为白色。

半径

应用于尘埃与刮痕过滤器，设置

用于应用过滤器的受损区周围的像素
数目。

半色调

通过从连续的色调图像转换为一
系列大小不同的点来表示不同的色调
的一种图像。

饱和度

通过减去白色来体现颜色的纯度
或鲜明度。饱和度为 100% 的颜色不
包含白色，饱和度为 0% 的颜色是灰
色调。

曝光

关于用于创建图像的灯光数量的
摄影术语。如果允许用于和传感器
（数码相机中）或胶片（传统相机中）
交互的灯光不够，则图像看上去会太
暗（曝光不足）；如果允许用于和传感
器或胶片交互的灯光太强，图像看起
来会太亮（曝光过度）。

曝光不足

图像中光线不足。

曝光过度

使图像具有褪色外观的过强的
光。

贝塞尔线条

由节点连接而成的线段组成的直
线或曲线。每个节点都有控制手柄，
允许您来修改线条的形状。

比例

以指定的百分比按比例地改变对
象的水平尺寸和垂直尺寸。例如，将
1 英寸高、2 英寸宽的矩形缩放 150%
后，会产生一个 1.5 英寸高、3 英寸
宽的矩形。这样，矩形的纵横比 1:2
（高比宽）就保持不变。

闭合对象

由起始点和结束点相连的路径定
义的对象。

闭合路径

起始点和结束点相连的路径。

边界框

由环绕选定对象的 8 个选定手柄

图 4-35 ″应用到再制″效果

图 4-36 ″应用″效果

⑤ 如果取消″相对位置″选项，则显示图像中心点的坐标位置，如图 4-37 所示。

⑥ 在位置选项中输入精确的水平位置和垂直位置，即可将图形的中心移动到输入的坐标上，图形也同时随之移动，单击″应用″按钮，效果如图 4-38 所示。

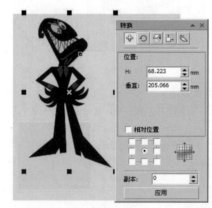
图 4-37 中心点坐标

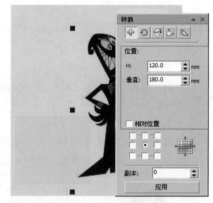
图 4-38 中心点坐标移动效果

4.3.2 旋转

使用″旋转″命令可将选择的对象进行旋转，也可以在旋转的同时再制副本。执行菜单″排列″/″变换″/″转换″命令，弹出″转换″泊坞窗，如图 4-39 所示。

图 4-39 ″转换″泊坞窗

使用"变换"泊坞窗旋转图形的操作步骤如下：

① 仍然应用上一个例子的素材，执行菜单"文件"/"打开"命令，打开附书光盘"04\素材6.cdr"文件，如图4-40所示。

② 在菜单栏中执行"排列"/"变换"/"旋转"命令，在"旋转"泊坞窗中的文本框中输入旋转角度，中心水平距离和垂直距离，如图4-41所示。

图4-40　打开素材

图4-41　设置参数

③ 单击"应用到再制"按钮，即可按设定的数值对对象进行旋转并且复制出一个副本，效果如图4-42所示。

④ 如果多次单击"应用到再制"按钮，也不会复制出很多个图形对象，仅一个副本继续旋转，效果如图4-43所示。

图4-42　旋转并复制对象

图4-43　多次"应用到再复制"效果

⑤ 返回原图，取消"相对位置"选项，输入的不是距离而是中心的坐标位置，并且输入角度为90度，如图4-44所示。

⑥ 单击"应用"按钮，这时图形对象的中心移动到设定的坐标上，并且同时旋转了90度，图像效果如图4-45所示。

表示的可视框。

编码

确定文本的字符集，能够用相应的语言正确显示文本。

标尺

按用于确定对象大小和位置的单位标出的水平栏或垂直栏。在默认情况下，标尺在应用程序窗口左侧和沿窗口顶部显示，但可以隐藏或移动。

不透明度

使透视对象很困难的对象性质。如果一个对象为100%不透明，视线就不能穿过它；低于100%的不透明级别会增加对象的透明度。

裁剪

剪切图像上的多余区域而不影响剩余部分的分辨率。

层叠样式表（CSS）

它是向HTML的一种扩展，使用该表可以为超文本文档的各部分指定颜色、字体和大小等样式，样式信息可由多个HTML文件共享。

插入

把相片、图像、剪贴画或声音文件导入和放置到绘图中。

拆分调和

被拆分成两个或多个组件，以创建一个复合调和的单个调和。对象（调和在其中被拆分）将成为该调和的一个组件的结束对象和另一个组件的起始对象。

超链接

一种电子链接，借助它可以从文档的一个位置直接访问此文档的另一位置或其他文档。

尺度线条

显示对象大小或对象之间距离或角度的线条。

重新取样

更改位图的分辨率和尺度，增加

取样扩大图像的大小，减少取样缩小图像的大小。用固定分辨率重新取样允许在改变图像大小时用增加或减少像素的方法保持图像的分辨率。用变量分辨率重新取样可让像素的数目在图像大小改变时保持不变，从而产生低于或高于原图像的分辨率。

出血

扩展超出页面边缘的打印图像的一部分。出血确保最终图像在装订和修剪后适合纸张的大小。

垂直线

与另一条线垂直相交的线。

打开的对象

由起始点和结束点没有连接在一起的路径所定义的对象。

大小

通过更改尺度之一，使该对象的水平和垂直尺度按同样的比例更改。例如，可将 1 英寸高 2 英寸宽的矩形的高度改为 1.5 英寸，达到调整大小的目的。其宽度会根据高度值自动变成 3 英寸。矩形的纵横比 1:2 (高比宽) 保持不变。

代码页

代码页是 DOS 或 Windows 操作系统中的表格，用于定义使用哪种 ASCII 或 ANSI 字符集显示文本。不同的字符集用于不同的语言。

单点透视

通过加长或缩短对象的一侧而创建出来的一种效果，目的是造成对象在一个方向从视图中向后退去的印象。

淡色

在相片编辑中，淡色通常指图像上的半透明色，也称为色偏。

打印时，淡色是指使用半色调屏幕创建的颜色的较亮色调，例如，专色等。

底色

出现在透明度下面的对象的颜色。根据应用到透明度的合并模式，底色与透明度颜色会有多种不同的结

图 4-44　设置参数　　　　图 4-45　图像效果

4.3.3　缩放和镜像

执行"缩放和镜像"命令可将选择的对象进行缩放与镜像，也可以在缩放或镜像的同时再制副本。执行菜单"排列"/"变换"/"缩放和镜像"命令，弹出"缩放和镜像"泊坞窗，如图 4-46 所示。

图 4-46　"缩放和镜像"泊坞窗

使用"缩放和镜像"泊坞窗缩放和镜像图形的操作步骤如下：

① 仍然应用上一个例子的素材，在"变换"泊坞窗中单击"缩放和镜像"按钮，切换到"缩放和镜像"泊坞窗。在"缩放和镜像"泊坞窗中设置缩放的比例并且取消选择"不按比例"选项，如图 4-47 所示。

② 单击"应用"按钮，即可按缩放的比例对对象进行缩放并且复制出一个副本，效果如图 4-48 所示。

图 4-47　设置参数　　　　图 4-48　图像效果

③ 为了让大家看得更清楚一些，在工具箱中选择"挑选工具"拖动缩放的图形到右侧，以至于不再和原图重叠。缩放前后的对比效果，如图4-49所示。

④ 在"缩放和镜像"泊坞窗中单击"水平镜像"按钮 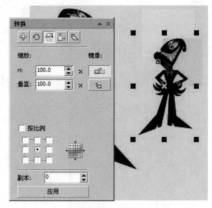，缩放参数修改为100%，单击"应用"按钮，图像效果如图4-50所示。

图4-49　移动位置

图4-50　图像效果

⑤ 返回原图，如果选择"不按比例"选项，在"缩放"参数中，"水平"和"垂直"可以输入不同的比例，并且单击"垂直镜像"按钮 ，如图4-51所示。

⑥ 单击"应用"按钮，即可按缩放的水平和垂直比例对对象进行缩放，并且做垂直镜像，图像效果如图4-52所示。

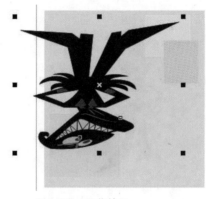

图4-51　设置参数

图4-52　图像效果

4.3.4　大小

使用"大小"命令可将选择的对象进行大小调整，也可以在调整大小的同时再制副本。执行菜单"排列"/"变换"/"大小"命令，弹出的"大小"泊坞窗，如图4-53所示。

图4-53　"大小"泊坞窗

合方式。

底纹填充

纹裂生成的填充，默认情况下，它不是用一系列重复图像而是用一个图像来填充对象或图像区。

递色

仅在可用的颜色数目有限的情况下用于模拟更多颜色的过程。

点

主要用于在排版时定义字型大小的一种测量单位。1英寸大约有72个点，1个活字大约有12个点。

叠印

叠印效果通过在一种颜色之上打印另一种颜色来实现的。根据选择的颜色，叠印颜色会混合以创建新的颜色，或者顶部颜色会覆盖底部颜色。在亮色上叠印暗色通常用于避免分色未精确对齐时产生的重合问题。

动画文件

一种支持移动图像（例如，动画GIF和QuickTime[MOV]）的文件。

动态导线

从对象中的下列贴齐点（中心、节点、象限和文本基线）处显示的临时辅导线。

段落文本

可以应用格式编排选项，并直接编辑大文本块的一种文本类型。

断字区

从断字开始的右侧页边距开始的距离。

对比度

图像的暗色区域和明亮区域之间的色调差异。对比度值越高，就表示暗色与亮色之间的差异越大，而颜色层次越少。

对象

表示在绘图中创建或放置的任何项目的通用术语。对象包括线条、形状、图形和文本。

多重选择

用"挑选工具"选择多个对象，或用"形状工具"选择多个节点。

多信息文本

多信息文本支持文本格式（例如，粗体、斜体和下画线）以及不同字体、字体大小和彩色文本。多信息文本文档还可以包含页面格式选项，例如，自定义页边距、行间距和 Tab 键宽度。

翻转

交互式对象或群组对象，单击或指向它时其外观会改变。

范围灵敏度

可以为调色板转换指定一种主要颜色—一种调色板颜色模式选项。可以调整颜色并指定这种颜色对于指导转换的重要性。

非打印字符

出现在屏幕上但不打印的项目。这些项目包括标尺、辅助线、表网格线、隐藏文本以及格式编排符号（如空格、硬回车、标签和缩进）。

分辨率

一个图像文件所包含的输入、输出或显示设备所能产生的细节的量。分辨率是用 dpi（每英寸的点数）或 ppi（每英寸的像素数）来测量的。低分辨率会产生颗粒状外观；高分辨率虽然会产生较高质量的图像，但会导致文件太大。

分色

在商业印刷中，这是将合成图像中各个颜色拆分开来的过程，以产生若干独立的灰度图像，每个灰度图像对应原始图像中的一种主色。如果是 CMYK 图像，则必须产生四种分色（分别对应青色、品红色、黄色和黑色）。

封套

可以放置在对象周围以更改对象形状的闭合形状。封套由节点相连的线段组成。一旦在对象周围放置了封套，就可以通过移动节点来更改对象的形状。

使用"大小"泊坞窗改变图形的大小操作步骤如下：

① 仍然应用上一个例子的素材，在"变换"泊坞窗中单击"大小"按钮，切换到"大小"泊坞窗。在"大小"泊坞窗中设置图形大小，并且取消"不按比例"选项，以免图形变形，如图 4-54 所示。

② 单击"应用"按钮，即可按缩放的比例对对象进行缩放并且复制出一个副本，效果如图 4-55 所示。

图 4-54　设置参数

图 4-55　图像效果

③ 为了让大家看得更清楚一些，在工具箱中选择"挑选工具"拖动缩放的图形到右侧，以至于不再和原图重叠。缩放前后的对比效果，如图 4-56 所示。

④ 返回原图，如果选择"不按比例"选项，在"大小"下参数中，"水平"和"垂直"可以输入不同的数值，如图 4-57 所示。

图 4-56　移动图形

图 4-57　设置参数

⑤ 单击"应用"按钮，即可按设置的水平和垂直数值改变图形的大小，图像效果如图 4-58 所示。

图 4-58　图像效果

使用"倾斜"命令可将选择的对象进行倾斜调整，同样也可以在倾斜的同时再制副本。执行菜单"排列"/"变换"/"倾斜"命令，弹出"倾斜"泊坞窗，如图4-59所示。

图4-59　"倾斜"泊坞窗

使用"倾斜"泊坞窗改变图形的倾斜度操作步骤如下：

① 仍然应用上一个例子的素材，在"倾斜"泊坞窗中单击"倾斜"按钮，切换到"倾斜"泊坞窗。在"倾斜"泊坞窗中设置倾斜的角度，并且取消"使用锚点"选项，如图4-60所示。

② 单击"应用到再制"按钮，即可按缩放的比例对对象进行缩放并且复制出一个副本。效果如图4-61所示。

图4-60　设置参数

图4-61　图像效果

③ 返回原图，如果选中"使用锚点"复选框，选中与要设置的锚点位置所对应的复选框，其对比效果如图4-62所示。

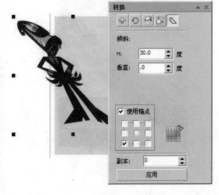

图4-62　选择不同锚点倾斜的效果对比

浮动对象

无背景的位图浮动对象也指相片对象或剪切的图像。

符号

可重复使用的对象或群组对象。符号只定义一次，然后就可以在绘图中多次引用。

符号实例

绘图中符号的一次出现。符号实例自动继承对符号所做的任何更改，也可以对每个实例应用独特属性，包括大小、位置和均匀透明度。

辅助线

可置于绘图窗口中任何位置以辅助对象放置的水平线、垂直线或斜线。

复合调和

将一个调和的起始对象或结束对象与另一个对象进行调和而创建的一种调和。

附件

扩展应用程序功能的独立模块。

父颜色

可以保存并应用到绘图中的对象中的一种原始颜色样式。可以从父颜色创建子颜色。

高光、阴影和中间色调

用于描述位图图像中的像素亮度的术语。亮度值的范围为0（暗）～255（亮）。像素范围的前面三分之一为阴影，中间三分之一为中间色调，后面三分之一为高光。可以通过调整高光、阴影或中间色调将图像中的特定区域调亮或调暗。柱状图是用于查看和评估图像中高光、阴影和色调的极好工具。

隔行扫描

在GIF图像中，在屏幕上以较低的块状分辨率显示基于Web的图像的一种方法。图像的质量会随图像数据的增大而提高。

工作区

工作区是对设置的配置，它指定

打开应用程序时各个命令栏、命令和按钮的排列方式。

光滑处理

使图像的曲线状边缘和倾斜边缘变得平滑的一种方法。沿边缘填充的中间像素是为了使边缘与周围区域之间的过渡变得平滑。

光栅化图像

已被渲染成像素的一种图像。将矢量图形文件转换为位图文件，就创建了光栅化图像。

龟纹图样

通过将两个规则形状的图样叠加起来创建的辐射曲线视觉效果。例如，通过叠加不同角度、点间距和点大小的两个半色调屏幕，可以获得龟纹图样。龟纹图样是用不同的半色调屏幕或相同的半色调屏幕，从一个不同于原来的角度重新屏蔽图像时产生的不需要的结果。

过滤器

将数字信息从一种形式转换为另一种形式的应用程序。

焊接

用单一轮廓将两个对象组合成单一曲线对象。来源对象被焊接到目标对象上，以创建具备目标对象的填充属性和轮廓属性的新对象。

合并对象

通过合并两个或多个对象，然后再转换成单一曲线对象而创建的一种对象。合并对象具备最后选定对象的填充和轮廓属性。数量为偶数的对象重叠的部分没有填充。数量为奇数的对象重叠的部分则予以填充。原始对象的轮廓仍然可见。

黑白颜色模式

1 位颜色模式，将图像存储为两种纯色（黑色和白色），没有任何颜色层次。该颜色模式对于线条图和简单图形很有用。要创建黑白相片效果，可以使用灰度颜色模式。

4.3.6　清除变换

"清除变换"命令可将绘图区中图形对象的移动、旋转、缩放、大小以及倾斜等变换效果完全清除，还原到原始状态。其方法是执行菜单"排列" / "清除变换"命令，如图 4-63 所示。

图 4-63　"清除变换"命令效果

4.4 插入对象

CorelDRAW X5 中可以随意插入条形码和新对象，下面介绍关于插入对象的具体方法。

4.4.1　插入条形码

"插入条形码"命令可以向绘图区中插入用于识别产品的条形码。

使用"插入条形码"命令的操作步骤如下：

① 执行菜单"文件" / "打开"命令，打开附书光盘"04\ 素材 8.cdr"文件，如图 4-64 所示。

② 执行"编辑" / "插入条形码"命令，弹出"条码向导"对话框，在"从下列行业标准格式中选择一个"下拉列表框中选择一个行业标准格式，在中间的文本框中输入条码号，单击"下一步"按钮，如图 4-65 所示。

图 4-64　打开素材

图 4-65　"条码向导"对话框

③ 在"条码向导"对话框的第2步设置界面中可以设定条码的单位、缩放比例及高度等参数，完成设置后，单击"下一步"按钮，如图4-66所示。

④ 在"条码向导"对话框的第3步设置界面中，可以设定条形码的字体、对齐方式等，如图4-67所示。

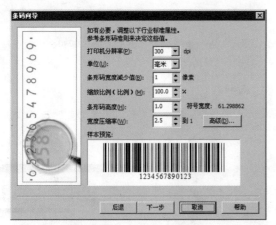

图4-66 "条码向导"对话框

图4-67 "条码向导"对话框

⑤ 单击"完成"按钮，这时页面上会自动生成条形码，如图4-68所示。

⑥ 在工具箱中选择"挑选工具"，将自动生成的条形码移动到素材上的适当位置，并双击后拖动节点变换到适当大小，图像效果如图4-69所示。

图4-68 生成条形码

图4-69 图像效果

黑点

在位图图像中被认为是黑色的亮度值。在 Corel PHOTO-PAINT 中，可以设置黑点以提高图像的对比度。例如，在图像的柱状图中将亮度比例从 0（暗）调整到 255（亮）时，如果将黑点设置为 5，则所有亮度值大于 5 的像素都会转换为黑色。

灰度

能够显示使用 256 种灰色调的图像的颜色模式。每种颜色都用 0～255 之间的一个值来定义，其中 0 代表最暗的颜色（黑色），255 代表最亮的颜色（白色）。灰度图像，尤其是相片，通常被称为"黑白相片"。

回流

以一种文件格式（如可移植文档格式 [PDF]）保存的文档转换成另一种格式（如 Corel DESIGNER [DES]），然后还可以逆向转换。

绘图

在 CorelDRAW 中创建的一种文档。

绘图窗口

应用程序窗口中可以创建、添加和编辑对象的部分。

绘图页面

绘图窗口中被带阴影效果的矩形包围的部分。

记号

区分指针移动的不可见记号。

加速器表

包含快捷键列表的文件。不同的表将根据执行的任务而被激活。

简单线框视图

绘图的轮廓视图，它隐藏填充、立体模型、轮廓图和中间调和形状。位图显示为单色。

减色模型

诸如 CMYK 之类的颜色模型，它通过减少对象反射光的波长来创建颜色。例如，彩色油墨吸收了除蓝色以外的所有颜色就会呈现蓝色。

剪贴板

用于临时存储剪切或复制信息的区域。这些信息一直存储到将新的信息剪切或复制到剪贴板上，然后被新信息替换。

剪贴画

现成的图像，它们可以导入到Corel 应用程序中，并可按需要进行编辑。

渐变

JPEG 图像中，让图像以较低的块状分辨率整个显示在屏幕上的一种方法。图像的质量会随图像数据的加载而逐步改进。

渐变步长

形成渐变填充外观的颜色阴影。填充步数越多，从起始颜色到结束颜色的过渡就越平滑。

渐变填充

应用到图像某区域的两种或多种颜色的平滑渐变，渐变的路径可以是线性、径向、圆锥或方形。双色渐变填充具有从一种颜色到另一种颜色的直接渐变，而自定义填充可能有多种颜色的渐变。

箭头键

以较小的增量移动或"微调"选定对象的方向键。在屏幕上或对话框中键入或编辑文本时，也可以用箭头键定位光标。

交叉点

两条线相交的点。

交换磁盘

硬盘驱动器空间，应用程序用它来人为地增加计算机上的可用内存数量。

节点

直线段或曲线段的每个末端处的方形点。拖动直线或曲线上一个或多个节点可以改变直线或曲线的形状。

4.4.2 插入新对象

"插入新对象"命令可以向绘图页中插入连接或嵌入新对象。

使用"插入新对象"命令的操作步骤如下：

① 执行菜单"文件"/"打开"命令，打开附书光盘"04\素材 9.cdr"文件，如图 4-70 所示。

② 执行"编辑"/"插入新对象"命令，弹出"插入新对象"对话框，在"对象类型"下拉列表框中选择"Microsoft Word 文档"，如图 4-71 所示。

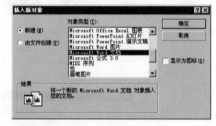

图 4-70　打开素材　　　　　　　图 4-71　"插入新对象"对话框

③ 单击"确定"按钮，皆可在绘图中插入 Microsoft Word 文档，效果如图 4-72 所示。

④ 在文档中输入所需要的文字内容，如图 4-73 所示。

图 4-72　插入 Microsoft Word 文档　　　图 4-73　输入文字内容

⑤ 移动鼠标指针到虚框的节点上，按住鼠标左键并拖动，可以调整 Word 文档的大小形状，并移动到适当位置，如图 4-74 所示。

⑥ 在文档以外的区域单击完成文档的编辑，效果如图 4-75 所示。

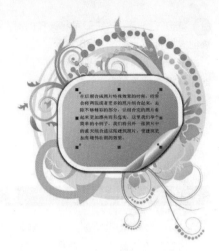

图4-74 调整文档的形状位置　　　　　图4-75 插入 Word 文档效果

4.5 符号的创建与管理

符号是只需定义一次，然后就可以在绘图中多次引用的对象。绘图中一个符号可以应用多此，而且几乎不会影响文件大小。因为对符号所做的更改都会被所有其他符号所继承，所以使用符号可以使绘图编辑起来更快、更容易。

4.5.1 新建符号

符号是由对象转换而来的。将对象转换为符号后，新的符号会被添加到"符号管理器"中，而选定的对象变为实例。也可以从多个对象中创建一个符号，可以编辑符号，所做的任何更改都会影响绘图中的所有实例。

"新建符号"命令可将选择的一个或多个对象创建成符号。

使用"新建符号"命令的操作步骤如下：

① 执行菜单"文件"/"打开"命令，打开附书光盘"04\素材10.cdr"文件，如图4-76所示。

② 在菜单中执行"编辑"/"符号"/"新建符号"命令，弹出"创建新符号"对话框，在"创建新符号"对话框中为新符号命名，如图4-77所示。

图4-76 打开素材

图4-77 "创建新符号"对话框

精密微调

通过按【Shift】键和箭头键来大幅度递增移动对象。精密微调值乘以微调值即可获得对象移动的距离。

均匀填充

用于对图像应用一种纯色的填充的类型。

克隆

对象或图像区域的副本链接着主对象或图像区域。对主对象所做的大多数更改会自动应用到其仿制品上。

控制对象

用于创建诸如封套、立体模型、阴影、轮廓图以及用艺术笔工具创建的对象等效果的原始对象。对控制对象所做的更改可以控制效果外观。

控制手柄

从一个节点开始沿正在用"形状工具"编辑的曲线延伸的手柄。控制手柄决定曲线穿过节点的角度。

库

包含在 CorelDRAW (CDR) 文件中的符号定义的集合。要在绘图之间共享库存，可以将它导出为 Corel Symbol Library (CSL) 文件格式。

快速更正

在键入时自动显示缩写的全文或写错的单词的正确形式的一种功能。可以用"快速更正"来自动将单词的首字母变成大写，或者自动纠正常见的拼写和印刷错误，例如，"快速更正"可以用"as soon as possible"替换"asap"，用"the"替换"hte"。

扩展

在商业印刷中，通过将前景对象扩展为背景对象而创建的一种补漏形式。

来源对象

用于在另一对象上执行造形动作（如焊接、修剪或交叉）的对象。来源对象继承目标对象的填充和轮廓属性。

立体化

通过从一个对象投射多条直线来

创建纵深感，从而应用三维透视的一种功能。

连字

由两个或多个字母结合在一起组成的字符。

链接

将在一个应用程序中创建的对象放置到在不同的应用程序中创建的文档中的过程。链接对象与其源文件保持连接。如果要更改文件中的链接对象，必须要修改源文件。

两点透视

通过加长或缩短对象的两侧而创建的一种效果，目的在于造成对象从视图中按两个方向向后退去的感觉。

亮度

从给定像素发送或反射的光的量。在 HSB 颜色模式中，亮度是测量一种颜色包含多少白色的一种方法。例如，亮度值为 0 就会产生黑色（或相片中的阴影），亮度值为 255 就会产生白色（或相片中的高光）。

亮度

透明度与它应用透明度的对象之间共享的亮度级别。例如，如果一种透明度应用到颜色显得很亮的对象上，则这种透明色将具备相当的亮度。同样，对于应用到颜色显得很暗的对象上的透明度也是这样，这种透明度将具备相当的暗度。

路径

构建对象的基本组件。路径可以打开（例如，线条）或者闭合（例如，圆形），也可以由单个直线段、曲线段或许多接合起来的线段组成。

轮廓

定义对象形状的线条。

轮廓沟槽

可以拖动菱形手柄来更改形状的外形。

轮廓图

通过在对象边框内部或外部添加

③ 单击"确定"按钮即可将选择的对象创建成符号，如图 4-78 所示。

符号的选择控制柄是蓝色的，对象的选择控制柄是黑色的。

图 4-78 符号效果

4.5.2 符号管理器

"符号管理器"可预览、插入、编辑、删除本地符号、网络符号以及创建的符号。

执行菜单"窗口"/"符号"/"符号管理器"命令，弹出"符号管理器"泊坞窗，如图 4-79 所示。

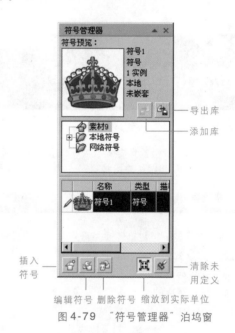

图 4-79 "符号管理器"泊坞窗

选项参数

"添加库"按钮：在选取本地符号或网络符号后，单击此按钮可为当前程序利用在本地复制库或递归的方法添加进集合库，弹出的"浏览文件夹"对话框，如图 4-80 所示。

"导出库"按钮：在选取当前创建的符号后，单击此按钮可将其导出并保存到库中，便于以后随时调用，弹出的"导出库"对话框，如图 4-81 所示。

图 4-80 "浏览文件夹"对话框

图 4-81 "导出库"对话框

"插入符号"按钮：单击该按钮，可将当前选中的符号插入到当前绘图页的正中央，如图4-82所示。

"编辑符号"按钮：单击该按钮，可对插入到当前程序文档中的符号进行大小、颜色等属性的设置。执行菜单"编辑"/"符号"/"完成编辑符号"命令可得到编辑后的最终效果，如图4-83所示。

图4-82　"插入符号"效果　　　　　图4-83　"编辑符号"效果

"删除符号"按钮：单击该按钮，可将符号管理器中创建过的符号删除。

"缩放到实际单位"按钮：单击该按钮，可将符号自动缩放到适合当前绘图比例的状态。

"清除未用定义"按钮：单击该按钮，可将创建后并没有使用过的符号从符号管理器中删除。

4.5.3　符号的基本操作

符号基本操作包括符号的编辑、还原、链接等。

① 在"符号管理器"中单击"插入符号"按钮，将当前选中的符号插入到当前绘图页的正中央，如图4-84所示。

② 执行菜单"编辑"/"符号"/"编辑符号"命令，或在"符号管理器"中单击"编辑符号"按钮，从而只在绘图窗口中显示一个符号，如图4-85所示，可对插入到当前绘图页中的符号进行大小、颜色等属性的编辑。

图4-84　插入符号

图4-85　编辑符号

等距的同心形状而创建的一种效果。该效果还可用于创建绘图仪、蚀刻机和乙烯基材料切割机等设备的可切割轮廓。

锚点

在延展、缩放、镜像或倾斜对象时保持静止不动的那个点。锚点对应于选定对象时显示的8个手柄，以及标记为X的选择框的中心。

美术字文本

用文本工具创建的一种文本类型。用美术字文本添加短文本行（如标题），或者用它来应用图形效果，如使文本适合路径、创建立体和调和以及创建所有其他特殊效果。每个美术字文本对象可以最多容纳32,000个字符。

灭点

选定一个已对其添加透视点的立体模型或对象时出现的标志。灭点标志用立体模型来表示深度（平行立体化）或者立体化表面在扩展时交汇处的点（透视点立体化）。在这两种情况下，灭点都由X表示。

模板

信息的预定义集，它可以设置页面大小、方向、标尺位置、网格和辅助线信息。模板也可以包括可修改的图形和文本。

目标对象

用另一对象在其上执行造形动作（如焊接、修剪或交叉）的对象。在将这些属性复制到用于执行动作的来源对象时，目标对象会保持其填充和轮廓属性。

内容

应用"图框精确剪裁"效果时出现在容器对象内部的一个或多个对象。

该术语还用于描述产品随附的图形资源，例如，剪贴画、相片、符号、字体和对象。

瓶颈

在商业印刷中，通过将背景对象扩

展为前景对象而创建的一种补漏形式。

平铺

在大平面上重复一个小图像的技术。平铺常用于为万维网页面创建图样化背景。

平移

在绘图窗口中移动绘图页。平移功能更改页面视图，其方法就如同用滚动功能在绘图窗口里向上、向下、向左或向右移动绘图。使用高缩放级别时，绘图并不会整个显示，但可以用快速平移来查看先前隐藏的部分。

启动屏幕

CorelDRAW 启动时出现的屏幕。启动屏幕监视启动过程的进度，并提供版权和注册信息。

前导

文本行之间的间距。前导对可读性和外观都很重要。

前导符制表位

放置于文本对象之间的一行字符，帮助读者阅读跨空白区的行。前导符制表位通常用于代替制表位的停止位置，尤其是在右边排齐的文本之前，如在内容列表或表格中。

嵌入

将在一个应用程序中创建的对象放置到在不同的应用程序中创建的文档中的过程。嵌入的对象完全包含在当前文档中，它们未链接到其源文件。

嵌套群组

行为类似于一个对象由两个或多个群组组成的群组。

嵌套图框精确剪裁对象

为了形成复杂的图框精确剪裁对象而包含其他容器的容器。

强度

在将亮色像素与较暗的中间色调和暗色像素做比较时，强度是测量位图中浅色像素亮度的一种方法。增加强度将增加白色的鲜明度，而保持真暗色。

③ 在工具箱中选择"挑选工具"，选择要编辑的对象，在调色板上单击，为其改变颜色，效果如图 4-86 所示。

④ 执行菜单"编辑"/"符号"/"完成编辑符号"/命令，可得到编辑后的最终效果，如图 4-87 所示。

图 4-86　改变颜色　　　　　图 4-87　完成编辑

⑤ 执行菜单"编辑"/"符号"/"还原到对象"命令，可将当前插入程序文档的符号效果还原为普通图形对象效果，它们的选中状态由蓝色边框锚点变为黑色边框锚点。如图 4-88 所示。

⑥ 按【Delete】键删除还原的对象，执行菜单"编辑"/"符号"/"导出库"命令，可在选取创建的符号后，将其导出并保存到库中，命名为"皇冠"，便于以后随时调用，如图 4-89 所示。

图 4-88　还原到对象　　　　图 4-89　导出到库

⑦ 执行"文件"/"新建"命令新建文档，在"符号管理器"中单击"本地符号"前的加号，在本地符号中选择"皇冠"文件，单击"插入符号"按钮，如图 4-90 所示。

图 4-90　添加库

⑧ 执行菜单"编辑"/"符号"/"中断链接"命令，可将符号管理器中的符号与插入到绘图页中的符号之间的链接打断，即使库中的符号属性进行修改，插入新文档绘图页中的图形对象属性也不发生变化，如图 4-91 所示。

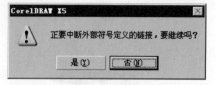

图 4-91 "中断连接"提示框

切线

一条直线，它与曲线或椭圆在一点上接触，但不在该点与曲线或椭圆相交。

倾斜

垂直、水平或在垂直和水平两个方向上倾斜的对象。

曲线对象

带节点和控制手柄的对象，可以操控这些节点和控制手柄以改变对象的形状。曲线对象可以为任何形状，包括直线或曲线。

群组

一组对象，其表现如同一个单元。对群组所执行的操作同样会应用到群组中的每个对象。

热点

对象的区域，可以通过单击跳转到由 URL 指定的地址。

色调

黑白之间的一种颜色的各种变化或灰色的范围。

色调范围

位图图像中的分布像素从暗（值为 0 表示没有亮度）到亮（值为 255 表示最亮）。像素范围的前面三分之一为阴影，中间三分之一为中间色调，后面三分之一为高光。在理想情况下，图像中的像素应当分布于整个色调范围。柱状图是用于查看和评估图像色调范围的极好工具。

色度

可以按名称进行分类的颜色的属性。例如，蓝色、绿色和红色都是色度。

色偏

照明条件或其他情况下相片中通常会出现的淡色。例如，室内昏暗的白炽灯下拍摄相片可能导致黄色色偏，而室外强烈的日光下拍摄相片可能导致蓝色色偏。

色频通道

图像的 8 位灰度版本。每个色频表示图像中的一个颜色级，例如，

4.6 编辑图形和线的工具

CorelDRAW X5 提供了 8 个编辑与修剪工具，它们是形状工具、涂抹笔刷工具、粗糙笔刷工具、自由变换工具、裁剪工具、刻刀工具、橡皮擦工具、虚拟段删除工具。

4.6.1 形状工具

"形状工具"主要用于编辑图形的节点从而改变图形的形状。使用"形状工具"可以进行选择节点、移动节点、添加与删除节点、连接多个子路径的节点、从组合对象中提取子路径、减少曲线对象的节点数、连接单个子路径的两端节点、对齐节点、断开路径等操作；使用尖突、平滑或对称节点等功能，可以调整对象的造型，如修改圆形、矩形与多边形等基本图形的形状，还可以调整字符与字符之间的间距，行与行之间的行距等。

在工具箱中选择"形状工具" ，并选取一个图形对象上的节点，其工具属性栏，如图 4-92 所示。

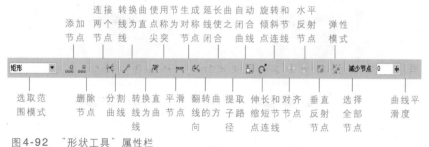

图 4-92 "形状工具"属性栏

"选取范围模式"选项：在该下拉列表框中可以选择所需的选取范围模式，如矩形、手绘。如果选择矩形，则会拖出一个矩形框来选取所需的节点，如图 4-93 所示。如果选择手绘，则会以指针走过的路径来选取所需的节点，如图 4-94 所示。

图 4-93 "矩形"选取范围模式选取节点

RGB 有 3 个色频通道，而 CMYK 则有 4 个。当所有的色频一起打印时，就会在图像中产生整个颜色范围。

色样

在选择颜色时，用作样例的一系列纯色块中的一个色块。印刷好的色样小册子称为色样手册。色样也指调色板中包含的全部颜色。

上标

一行文本中位于其他字符基线上方的文本字符。

矢量对象

绘图中的特定对象。它是作为线条的集合而不是作为个别点或像素的图样创建的。矢量对象由决定所绘制线条的位置、长度和方向的数学描述生成。

矢量图形

由决定所绘制线条的位置、长度和方向的数学描述生成的图像。矢量图形是作为线条的集合，而不是作为个别点或像素的图样创建的。

手柄

对象被选中后出现在对象边角上的 8 个黑色方块。拖动单个手柄就可以缩放对象、调整对象大小或镜像对象。如果单击一个选定的对象，手柄的形状将变为箭头，可以旋转和倾斜对象。

手绘圈选

拖动"形状工具"并控制选取框环绕的形状时，圈选多个对象或节点，就像绘制手绘线条一样。

输出分辨率

输出设备（如图像排版机或激光打印机）产生的每英寸的点数 (dpi)。

书法角度

控制钢笔的方向相对于绘图画面的角度，像书法笔上笔尖的倾斜那样。

图 4-94　"手绘"选取范围模式选取节点

"添加节点"按钮：将鼠标指针放在绘制的曲线上单击，则出现一个小黑点，然后单击此按钮，即可添加一个节点。其添加节点的过程，如图 4-95 所示。

图 4-95　添加节点

"删除节点"按钮：将鼠标指针放在绘制曲线的一个节点上，单击将其选中，然后单击"删除节点"按钮，即可删除该节点。其删除节点的过程示意图，如图 4-96 所示。

图 4-96　删除节点

"连接两个节点"按钮：在绘图窗口中绘制一个未闭合的曲线图形，将起点和终点两个节点选中，然后单击此按钮，即可使两个被选中的节点连接成为一个节点。连接节点的过程示意图，如图 4-97 所示。

图 4-97　连接两个节点

"分割曲线"按钮：此按钮的作用恰好与"连接两个节点"按钮相反，单击此按钮可以使被选取的节点分成两个节点。但只有将节点移动后，才可以看出效果。分割曲线的过程示意图，如图4-98所示。

图4-98　分割曲线

"转换曲线为直线"按钮：单击此按钮可以将两个相邻节点之间的弧形曲线转换为一条直线，曲线转换为直线的过程示意图，如图4-99所示。

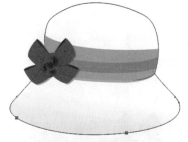

图4-99　曲线转换为直线

"转换直线为曲线"按钮：单击此按钮可以将直线转换为曲线，从而将转换后的曲线调整为弧线。当选取一个节点时，单击此按钮，将在被选取的节点线段上出现两条控制柄，通过拖动鼠标指针来调节控制柄，从而使一条直线变成弧线。其转换直线为曲线并调整为弧形的过程图，如图4-100所示。将鼠标指针放在转换成曲线的两点之间的边上，按下鼠标左键进行拖动，即可将所选取的一边调整为弧形。直线转换为曲线并调整为弧形的过程如图4-101所示。

图4-100　直线转换为曲线

图4-101　拖动曲线调整弧形

以书法角度绘制的线条的宽度很小或者为零，但是随着线条的角度从书法角度延伸开去，它的宽度会变宽。

书签

用来标记因特网上的地址的指示器。

双色调

双色调颜色模式下的一种图像，即已经用1～4种附加颜色增强的8位灰度图像。

水印

添加到携带图像信息的图像像素的照度组件中的少量随机杂点。这些信息不会在编辑、打印和扫描中遭到破坏。

缩放

缩小或放大绘图的视图。可以放大视图以查看细节，或缩小视图以加宽显示。

缩略图

图像或图例的微型、低分辨率版本。

添加热点

将数据添加到对象或群组对象的过程，使它们可以对事件（如指向或单击）作出反应。例如，可以将一个URL指定给某个对象，从而使它成为外部Web站点的超链接。

填充

应用到图像的区域的颜色、位图、渐变或图样。

调和

通过形状和颜色的渐变使一个对象变换成另一对象而创建的一种效果。

调色板

可以从中选择填充和轮廓的颜色的纯色集合。

调色板颜色模式

显示使用多达256种颜色的图像的一种8位颜色模式。将复杂图像转换为调色板颜色模式，就可以缩小文件的大小，更精确地控制在转换过程中使用的各种颜色。

调整

修改字符和单词之间的距离，以使某个文本块的左边、右边或左右两边排列均匀。

贴齐

强行让正在绘制或移动的对象与网格上的一点、一条辅助线或另一个对象自动对齐。

透明度

设置较低级的透明度会导致较高级的不透明度，也会使下面项目或图像的可视性降低。

凸面

像球形或圆形的外部一样外弯。

图标

工具、对象、文件或者其他应用程序项的图示表示法。

图层

可以在绘图中放置对象的透明平面。

图框精确剪裁对象

通过将对象（内容对象）放置在其他对象（容器对象）里来创建的一种对象。如果内容对象比容器对象大，那么内容对象将被自动裁剪。只有适合容器对象的内容才是可见的。

图框精确剪裁效果

可以将一个对象包含在另一个对象里的排列对象的方法。

图像分辨率

位图中每英寸的像素数，用 ppi（每英寸的像素数）或 dpi（每英寸的点数）来测量。低分辨率可能导致位图呈颗粒状，而高分辨率尽管可以产生更平滑的图像，却会使文件变大。

图像排版机

一种高分辨率设备，可以用于打印制版中的胶片或基于胶片的纸张输出。

图像映射

HTML 文档中的一种图形，包含链接到万维网上各个位置、其他 HTML 文档或图形的可单击区域。

"使节点成为尖突"按钮：当图形的节点为平滑点或是对称节点时，单击此按钮，将生成两条控制柄，可以通过调节每个控制柄来使节点变得尖突。使平滑节点变为尖突节点的过程示意图，如图 4-102 所示。

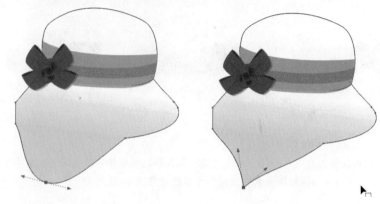

图 4-102　使节点成为尖突

"生成平滑节点"按钮：此按钮与"使节点成为尖突"按钮的作用恰好相反，使用此按钮可以将原来尖突的节点变得平滑，如图 4-103 所示。

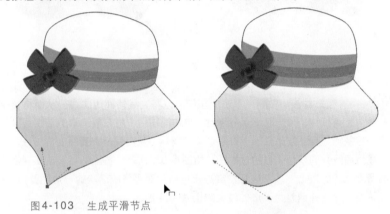

图 4-103　生成平滑节点

"生成对称节点"按钮：单击此按钮可以将选取的节点转换成两边对称的平滑节点，如图 4-104 所示。

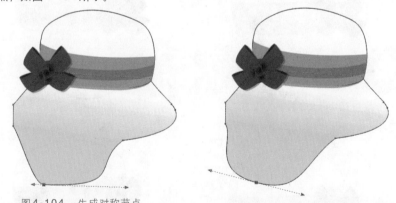

图 4-104　生成对称节点

"反转曲线方向"按钮：单击该按钮可以反转曲线的方向。

"延长曲线使之闭合"按钮：在绘图窗口中绘制一个未闭合的曲线图形，将起点和终点两个节点选取，然后单击此按钮，可以使两个被选取的节点通过直线进行连接，从而达到闭合的效果。使用"延长曲线使之闭合"按钮的过程图，如图4-105所示。

图4-105　"延长曲线使之闭合"效果

"提取子路径"按钮：单击此按钮可以将结合在一起的图形拆分为独立的图形，其过程示意图如图4-106所示。

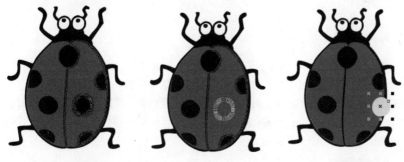

图4-106　提取子路径

"自动闭合曲线"按钮：此按钮与"延长曲线使之闭合"按钮作用相同，都可以将未闭合的曲线进行闭合，只是连接两个节点的方法不同。使用"延长曲线使之闭合"按钮连接时，必须将所要连接的节点选取；而使用此按钮连接时，只需要将未闭合的曲线图形选取即可，其过程示意图如图4-107所示。

图4-107　自动闭合曲线

"放缩节点"按钮：选取曲线图形中的节点，单击此按钮，将在所选取的节点上出现一个放缩框，用鼠标指针调整任意一个缩放框上的点，可以使所选取的节点之间的线段放大或缩小，如图4-108所示。

"旋转和倾斜节点"按钮：选取曲线图形中的节点，单击此按钮，将会在所选取的节点上出现一个倾斜旋转框，用鼠标指针拖动任意一个倾斜旋转框上的点，可以调整图像的倾斜度和旋转角度，其过程示意图如图4-109所示。

图样填充

由一系列重复的矢量对象或图像组成的一种填充。

挖空

打印术语，表示下面颜色已经移除，而只有顶部颜色可以打印的一个区域。例如，如果打印大圆上的一个小圆，则不会打印小圆下的区域。这确保了用于小圆的颜色保持为真，而不会与大圆使用的颜色重叠和混合。

完美形状

预定义的形状，如基本形状、箭头、星形和标注。"完美形状"通常具有轮廓沟槽，因此可以修改它们的外观。

网格

一系列等距离的水平点和垂直点，用于帮助绘图和排列对象。

网状填充

可以将色块添加到选定对象内部的一种填充类型。

微调

递增移动对象。

位深度

二进制位的数目，它定义位图中每个像素的阴影或颜色。例如，黑白图像中的一个像素只有1位深度，因为该像素只能是黑色或者白色。给定的位深度所能产生的颜色值的数目等于2的位深度次方。例如，位深度1可以产生两个颜色值 ($2^1 = 2$)，而位深度2可以产生4个颜色值 ($2^2 = 4$)。

位深度范围为每像素 (bpp) 1至64位，这决定了图像的颜色深度。

位图

由像素网格或点网格组成的图像。

温度

描述光的开尔文强度的一种方式——较低的值表示会导致橙色色偏的昏暗照明条件。例如，烛光或白炽灯灯泡的光。较高的值与强照明条件对应，这些条件会导致蓝色色偏，例如，阳光。

文本基线

假想的水平线，文本字符看上去好像放置在其上。

文本样式

控制文本外观的一组属性。有两种文本样式类型：美术字文本样式和段落文本样式。

文档导航器

应用程序窗口左下部的区域，包含用于在页面之间移动和添加页面的控件。文档导航器还显示绘图中活动页面的页码和总页数。

无损压缩

可以保持压缩和解压缩后图像的质量的一种文件压缩。

细微调

以小幅度递增移动对象。

下标

一行文本中位于其他字符基线下方的文本字符。

线段

曲线对象中两个节点之间的直线或曲线。

线框视图

绘图的轮廓视图，它隐藏填充但显示立体模型、轮廓线和中间调和形状，位图显示为单色。

像素

作为位图的最小部分的彩色点。

斜接限制

决定以锐角相交的两条线何时从点化（斜接）接合点向方格化（斜角修饰）接合点切换的值。

形状识别

识别手工绘制的形状并将其转换为完美形式的功能。要利用形状识别，必须使用智能绘图工具。例如，可以先画 4 条线勾画出一个矩形，应用程序会将手工绘制的直线转换成一个完美矩形。

图4-108　放缩节点

图4-109　旋转和倾斜节点

"节点对齐"按钮：在至少两个节点被选取的情况下，此按钮才处于可使用状态。单击此按钮，弹出"节点对齐"对话框。当选中"水平对齐"复选框时，可以使被选取的节点在水平方向上对齐；当选中"垂直对齐"复选框时，可以使被选取的节点在垂直方向上进行对齐，如图4-110所示。当选中"对齐控制点"复选框时，可以使被选取的两个节点重合。

图4-110　节点对齐

"水平反射节点"按钮：选择该按钮，可以编辑水平镜像对象中的对应节点，其节点的调整过程如图4-111所示。

"垂直反射节点"按钮：选择该按钮，可以编辑垂直镜像对象中的对应节点。

"弹性模式"按钮：当图形中有两个或多个节点被选取时，单击该按钮，可以用鼠标指针逐个地将节点进行移动。当不单击此按钮时，用鼠标指针移动节点，其他的节点将会随鼠标指针的移动而移动。

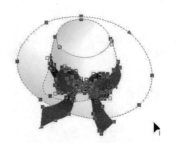

图4-111　水平反射节点

"选取全部节点"按钮：当需要将曲线中的所有节点选取时，单击该按钮即可，如图4-112所示。

图4-112 选取全部节点

"减少节点"按钮：单击该按钮，可以将曲线中所选节点中重叠或多余的节点删除，如图4-113所示。

"曲线平滑度"选项：通过调节滑块的位置，可以改变被选取节点之间的曲线平滑度

图4-113 减少节点

4.6.2 裁剪工具

"裁剪工具"可以快速地裁切矢量图或者位图。对画面里的任意对象进行裁剪需要注意的是，在裁剪时，如果不选择对象，则裁剪过后只保留裁剪框内的内容，裁剪框外的对象将全部被裁剪。如果选择了要裁剪的对象，则裁剪过后仍然保留没有选择的对象，只对选择的对象进行裁剪，并且保留了裁剪框内的内容。

在工具箱中选择"裁剪工具"，其属性栏如图4-114所示。

x: 61.146 mm ↔ 152.212 mm ↻ .0 清除裁剪选取框
y: 142.003 mm ↕ 143.395 mm

图4-114 "裁剪工具"属性栏

使用"裁剪工具"的操作步骤如下：

① 执行菜单"文件"/"打开"命令，打开附书光盘"04\素材11.cdr"文件，如图4-115所示。

② 在工具箱中选择"裁剪工具"，在画面中拖出一个框，如图4-116所示。

③ 然后在其中设置裁剪框的位置、大小与旋转角度，也可以直接在画面中拖动裁剪框的控制柄来调整其大小，如图4-117所示。

④ 调整完毕，在裁切框内快速双击鼠标左键，即完成裁切操作，所有裁切框之外的对象将会全部被删除，如图4-118所示。

如果用户不需要裁剪框，则可以单击"清除裁剪选取框"按钮将其清除。

虚显

使用无意义的文字或一系列直线表示文本的一种方法。

旋转

使对象绕旋转中心转动，从而重新定位和定向。

旋转中心

对象围绕其旋转的点。

选取

通过沿对角线拖动"挑选工具"或"形状工具"，然后用点形成的轮廓包围选取框里的对象，来选择对象或节点。

选取框

带有8个可见手柄的不可见的矩形，它环绕在用"挑选工具"选择的对象周围。

渲染

从三维模型捕获二维图像。

颜色补漏

用于描述重叠颜色以补偿未对齐分色的方法（重合失调）的打印术语。此方法避免白色页面上邻近颜色之间出现白色长条。

颜色空间

在电子颜色管理中，颜色模型的设备虚拟表示法或颜色色谱。设备颜色空间的边框和轮廓图都由颜色管理软件进行映射。

颜色模式

定义组成图像的颜色的数量和类别的系统。黑白、灰度、RGB、CMYK和调色板颜色就是几种不同的颜色模式。

颜色模型

定义颜色模式中显示的颜色范围的一种简单的颜色图表。以下是几种颜色模型：RGB（红色、绿色和蓝色）、CMY（青色、品红色和黄色）、CMYK（青色、品红色、黄色和黑色）、HSB（色度、饱和度和亮度）、HLS（色度、光度和饱和度）以及 CIE L*a*b (Lab)。

颜色色谱

可由任何设备再生成或识别的颜色范围。例如,监视器显示的颜色色谱与打印机就不同,就使得管理从原始图像到最终输出的颜色的工作非常必要。

颜色深度

图像可以包含的最大颜色数。颜色深度由图像的位深度和显示监视器决定。例如,8 位图像最多可以包含 256 色,而 24 位图像最多可以包含约 1600 万色。GIF 图像是 8 位图像的示例;JPEG 图像是 24 位图像的示例。

颜色预置文件

对设备的颜色处理功能和特性的描述。

颜色值

用于定义颜色模式中的颜色的一组数字。例如,在 RGB 颜色模式中,红色值 (R) 为 255,绿色值 (G) 和蓝色值 (B) 都为 0,这样就会产生红色。

样式

控制特定类型对象外观的属性集。有 3 种样式类型:图形样式、文本样式(美术字和段落)及颜色样式。

音标附加符号

书写字符的上方、下方或贯穿书写字符的重音符号,例如撇号 (é) 和变音符号 ()。

阴影

使对象具有真实外观的一种三维阴影效果。

印刷色

商业印刷中的各种颜色,它们都是由青色、品红色、黄色和黑色通过调和而成的。这些颜色与专色不同,后者是单独印刷的纯油墨色(每个专色需要一块印刷板)。

有损压缩

会导致图像质量的明显下降的一种文件压缩。

图4-115　打开素材

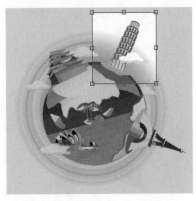

图4-116　绘制裁切框

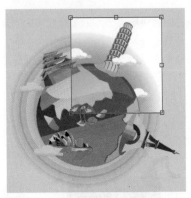

图4-117　调整裁切框

图4-118　裁剪后效果

4.6.3　刻刀工具

使用"刻刀工具",可以将完整的线形或矢量图图形分割为多个部分。需要注意的是,使用此工具分割图形时,并不是删除图形的某个部分,而是将其进行分割。

在工具箱中选择"刻刀工具" ,其属性栏如图 4-119 所示。

图4-119　"刻刀工具"属性栏

"成为一个对象"按钮:单击此按钮,可以使分割后的两个图形成为一个对象。若不激活此按钮,分割后的两个图形将会成为两个单独的对象。

"剪切时自动闭合"按钮:单击此按钮,可以使分割后的图形分别闭合成两个图形。

使用"刻刀工具"的操作步骤如下:

① 执行菜单"文件"/"打开"命令,打开附书光盘"04\素材 12.cdr"文件,如图 4-120 所示。

② 选择"刻刀工具",在属性栏中单击"自动闭合"按钮,将鼠标指针移至要切割的起始点,待鼠标指针变成 形状时单击鼠标,如图 4-121 所示。

图4-120　打开素材

图4-121　将鼠标指针移至要切割
的起始点

③ 再将鼠标指针移至要切割的终点，如图4-122所示；待鼠标指针变成 ▐ 时单击，这时对象的状态如图4-123所示。

图4-122　将鼠标指针移至要切割的终点　图4-123　切割后的状态

④ 然后，选择工具箱中的"挑选工具"将其分开，如图4-124所示。

图4-124　移动切割后的图形效果

4.6.4　橡皮擦工具

"橡皮擦工具"主要是将绘图窗口中已经被选择的物体进行擦除。其方法是选择需要擦除的图形，从工具箱中选择"橡皮擦工具"，单击并拖过要擦除图形的相应部分，如图4-125所示。

羽化

沿阴影边缘的锐度级别。

阈值

位图色调变化的容限级。

元数据

有关对象的信息。元数据的示例包括指定给对象的名称、注释以及费用。

杂点

位图编辑中处在位图表面上的随机像素，类似于电视机屏幕上的静电干扰。

中点

将贝塞尔线条分成等长的两部分的点。

主对象

已被克隆的对象。对主对象进行的大多数更改将自动应用到仿制品上。

主图层

主页面上的一个图层，其对象出现在多页绘图的每个页面上。一个主页面可以有不止一个主图层。

主页面

包含应用于文档中所有页面的全局对象、辅助线和网格设置的虚拟页面。

柱状图

柱状图由水平条状图表组成，绘制了位图图像中的像素亮度值，值的范围为0（暗）到255（亮）。柱状图的左部表示图像的阴影，中部表示中间色调，右部表示高光。尖图的高度代表每个亮度级别的像素数量。例如，阴影（柱状图的左侧）中的像素数量较大表示图像较暗区域中存在的图像细节。

抓取区

可以拖动的命令栏区域。拖动抓取区可以移动命令栏，而拖动命令栏上任何其他区域都无效。抓取区的位置取决于所使用的操作系统、命令栏的方向和命令栏是否可停放。抓取区的命令栏包括工具栏、工具箱和属性栏。

专色

在商业印刷中单独打印的一种纯油墨色，每种专色需要一个印刷板。

装订线

文本中各栏之间的空间，也称为通道。打印过程中指由两个对开页的内侧边距之间形成的空白区。

桌面

绘图中的一个区域，可以在此试验和创建对象，以供将来使用。此区域位于绘图页面边框的外部。决定使用这些对象时，可以将它们从桌面区域拖至绘图页面。

子路径

作为一个对象组成部分的路径。

子颜色

作为其他颜色样式的阴影而创建的一种颜色样式。对大多数可用的颜色模型和调色板而言，子颜色与父颜色共享相同的色度，但是具有不同的饱和度和亮度级别。

字符

字母、数字、标点符号或其他符号。

字距调整

字符之间的间距，以及对该间距的调整。字距调整常用于将两个字符拉得比通常情况下更近，例如，WA、AW、TA 或 VA。字距调整提高了可读性，使字母显得更加平衡且更符合比例，尤其是在字体较大情况下。

字体

一种字样（如 Times New Roman）具有单一样式（如斜体）、粗细（如粗体）和大小（如 10 磅）的字符集。

纵横比

图像的宽度与高度之比（数学表达式为 x:y）。例如，640 × 480 像素的图像的纵横比为 4 : 3。

图 4-125　擦除图形

在工具箱中选择"橡皮擦工具" ，其属性栏如图 4-126 所示。

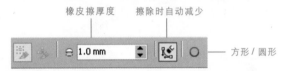

图 4-126　"橡皮擦工具"属性栏

"橡皮擦厚度"选项：在该属性框中输入数值，以设置橡皮擦笔头的大小，数值越大笔头越大，如图 4-127 所示。

图 4-127　橡皮擦厚度

"擦除时自动减少"按钮：如果激活该按钮，则在擦除对象时，节点自动减少。

"方形 / 圆形"按钮：单击该按钮，可以将橡皮擦笔头的形状改为方形，同时该按钮就改为方形按钮，再单击按钮，则橡皮擦笔头的形状改为圆形。

4.6.5　涂抹笔刷工具

利用"涂抹笔刷工具"可以模仿手指涂抹的方式，擦除对象的一部分或向外延展对象。其方法是导入并选中需要修改的矢量图形，使用"涂抹笔刷工具"在选中的图形中按住鼠标左键，拖动鼠标指针，即可修改选中的图形，如图 4-128 所示。

在工具箱中选择"涂抹笔刷工具" ，其属性栏如图 4-129 所示。

图 4-128 "涂抹笔刷工具"

笔尖大小　使用笔压设置　　　　为斜移设置输入固定值

在效果中添加水份浓度　　　为关系设置输入固定值

图 4-129 "涂抹笔刷工具"属性栏

"笔尖大小"选项：可以设置涂抹笔刷的大小。图 4-130 所示为设置不同笔尖大小后的对比效果。

图 4-130 不同笔尖大小的对比效果

"使用笔压设置"按钮：如果使用绘图笔，则该选项呈活动可用状态，使用它可以改变对笔的应用压力。

"在效果中添加水分浓度"选项：在该数值框中可以输入水分浓度值。图 4-131 所示为设置不同水分浓度值的效果对比图。

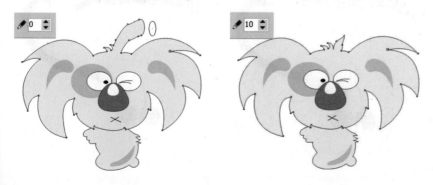

图 4-131 在效果中添加水分浓度

直线分割：在工具项中选择"刻刀工具"，并将工具定位在对象的轮廓线上单击鼠标，然后将鼠标指针移到分割的另一端点位置，待鼠标指针变成▮形单击鼠标，对象就会被直线分割成两个对象，如下图所示。

▲　直线分割

自由分割：如果需要类似手绘工具那样自由分割对象，可以在对象的轮廓边上按下鼠标左键，然后保持案件不放，拖动鼠标指针移至分割的另一端点，对象就会按自由的手绘方式分割，如下图所示。

▲　自由分割

曲线分割：分割时按住【Shift】键还可以按照绘制曲线的方式分割对象，如下图所示。

▲ 曲线分割

双击工具箱中的"刻刀工具"按钮，可以弹出有关对"刻刀工具"的设置，如下图所示。

▲ 刻刀工具"选项"

其中"剪切时自动闭合"为默认设置，可以使分割后的两个对象都自动关闭，以便填充颜色或其他操作。如果选取"成为一个对象"或者在属性栏单击"成为一个对象"按钮，分割出来的对象还是会被分割成两个对象，但会处于合并状态，如果不进行拆分则会视为一个对象，如下图所示。

▲ 视为一个对象

"为斜移设置输入固定值"选项：在该数值框中可以输入所需倾斜的角度值。图4-132所示为设置不同斜移值的效果对比图。

图4-132　设置不同斜移值的对比效果

"为关系设置输入固定值"选项：在该数值框中可以设置笔刷进行涂沫的角度，如图4-133所示。

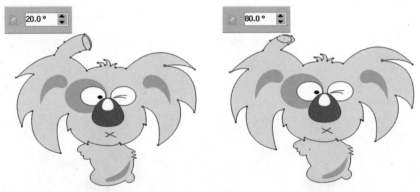

图4-133　为关系设置输入固定值

4.6.6 粗糙笔刷工具

"粗糙笔刷工具"可以使对象的边缘粗糙化。利用"粗糙笔刷工具"在曲线图形的边缘拖动时，可以在拖动过的位置上产生凹凸不平的锯齿效果，如图4-134所示。

图4-134　"粗糙笔刷工具"效果

在工具箱中选择"粗糙笔刷工具"，其属性栏如图4-135所示。

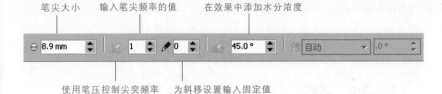

笔尖大小　　输入笔尖频率的值　　在效果中添加水分浓度

使用笔压控制尖突频率　为斜移设置输入固定值

图4-135　"粗糙笔刷工具"属性栏

　　"笔尖大小"选项：在数值框中输入所需的数值，可以设置粗糙笔刷的大小。

　　"输入笔尖频率的值"选项：在数值框中输入所需的数值，可以改变锯齿之间的密度，如图4-136所示。

　　"为斜移设置输入固定值"选项：在数值框中输入数值，可以改变锯齿尖突的高度。

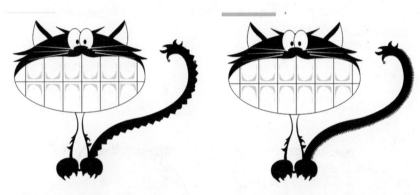

图4-136　输入笔尖频率的值

　　"使用笔压控制尖突频率"按钮：如果使用图形笔，则该选项呈活动可用状态，单击该按钮，可以在使用图形笔时改变粗糙区域中的尖突数量。

　　"在效果中添加水分浓度"选项：在数值框中输入数值，可以设置拖动时增加粗糙尖突的数量。

4.6.7　自由变换工具

　　"自由变换工具"可以使我们根据图形的锚点、其他图形或绘图窗口中的任意某个位置，进行旋转、倾斜、缩放、镜像选定的图形。对于图形的锚点，可以在绘图窗口中任意选取。在指定锚点时，最好单击变换图形的某一个角点，这样有利于对图形进行控制，图形的变换形状由鼠标移动的方向和距离来决定。

　　在工具箱中选择"自由变换工具"，其属性栏如图4-137所示。

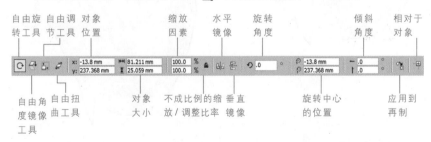

自由旋　自由调　对象　　　缩放　水平　旋转　　　　　倾斜　相对于
转工具　节工具　位置　　　因素　镜像　角度　　　　　角度　对象

自由角　自由扭　对象　　不成比例的缩　垂直　　　旋转中心　　应用到
度镜像　曲工具　大小　　放/调整比率　镜像　　　的位置　　　再制
工具

图4-137　"自由变换工具"属性栏

🔘 设置橡皮擦工具

　　在工具箱中用鼠标双击"橡皮擦工具"，弹出"选项"对话框，在右侧橡皮擦工具中可以在"厚度"选项文本框中输入需要的厚度值。也可以选择"自动减少生成对象节点"选项，如下图所示

▲　橡皮擦工具设置选项

▲　取消"自动减少生成对象节点"

▲　选中"自动减少生成对象节点"

涂抹工具提示

　　"涂抹工具"涂抹操作可用于通过拖放对象轮廓来使对象变形。将涂抹应用于对象时，无论是激活图形蜡版笔控制还是使用应用于鼠标的设置，都可以控制变形的范围和形状。

　　涂抹效果会对旋转（或持笔）的角度以及图形蜡版笔的斜移角度作出响应。旋转笔可以改变涂抹效果的角度，倾斜笔则可以调平笔刷尖并改变涂抹的形状。如果使用的是鼠标，则可以通过指定相应的值来模拟笔的持笔和斜移。增加 0 ～359 之间的持笔角度可改变笔触的角度。减少 90 ～15 之间的斜移角度时，可通过调平笔刷尖来改变涂抹的形状。

　　涂抹可以响应蜡版上笔的压力，此时涂抹随压力的增大而变宽，随压力的减少而变窄。如果使用鼠标或要覆盖笔压力，则可以输入真实值，以便模拟图形蜡版上笔的压力。到 -10 的负值创建狭窄的变形，0 保持均衡笔触宽度，而到 10 的正值则创建扩展的变形。

　　"涂抹工具"不能将涂抹应用于因特网或嵌入对象、链接图像、网格、遮罩或网状填充的对象，或者具有调和效果和轮廓图效果的对象。

"自由旋转"按钮：单击此按钮，在绘图窗口中的任意位置按下鼠标左键并拖动，图形将以鼠标按下的点为旋转中心，对选取的图形进行旋转，如图 4-138 所示。

图 4-138　自由旋转

"自由角度镜像工具"按钮：使用此按钮可以对绘图窗口中所选取的图形进行镜像。以鼠标第一次单击的点为锚点，鼠标第一次移动的方向为镜像对称轴来对图形进行镜像，如图 4-139 所示。

图 4-139　自由角度镜像

"自由调节工具"按钮：使用"自由调节工具"按钮可以对选取的图形进行水平或垂直缩放，其缩放操作同样要以锚点为基础，在绘图窗口中按下鼠标左键拖动所选取的图形，即可进行相应的缩放操作，如图 4-140 所示。

图 4-140　自由调节工具

"自由扭曲工具"按钮：使用此按钮可以将所选取的图形同时在水平和垂直方向上倾斜，如图4-141所示。

图4-141　自由扭曲工具

"旋转的中心位置"选项：此选项决定旋转图形的中心所在位置，可以在此选项中设定一个数值，然后按【Enter】键，即可改变图形相对于标尺的旋转中心位置。

"倾斜角度"选项：在此选项中输入数值，可以改变所选取图形水平和垂直方向上的倾斜度。

"应用于再制"按钮：当激活此按钮后，使用"自由变换工具"对图形进行变形操作时，将会复制使用"自由变形工具"所产生的图形，如图4-142所示。

图4-142　应用于再制

"相对于对象"按钮：当激活此按钮后，属性栏中的X值和Y值将变为0，在X和Y窗口中如果输入数值5，按键盘上的【Enter】键，则所选物将相对于当前位置分别在X轴和Y轴上移动5个单位的距离。

4.6.8　虚拟段删除工具

使用"虚拟段删除工具"可以删除对象中的交叉部分，但对连接的群组等对象无效。

如果要删除某对象中的交叉部分，从工具箱中选择"虚拟段删除工具"，将鼠标指针移至该对象的轮廓边上，单击鼠标，即可删除交叉对象的一部分，如图4-143所示。

粗糙笔刷工具技巧提示

应用粗糙效果之前，带有所应用的变形、封套和透视点的对象被转换为曲线对象。

粗糙效果取决于图形蜡版笔的移动或固定设置，或者取决于将垂直尖突自动应用于线条。面向或远离蜡版表面斜移笔可增加和减少尖突的大小。使用鼠标时，可以指定介于0～90之间的斜移角度。将粗糙效果应用于对象时，可以通过改变笔的旋转（或持笔）角度来确定尖突的方向。使用鼠标时，可以设定介于0～359之间的持笔角度。也可以在拖动时增加或减少尖突的应用数量。

粗糙效果也可以响应蜡版上笔的压力。应用的压力越大，在粗糙区域中创建的尖突就越多。使用鼠标时，可以指定相应的值来模拟笔压力，还可以改变笔刷笔尖的大小。

添加删除节点的其他方法

除了利用"添加节点"按钮在曲线上添加节点外，还有两种方法可以添加节点：1. 在需要添加节点的位置双击鼠标左键，可以直接添加节点；2. 首先在需要添加节点的位置单击，然后按键盘中的【+】键，同样可以添加节点。除了利用"删除节点"按钮在曲线上删除节点外，还有两种方法可以删除节点：1. 将鼠标指针放置在需要删除的节点上双击鼠标左键，可以直接删除节点；2. 将所要删除的节选择取，然后按键盘中的【-】键或【Delete】键，同样可以删除节点。

插入新对象选项

执行"编辑"/"插入新对象"命令，弹出插入新对象对话框。对话框选项如下。

新建：选择该选项可以创建嵌入的对象，如下图所示。

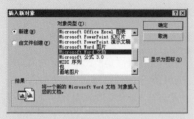

▲ "新建"复选框

由文件创建：选择该选项可以创建连接对象，如下图所示。

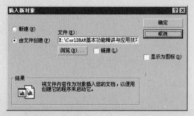

▲ "由文件创建"单选按钮

显示为图标：选择该选项则在绘图窗口中只显示所插入对象的程序图标，如下图所示。

▲ "显示为图标"复选框

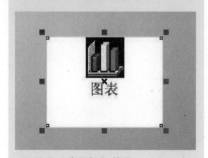

▲ "显示为图标"效果

图 4-143　虚拟段删除工具

虚拟段删除工具使用技巧

使用"虚拟段删除工具"时，如果要同时删除多条虚拟线段，则需要在要删除的虚拟线段周围拖出一个选取框，以框住要删除的虚拟线段；如果要删除一条虚拟线段，则在该虚拟线段上单击即可将其删除。如图 4-144 所示。

框选需要删除的虚拟线　　　　　　删除多个交叉部分

图 4-144　虚拟线删除效果

CorelDRAW X5

05 Chapter
对象的填充和轮廓

　　对象的色彩填充是CorelDRAW绘制图形的关键，只有有效地控制它们，才能制作出高质量的绘制或编辑图形。在这一章，我们主要将矢量图对象的填充和轮廓，其中包括颜色泊坞窗、滴管工具、油漆桶工具、填充工具组、交互式填充工具组和设置对象的轮廓等。

使用调色板浏览器按钮

在"调色板浏览器"泊坞窗上方有4个按钮,"创建一个新的空白调色板"按钮,"使用选定的对象创建一个新调色板"按钮,"使用文档象创建一个新调色板"按钮和"打开调色板编辑器"按钮,用户可以使用它们来创建不同的调色板。

除了前面章节中讲过的"使用选定的对象创建一个新调色板"按钮创建调色板,这里还简单地介绍其他按钮的作用。

鼠标单击"创建一个新的空白调色板"按钮,弹出"另存为"对话框,如下图所示。

▲ "保存调色板为"对话框

输入名称单击"保存"按钮,绘图窗口右侧便出现了一个空白的调色板,如下图所示。

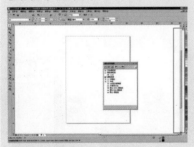

▲ 空白调色板

在空白的调色板上需要设置颜色,这时可以单击空白调色板上小三角按钮,在其下拉菜单中选择"排列图标"/"调色板编辑器",弹出"调色板编辑器",如下图所示。

5.1 调色板设置

调色板是为图形填充颜色最快捷的方式,那么,调色板的设置对绘图填充图形就十分重要。下面将具体介绍如何对调色板进行设置。

5.1.1 选择调色板

CorelDRAW X5 默认的调色板色彩模式是 CMYK 模式,用户可以根据需要选择不同的色彩模式。执行菜单中"窗口"/"调色板"命令,在其子菜单中选择需要的色彩模式,如图 5-1 所示。选定后的调色板会出现在绘图页面的右侧,与默认的 CMYK 调色板并齐出现,如图 5-2 所示。

图 5-1　"调色板"子菜单

图 5-2　打开其他"调色板"

5.1.2 使用调色板浏览器

执行"窗口"/"泊坞窗"/"调色板浏览器"命令,即可将"调色板浏览器"泊坞窗打开,如图 5-3 所示。在泊坞窗中,用户可以选择系统自带的其他调色板或自定义调色板,选定后的调色板会出现在绘图页面的右侧。

图 5-3　"调色板浏览器"泊坞窗

下面介绍下"调色板浏览器"泊坞窗的操作步骤。

① 执行菜单"文件"/"打开"命令，打开附书光盘"05\素材 1.cdr"文件，如图 5-4 所示。

② 在工具箱中选择"挑选工具"，选中该文档中全部图形，如图 5-5 所示。

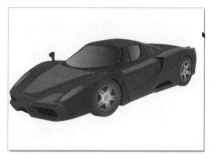

图 5-4　打开素材

图 5-5　全选图形

③ 在"调色板浏览器"中单击"使用选定的对象创建一个新调色板"按钮，弹出"另存为"对话框，如图 5-6 所示。

④ 输入名称并单击"保存"按钮，绘图窗口右侧便出现了一个新的调色板。用鼠标指针将调色板拖曳到绘图窗口，可见选中图形中的颜色全部在调色板之中了，如图 5-7 所示。

图 5-6　"另存为"对话框

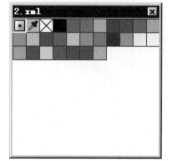

图 5-7　新的调色板

还可以打开文档后，不选择任何图形也可以将文档中的色彩创建成调色板。在"调色板浏览器"泊坞窗中单击"使用文档象创建一个新调色板"按钮，同样弹出"另存为"对话框，在对话框中输入"文件名"，选好保存位置，单击"保存"按钮，即可将文档中的色彩创建成一个新的调色板。打开的文档和创建的新调色板，如图 5-8 和图 5-9 所示。

图 5-8　打开的文档

图 5-9　新的调色板

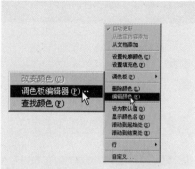

▲　"调色板编辑器"命令位置

▲　"调色板编辑器"对话框

单击"添加颜色"按钮，弹出"选择颜色"对话框，如下图所示。移动鼠标指针在色域上单击颜色，即可将单击位置上的颜色添加到"调色板编辑器"之中了，添加完毕在"选择颜色"对话框中单击"关闭"按钮。再在"调色板编辑器"当中单击"确定"按钮，即可将颜色添加到空白调色板中。

▲　"选择颜色"对话框

快捷键	功能
【N】	显示导航窗口 (Navigator window)
【Alt+F11】	运行 Visual Basic 应用程序的编辑器
【Ctrl+S】	保存当前的图形
【Ctrl+Shift+T】	打开编辑文本对话框
【X】	擦除图形的一部分或将一个对象分为两个封闭路径
【Ctrl+Z】	撤销上一次的操作
【Alt+Backspase】	撤销上一次的操作
【Shift+A】	垂直定距对齐选择对象的中心
【Shift+C】	垂直分散对齐选择对象的中心
【C】	垂直对齐选择对象的中心
【Ctrl+.】	将文本更改为垂直排布（切换式）
【Ctrl+O】	打开一个已有绘图文档
【Ctrl+P】	打印当前的图形
【Alt+F10】	打开"大小工具卷帘"
【F2】	运行缩放动作然后返回前一个工具
【Z】	运行缩放动作然后返回前一个工具
【Ctrl+E】	导出文本或对象到另一种格式
【Ctrl+I】	导入文本或对象
【Shift+B】	发送选择的对象到后页
【Shift+PageDown】	将选择的对象放置到后页
【Shift+T】	发送选择的对象到前页
【Shift+PageUp】	将选择的对象放置到前页
【Shift+R】	发送选择的对象到右面

5.2 设置轮廓线

轮廓线是构成图形对象的重要元素之一。下面讲解一下如何编辑轮廓线和设置轮廓线效果。

5.2.1 轮廓笔对话框

在工具箱中的轮廓工具组中选择"轮廓笔"按钮，轮廓工具组如图 5-10 所示。弹出的"轮廓笔"对话框，如图 5-11 所示。在"轮廓笔"对话框中可以设置轮廓样式、轮廓宽度、轮廓颜色以及是否使用书法轮廓与添加箭头等。

图 5-10 轮廓工具组

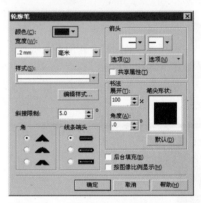

图 5-11 "轮廓笔"对话框

选项参数

"颜色"选项：可在"颜色"下拉列表中，为选中的图形对象应用所需的轮廓颜色，如图 5-12 所示。也可单击"其他"按钮，弹出"选择颜色"对话框，可以在其中直接选择所需的轮廓颜色，最后单击"确定"按钮，如图 5-13 所示。图 5-14 所示为设置不同轮廓颜色的效果对比图。

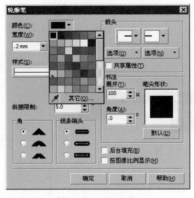

图 5-12 "颜色"下拉列表

图 5-13 "选择颜色"对话框

图 5-14　不同颜色的轮廓

　　"宽度"选项：可在"宽度"下拉列表中根据要求设置轮廓线的具体宽度值与单位，宽度值下拉列表如图 5-15 所示，单位下拉列表如图 5-16 所示。它的作用与属性栏中的"轮廓宽度"相同，需要注意的是在选择多个对象时在属性栏中无法设置选择对象的轮廓宽度，所以需要通过轮廓工具来选择或设置轮廓宽度。图 5-17 所示为不同的轮廓粗细对比效果。

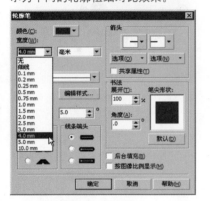 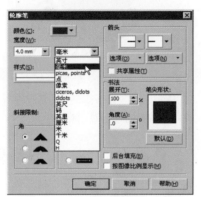

图 5-15　宽度值下拉列表　　　　　　图 5-16　单位下拉列表

图 5-17　不同的轮廓粗细的对比效果

　　"样式"选项：可在"样式"下拉列表框中根据要求设置轮廓线的不同样式。它与属性栏中的"轮廓样式选择器"作用相同，"样式"下拉列表框如图 5-18 所示。若要自定义样式效果，可单击"编辑样式"按钮，弹出"编辑线条样式"对话框，用户可根据要求进行自定义设置，如图 5-19 所示。图 5-20 所示为不同轮廓样式的对比效果。

快捷键	功能
【Ctrl+F12】	启动"拼写检查器"，检查选定文本的拼写
【Shift+L】	发送选择的对象到左面
【Alt+F12】	将文本对齐基线
【Ctrl+Y】	将对象与网格对齐（切换）
【P】	对齐选择对象的中心到页中心
【Y】	绘制对称多边形
【Ctrl+K】	拆分选择的对象
【Shift+P】	将选择对象的分散对齐舞台水平中心
【Shift+E】	将选择对象的分散对齐页面水平中心
【Ctrl+F7】	打开"封套工具卷帘"
【Ctrl+F11】	打开"符号和特殊字符工具卷帘"
【Ctrl+C】	复制选定的项目到剪贴板
【Ctrl+Ins】	复制选定的项目到剪贴板
【Ctrl+T】	设置文本属性的格式
【Ctrl+Shift+Z】	恢复上一次的"撤销"操作
【Ctrl+X】	剪切选定对象并将它放在"剪贴板"中
【Shift+Del】	剪切选定对象并将它放在"剪贴板"中
【Ctrl】+小键盘【2】	将字体大小减小为上一个字体大小设置
【F11】	将渐变填充应用到对象
【Ctrl+L】	结合选择的对象
【F6】	绘制矩形，双击该工具便可创建页框
【F12】	打开"轮廓笔"对话框
【Ctrl+F9】	打开"轮廓图工具卷帘"
【A】	绘制螺旋形，双击该工具打开"选项"对话框的"工具框"标签

125

快捷键	功能
【Ctrl+Space】	在当前工具和挑选工具之间切换
【Ctrl+U】	取消选择对象或对象群组所组成的群组
【F9】	显示绘图的全屏预览
【Ctrl+G】	将选择的对象组成群组
【Del】	删除选定的对象
【T】	将选择对象上对齐
【Ctrl】+小键盘【4】	将字体大小减小为字体大小列表中的上一个可用设置
【PageUp】	转到上一页
【Alt+↑】	将镜头相对于绘画上移
【Ctrl+Backspace】	生成"属性栏"并对准可被标记的第一个可视项
【Ctrl+F2】	打开"视图管理器工具卷帘"
【Shift+F9】	在最近使用的两种视图质量间进行切换
【F5】	用"手绘"模式绘制线条和曲线
【H】	使用该工具通过单击及拖动来平移绘图
【Alt+Backspace】	按当前选项或工具显示对象或工具的属性
【Ctrl+W】	刷新当前的绘图窗口
【E】	水平对齐选择对象的中心
【Ctrl+,】	将文本排列改为水平方向
【Alt+F9】	打开"缩放工具卷帘"
【F4】	缩放全部的对象到最大
【Shift+F2】	缩放选定的对象到最大
【F3】	缩小绘图中的图形
【G】	将填充添加到对象；单击并拖动对象实现喷泉式填充
【Alt+F3】	打开"透镜工具卷帘"
【Ctrl+F5】	打开"图形和文本样式工具卷帘"

图5-18 "样式"下拉列表框　　图5-19 "编辑线条样式"对话框

图5-20　不同轮廓样式的对比效果

"角"选项：在该栏中可以选择线条或封闭式图形转角处的形状，下面是分别设置3种转角的效果对比图，如图5-21所示。

图5-21　不同角轮廓线的对比效果

"线条端头"选项：在该栏中可以选择线条两端点处的形状，下面是分别设置3种转角的效果对比图，如图5-22所示。

图5-22　不同线条端头轮廓线的对比效果

"箭头"选项：在该下拉列表框中可为开放轮廓线应用起始箭头与终止箭头。图5-23所示为起始箭头和终止箭头选择器。也可单击"选项"按钮进行自定义箭头效果，图5-24所示为选项下拉菜单，图5-25所示为"编辑箭头尖"对话框。

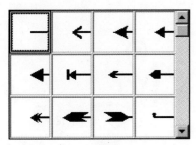
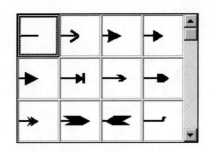

图5-23 起始箭头和终止箭头选择器

图5-24 选项下拉菜单　　图5-25 编辑箭头尖对话框

"书法"选项：可以创建书法轮廓。通过在展开与角度两个选项文本框中输入不同的数值设置书法笔触效果，并可在笔尖形状中进行预览，设置书法轮廓，如图5-26所示。

图5-26 书法轮廓效果

"后台填充"选项：如果在对象填充后台应用轮廓，请选择"后台填充"选项，如图5-27所示为勾选与不勾选的效果对比图。

图5-27 "后台填充"选项对比效果

快捷键	功能
【Alt+F4】	退出 CorelDRAW 并提示保存活动绘图
【F7】	绘制椭圆形和圆形
【D】	绘制矩形组
【M】	将对象转换成网状填充对象
【Alt+F7】	打开"位置工具卷帘"
【F8】	添加文本（单击添加"美术字"；拖动添加"段落文本"）
【B】	将选择对象下对齐
【Ctrl】＋小键盘【6】	将字体大小增加为字体大小列表中的下一个设置
【PageDown】	转到下一页
【Alt+ ↓】	将镜头相对于绘画下移
【Alt+F2】	包含指定线性标注线属性的功能
【Ctrl】＋M	添加／移除文本对象的项目符号（切换）
【Ctrl+PageDown】	将选定对象按照对象的堆栈顺序放置到向后一个位置
【Ctrl+PageUp】	将选定对象按照对象的堆栈顺序放置到向前一个位置
【Shift+ ↑】	使用"超微调"因子向上微调对象
【↑】	向上微调对象
【Ctrl+ ↑】	使用"细微调"因子向上微调对象
【Shift+ ↓】	使用"超微调"因子向下微调对象
【↓】	向下微调对象
【Ctrl+ ↓】	使用"细微调"因子向下微调对象
【Shift+ →】	使用"超微调"因子向右微调对象
【→】	向右微调对象
【Ctrl+ →】	使用"细微调"因子向右微调对象
【Shift+ ←】	使用"超微调"因子向左微调对象

快捷键	功能
【←】	向左微调对象
【Ctrl+←】	使用"细微调"因子向左微调对象
【Ctrl+N】	创建新绘图文档
【F10】	编辑对象的节点；双击该工具打开"节点编辑卷帘窗"
【Alt+F8】	打开"旋转工具卷帘"
【Ctrl+J】【Ctrl+A】	打开设置 CorelDRAW 选项的对话框
【Shift+F12】	打开"轮廓颜色"对话框
【Shift+F11】	给对象应用均匀填充
【Shift+F4】	显示整个可打印页面
【R】	将选择对象右对齐
【Alt+→】	将镜头相对于绘画右移
【Ctrl+D】	选定对象并以指定的距离偏移
【Ctrl】+小键盘【8】	将字体大小增加为下一个字体大小的设置
【Ctrl+V】	将"剪贴板"的内容粘贴到绘图中
【Shift+Ins】	将"剪贴板"的内容粘贴到绘图中
【Shift+F1】	启动"这是什么?"帮助
【Ctrl+R】	重复上一次操作
【Ctrl+F8】	转换美术字为段落文本或反过来转换
【Ctrl+Q】	将选择的对象转换成曲线
【Ctrl+Shift+Q】	将轮廓转换成对象
【I】	使用固定宽度、压力感应、书法式或预置的"自然笔"样式来绘制曲线
【L】	左对齐选定的对象
【Alt+←】	将镜头相对于绘画左移

"按图像比例显示"选项：如果希望所设置的轮廓粗细随着对象的缩放进行变化，请选择"按图像比例显示"选项，勾选与不勾选的缩放效果对比图，如图5-28所示。

图5-28 "按图像比例显示"选项的对比效果

5.2.2 轮廓线的基础编辑

删除轮廓线

如果在编辑操作中，需要将轮廓线去掉，这时可以单击调色板上的"无轮廓"⊠，即可删除轮廓线；或者在轮廓工具组中选择"无轮廓"，亦可删除轮廓线，如图5-29所示。

图5-29 轮廓工具组中"无轮廓"命令位置

将轮廓转换为对象

执行菜单"排列"/"将轮廓转换为对象"命令，可以将选中的图形对象与轮廓分离开，成为一个单独的轮廓线对象。使用该命令后，利用工具箱中的"挑选工具"可以将分离出来的轮廓线对象从原有的对象中移出，如图5-30所示。

图5-30 分离对象的轮廓

5.3 颜色填充的方法

在CorelDRAW X5中，颜色的填充方法有很多，包括调色板填充、颜色泊坞窗填充、吸管工具和油漆桶填充、智能填充。下面将详细地讲述这些内容。

5.3.1 调色板填充

为对象填充颜色最简单的方法是利用调色板填充。在调色板中某个色块上单击右键设置轮廓线颜色，如图5-31所示。单击左键设置填充颜色，如图5-32所示。

图5-31 单击右键

图5-32 单击左键

5.3.2 颜色泊坞窗填充

对象的颜色填充也可以利用"颜色"泊坞窗来填充。单击填充工具组中的按钮或者执行"窗口"/"泊坞窗"/"颜色"菜单命令均可调出"颜色"泊坞窗。

"颜色"泊坞窗中有3种调节颜色的方式：单击按钮■显示颜色滑块，如图5-33所示；单击按钮■显示颜色查看器，如图5-34所示；单击按钮■显示调色板，如图5-35所示。

图5-33 颜色滑块

图5-34 颜色查看器

图5-35 颜色调色板

5.3.3 滴管工具和颜料桶工具填充

设置好颜色后，单击"填充"按钮或者"轮廓"按钮，就为选中的对象填充上一种单色或者轮廓色。

快捷键	功能
【Ctrl+Shift+H】	显示所有可用/活动的HTML字体大小的列表
【Ctrl+N】	将文本对齐方式更改为不对齐
【Alt+F3】	在绘画中查找指定的文本
【Ctrl+B】	更改文本样式为粗体
【Ctrl+H】	将文本对齐方式更改为行宽的范围内分散文字
【Shift+F3】	更改选择文本的大小写
【Ctrl】+小键盘【2】	将字体大小减小为上一个字体大小的设置
【Ctrl+E】	将文本对齐方式更改为居中对齐
【Ctrl+J】	将文本对齐方式更改为两端对齐
【Ctrl+Shift+K】	将所有文本字符更改为小型大写字符
【Ctrl+Del】	删除文本插入记号右边的字
【Del】	删除文本插入记号右边的字符
【Ctrl+↑】	将文本插入记号向上移动一个段落
【PageUp】	将文本插入记号向上移动一个文本框
【↑】	将文本插入记号向上移动一行
【Ctrl+Shift+D】	添加/移除文本对象的首字下沉格式（切换）
【Ctrl+F10】	选定"文本"标签，打开"选项"对话框
【Ctrl+U】	更改文本样式为带下画线样式
【Ctrl+↓】	将文本插入记号向下移动一个段落
【PageDown】	将文本插入记号向下移动一个文本框

快捷键	功能
【↓】	将文本插入记号向下移动一行
【Ctrl+Shift+C】	将显示非打印字符
【Ctrl+Shift+↑】	向上选择一段文本
【Shift+Pageup】	向上选择一个文本框
【Shift+↑】	向上选择一行文本
【Ctrl+Shift+↓】	向下选择一段文本
【Shift+PageDown】	向下选择一个文本框
【Shift+↓】	向下选择一行文本
【Ctrl+I】【Ctrl+Shift+	更改文本样式为斜体
PageDown】【Ctrl+Shift+	选择文本结尾的文本
PageUp】【Ctrl+Shift+	选择文本开始的文本
Home】	选择文本框开始的文本
【Ctrl+Shift+End】	选择文本框结尾的文本
【Shift+Home】	选择行首的文本
【Shift+End】	选择行尾的文本
【Ctrl+Shift+→】	选择文本插入记号右边的字
【Shift+→】	选择文本插入记号右边的字符
【Ctrl+Shift+←】	选择文本插入记号左边的字
【Shift+←】	选择文本插入记号左边的字符
【Ctrl+Shift+S】	显示所有绘画样式的列表

对象的颜色填充还可以利用滴管工具和颜料桶工具进行。首先利用滴管工具吸取示例颜色或者对象属性，再用颜料桶工具进行填充。方法可以参考第2章中的辅助工具内容，这里不再赘述。

5.3.4 智能填充

填充任意闭合区域时可以使用"智能填充工具" 。"智能填充工具"可以检测到区域的边缘并创建一个闭合路径，只要一个或多个对象的路径完全闭合，就可以对这个闭合区域进行填充。

"智能填充工具"环绕区域创建路径，即创建一个新的对象，读者可以进行填充、移动、复制或编辑操作。这表示"智能填充工具"既可用于填充区域，也可用于创建新对象。

利用"智能填充工具"属性栏可以指定具体的填充颜色和轮廓，对区域进行填充。"智能填充工具"属性栏如图5-36所示。

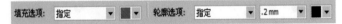

图5-36 "智能填充工具"属性栏

下面介绍"智能填充工具"填充颜色的操作步骤。

① 执行菜单"文件"/"打开"命令，打开附书光盘"05\素材3.cdr"文件，如图5-37所示。

图5-37 打开素材文件

② 在工具箱中选择"智能填充工具"，在属性栏中"填充选项"后的填充颜色的颜色块上单击，在其下拉列表框中选择所需的颜色，然后在"轮廓选项"下拉列表框中选择轮廓笔宽度，单击"轮廓选项"后的轮廓色颜色块，在弹出下拉列表框中选择所需的颜色，如图5-38所示。

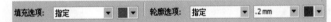

图5-38 设置属性栏

③ 移动鼠标指针到画面中要填充颜色的区域上单击，即可用刚才设置的参数进行填充，填充后的效果如图5-39所示。

④ 继续用"智能填充工具"填充花卉图形，直到完成为止，图像效果如图5-40所示。

图5-39 智能填充

图5-40 填充完毕

5.4 填充工具

在 CorelDRAW X5 中，填充工具可为图形对象应用均匀填充、渐变填充、图样填充、底纹填充、PostScript 填充、无填充等效果。

5.4.1 填充对话框

使用颜色填充对话框可以为选中的图形对象从模型、混合器、调色板3个选项中分别应用颜色填充效果。其方法是将鼠标指针移至工具箱中的"填充工具"上方按住鼠标左键不放或单击右下角的下拉按钮，在弹出的工具条中选择"彩色"，如图 5-41 所示。这时，弹出"均匀填充"对话框，用户可根据要求选取均匀颜色进行填充操作，如图 5-42 所示。利用颜色填充对话框填充颜色的操作效果，如图 5-43 所示。

图 5-41　填充工具组

图 5-42　"均匀填充"对话框

图 5-43　均匀填充效果

5.4.2 渐变填充

"渐变填充"对话框可以为选中的图形对象应用线性、射线、圆锥、方角类型的渐变填充效果。其方法是将鼠标指针移至工具箱中的"填充工具"上方按住鼠标左键不放或单击右下角的下拉按钮，在弹出的工具条中选取"渐变填充"，如图 5-44 所示。这时，弹出"渐变填充"对话框，这时可根据要求选取渐变颜色进行填充操作，如图 5-45 所示。利用"渐变填充"对话框填充颜色的操作效果，如图 5-46 所示。

图 5-44　渐变填充

快捷键	功能
【Ctrl+PageUp】	将文本插入记号移动到文本开头
【Ctrl+End】	将文本插入记号移动到文本框结尾
【Ctrl+Home】	将文本插入记号移动到文本框开头
【Home】	将文本插入记号移动到行首
【End】	移动文本插入记号到文本结尾
【Ctrl+PageDown】	将文本插入记号移动到行尾
【Ctrl+R】	将文本对齐方式更改为右对齐
【Ctrl+ →】	将文本插入记号向右移动一个字
【→】	将文本插入记号向右移动一个字符
【Ctrl】＋小键盘【8】	将字体大小增加为下一个字体大小的设置
【Ctrl+Shift+W】	显示所有可用／活动字体粗细的列表
【Ctrl+Shift+P】	显示一包含所有可用／活动字体尺寸的列表
【Ctrl+Shift+F】	显示一包含所有可用／活动字体的列表
【Ctrl+L】	将文本对齐方式更改为左对齐
【Ctrl+ ←】	将文本插入记号向左移动一个字
【←】	将文本插入记号向左移动一个字符

为命令指定键盘快捷键的方法如下：

1. 执行"工具"/"选项"，弹出"选项"对话框，选择"自定义"，如下图所示。

▲ "选项"中的"自定义"

2. 在"自定义"类别列表中单击"命令"，如下图所示。

▲ "命令"对话框

3. 单击"快捷键"选项卡，如下图所示。

▲ "快捷键"选项卡

4. 从"快捷键表"下拉列表中选择一个快捷键表，如下图所示。

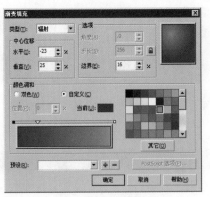

图 5-45 "渐变填充"对话框

图 5-46 "渐变填充"效果

对话框中各个选项如下：

类型：在"类型"下拉列表中可以选择渐变填充的类型，包括"线性"、"辐射"、"圆锥"或"正方形"。各个类型效果如图 5-47 所示。

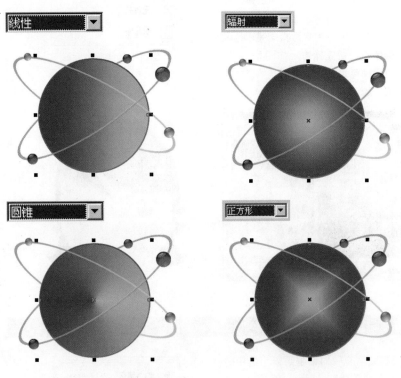

图 5-47 渐变填充各个类型的效果

中心位移：当选择的类型为"辐射"、"圆锥"或"正方形"时，"中心位移"栏中的"水平"与"垂直"选项呈可用状态，在其文本框中输入数值来试着设置渐变中心位置。范围是 -100~100 之间的数值。也可以直接在右上角的预览框中单击或拖动来确定渐变中心位置。设置不同中心位移值的效果对比，如图 5-48 所示。

选项：在该栏中可以为渐变进行角度、边界与步长值的设置。

当"类型"下拉列表中选择"线性"、"圆锥"或"正方形"时，"角度"项呈可用状态。可在其文本框中输入数值来设置渐变角度。图 5-49 所示为设置不同角度的效果对比图。

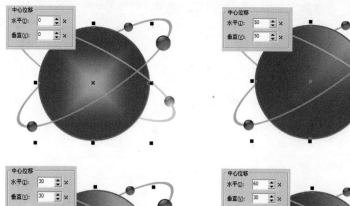

5. 从顶部列表框中选取一种命令类别。这里选择"合并单元格",可见右侧出现其默认组合键【Ctrl+M】,如下图所示。

6. 在"新建快捷键"文本框中单击,按下按键组合,设置新快捷键,然后单击右侧的"指定"按钮,即可将该快捷键指定给该命令,如下图所示。

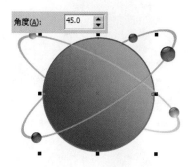

图 5-48　不同中心位移值的效果对比

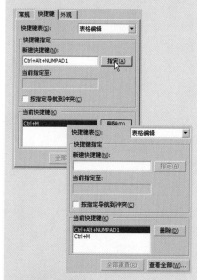

图 5-49　不同角度的效果对比

如果要设置步长值,请单击"角度"下方的▦按钮,解锁后就可以设置所需的步长值了。图 5-50 所示为设置不同步长值的对比图。

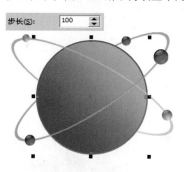

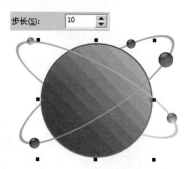

图 5-50　设置不同步长值的对比图

当"类型"下拉列表中选择"线性"、"圆锥"或"正方形"时,"边界"选项呈可用状态。可在其文本框中输入数值来设置渐变之间的颜色混合范围,范围在 0~49 之间。图 5-51 所示为设置不同边界值的效果对比图。

单击下方的"查看全部"按钮，弹出"快捷键"对话框，从这里可以看到更多更全面的默认快捷键命令，如下图所示。在其下方可以将快捷键列表导出和打印。

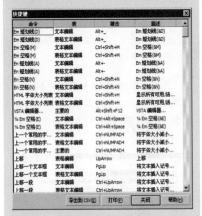

▲ "快捷键" 对话框

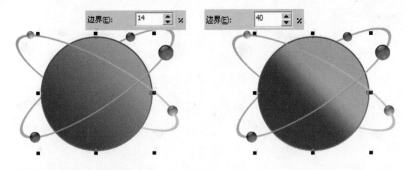

图 5-51　设置不同边界值的效果对比图

颜色调和：在该栏中可以设置要调和的颜色。

当选择"双色"单选框时，可以在"从"和"到"右侧的色块下拉调色板中选择所需的颜色，也可以在"中点"文本框中输入数值或拖动滑块来设置调和的中点位置。设置不同调和颜色的效果对比，如图 5-52 所示，不同中点位置的效果对比，如图 5-53 所示。

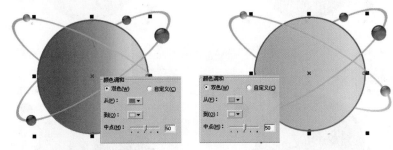

图 5-52　设置不同调和颜色的效果对比图

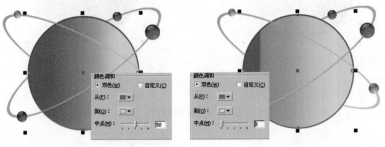

图 5-53　不同中点位置的效果对比图

选择　按钮，使调和颜色为线性调和；选择　按钮，使调和颜色为逆时针调和；选择　按钮，使调和颜色为顺时针调和。设置不同调和方向的效果对比，如图 5-54 所示。

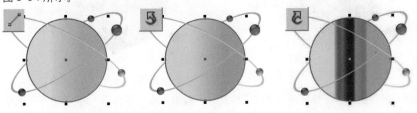

图 5-54　不同调和方向的效果对比图

当选择"自定义"单选框时，可以根据需要添加所需的色标，并依次设置色标的颜色来设置渐变颜色。添加色标后"位置"选项呈可用状态，可以在其中输入所需的数值来改变所选色标的位置。"当前"选项后的色块显示当前所选色标的颜色。
添加不同色标与颜色后的效果对比，如图5-55所示。

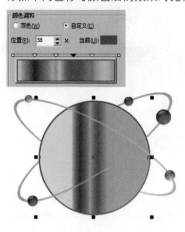

图 5-55　不同色标与颜色后的效果对比图

预设：在该下拉列表中可以选择许多预设的渐变，如图5-56所示。选择不同
的预设渐变效果，如图5-57所示。

图 5-56　预设下拉列表

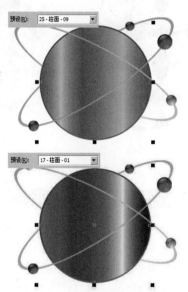

图 5-57　不同预设渐变的效果对比图

5.4.3　图样填充

　　使用"图样填充"对话框可以为选中的图形
对象应用双色、全色、位图类型的图样填充效
果。其方法是将鼠标指针移至工具箱中的"填充
工具"上方，按住鼠标左键不放或单击右下角的
下拉按钮，弹出的工具条中选择"图样填充"，如
图5-58所示。这时，弹出"图样填充"对话框，
读者可根据要求选取相关图样进行填充操作，
如图5-59所示。图5-60所示为利用"图样填充"
对话框填充图案的操作效果。

■	均匀填充	Shift+F11
■	渐变填充	F11
▦	图样填充	
✕	底纹填充	
PS	PostScript 填充	
✕	无填充	
▦	彩色(C)	

图 5-58　"填充工具"

◎　设置默认轮廓

　　执行菜单"工具"/"选项"命令，
在展开的"文档"下选择"样式"选
项。

▲　选项中的"样式"对话框

　　单击底部的"轮廓"选项右侧的
"编辑"按钮，即可在弹出的"轮廓笔"
对话框中设定各项数值，打开"样式"
对话框，如下图所示。设置完成后，单
击"确定"按钮，即可将设置的轮廓
属性作为默认的轮廓属性。

▲　"轮廓笔"对话框

　　还可以在绘图中设置当前默认的
轮廓颜色属性。选择工具箱中的"挑
选工具"，单击绘图区的空白处，取消
所有选择对象，再单击调色版中的任
意一种颜色，弹出"轮廓笔"对话框。
选中"图形"复选框，可以将所选的
颜色作为默认轮廓颜色。

▲　"轮廓颜色"对话框

当选择"双色"模式时，在"图样填充"对话框中用户可以自定义图案的前景色和背景色，单击"装入"按钮可以载入已有的图案。单击"创建"按钮时，弹出"双色图案编辑器"对话框，如下图所示。

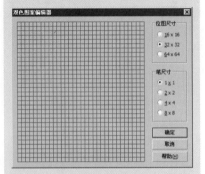

▲ "双色图案编辑器"对话框

可以在对话框中单击鼠标，绘制自己喜欢的图案，单击右键可删除多余的点，绘制图案，如下图所示。

▲ 绘制图案

绘制完毕，单击"确定"按钮，回到"图样填充"对话框，为图案选择填充的颜色，单击右上角的颜色块，弹出下拉调色板，如下图所示。

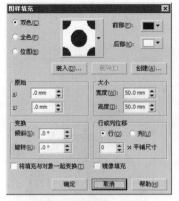

图 5-59 "图样填充"对话框

图 5-60 "图样填充"效果

双色图样填充由两种颜色组成；全色图样则是比较复杂的矢量图形，由线条和填充组成；位图图样填充是一种位图图像，其复杂性取决于其大小、图像分辨率和位深度。其对比效果，如图 5-61 所示。

双色图样　　　　　　全色图样　　　　　　位图图样

图 5-61 "图样填充"类型的对比效果

5.4.4 底纹填充

使用"底纹填充"对话框，可以为选中的图形对象从不同样本底纹库中调用各种底纹效果。其方法是将鼠标指针移至工具箱中的"填充工具"上方，按住鼠标左键不放或单击右下角的下拉按钮，在弹出的工具条中选取"底纹填充"，如图 5-62 所示。这时，弹出"底纹填充"对话框，读者可根据要求选取相关底纹进行填充操作，如图 5-63 所示。图 5-64 所示为利用"底纹填充"对话框填充底纹的操作效果。

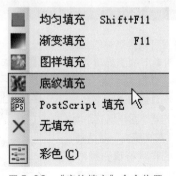

图 5-62 "底纹填充"命令位置

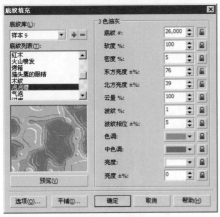

图 5-63 "底纹填充"对话框　　　　图 5-64 "底纹填充"效果

在"底纹填充"对话框中包含了 CorelDRAW X5 为用户提供的 300 多种底纹样式及材质，有格言、海洋、灰泥、麦粥、棉花球，等等。图 5-65 所示为其中的几种底纹填充材质。

设置前部为橙色，后部为橙红色；宽度和高度均为 50mm。单击"确定"按钮完成图案设置，图案填充颜色设置，如下图所示。

▲ 设置颜色

填充完成的图案如下图所示，可以看到图案在图形内部平铺开。

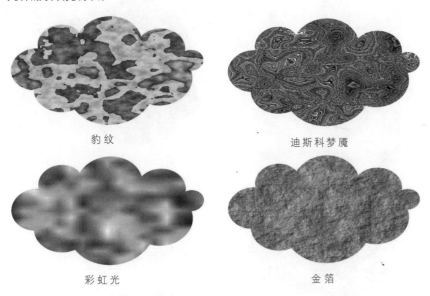

豹纹　　　　　　迪斯科梦魇

彩虹光　　　　　金箔

图 5-65 "底纹填充"的填充材质

▲ 图像效果

5.4.5 PostScript 底纹填充

PostScript 底纹填充是由 PostScript 语言编写出来的一种底纹，其中有些底纹非常复杂，因此包含 PostScript 底纹填充的对象在打开或打印时需要的时间较长。

使用"PostScript 底纹"对话框可以为选中的图形对象选取并应用不同的 PostScript 底纹效果。其方法是将鼠标指针移至工具箱中的"填充工具"上方，按住鼠标左键不放或单击右下角的下拉按钮，在弹出的工具条中选取"PostScript 填充"，如图 5-66 所示。这时，弹出"PostScript 底纹"对话框，可根据要求选取相关的 PostScript 底纹进行填充操作，如图 5-67 所示。图 5-68 所示为利用"PostScript 底纹"对话框填充 PostScript 底纹的操作效果。

均匀填充	Shift+F11
渐变填充	F11
图样填充	
底纹填充	
PostScript 填充	
无填充	
彩色(C)	

图 5-66 "PostScript 填充"命令位置

PostScript 填充参数设置

PostScript 底纹填充每种纹理都有自己对应的参数，在"PostScript 底纹"对话框中可以设置"参数"，这里以"彩色玻璃"为例，如下图所示。

▲ "参数"选项

"频度"可以控制底纹的频率，使底纹图案放大或缩小，将"频度"设置为15，图像效果如下图所示。

▲ "频度"为15

将"频度"设置为5，图像效果如下图所示。

▲ "频度"为5

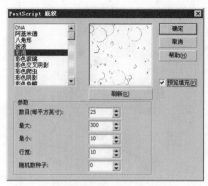

图 5-67 "PostScript 填充"对话框

图 5-68 "PostScript 填充"效果

在"PostScript 底纹"对话框中，包含了 CorelDRAW X5 为用户提供的 50 多种 PostScript 底纹样式，有 DNA、阿基米德、八角形、波浪、彩泡，等等。图 5-69 所示为其中的几种 PostScript 底纹填充材质。

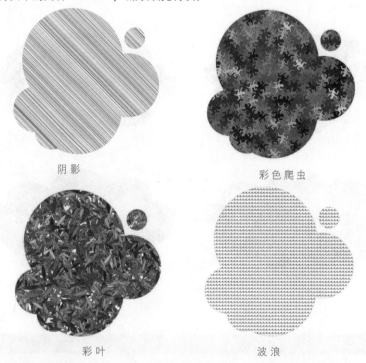

阴影　　　　　　　　彩色爬虫

彩叶　　　　　　　　波浪

图 5-69 "PostScript 底纹"的填充材质

5.4.6　无填充

使用无填充工具可以将选中图形对象的所有填充效果取消。其方法是将鼠标指针移至工具箱中的"填充工具"上方，按住鼠标左键不放或单击右下角的下拉按钮，在弹出的工具条中选择"无填充"，如图 5-70 所示。

	均匀填充	Shift+F11
渐变填充		F11
图样填充		
底纹填充		
PostScript 填充		
X	无填充	
彩色(C)		

图 5-70 "无填充"命令位置

5.5 交互式填充

在CorelDRAW X5中，交互式填充工具组中包括"交互式填充工具"和"交互式网状填充工具"。交互式填充可更加灵活、快捷地为对象填充色彩。

5.5.1 交互式填充工具

"交互式填充工具"可以灵活方便地进行填充，可为图形对象应用均匀填充、渐变填充、双色图样填充、全色图样填充、位图图样填充、底纹填充等效果。

其方法是将鼠标指针移至工具箱中的"交互式填充工具"上方，按住鼠标左键不放或单击右下角的下拉按钮，在弹出的下拉列表中选择"交互式填充"，如图5-71所示。

图 5-71 "交互式填充"命令位置

"交互式填充工具"可以说是所有填充工具的综合按钮，在工具箱中选择"交互式填充"，默认状态下的属性栏如图5-72所示。

图 5-72 "交互式填充工具"属性栏

"交互式填充工具"属性栏参数如下：

"填充样式"选项：单击此选项的下拉按钮，在其下拉列表中包括前面学过的所有填充效果，如均匀填充、、双色图样、全色图样、位图图样、底纹填充等。

"复制填充属性"按钮：单击此按钮可以给一个图形复制另一个图形的属性。

下面介绍"交互式填充"填充对象的操作步骤。

① 执行菜单"文件"/"打开"命令，打开附书光盘"05\素材4.cdr"文件，如图5-73所示。

② 在工具箱中选择"交互式填充工具"，在属性栏中的"填充样式"上单击，在其下拉列表框中选择"线性"，如图5-74所示。

图 5-73 打开素材

图 5-74 选择线性渐变

"行宽"可以控制底纹的行间距离，将"行宽"设置为10，图像效果如下图所示。

▲ "行宽"为10

将"行宽"设置为50，图像效果如下图所示。

▲ "行宽"为50

技巧提示

在"交互式填充"属性栏中"填充样式"选项下，选择"无填充"选项以外的其他任何选项时，属性栏中的其他参数才处于可用状态。当在"填充样式"选项的下拉列表中选择不同的填充效果时，属性栏中的参数也将会随所选择的填充样式的不同而改变。

设置"交互式填充工具"渐变

在"交互式填充"使用状态下，设置填充色彩有两种方法。

第一种：在"渐变填充"对话框中设置渐变。选中利用"交互式填充"制作的渐变图形，按快捷键【F11】，弹出"渐变填充"对话框，如下图所示。前面章节已经讲过"渐变填充"对话框中设置渐变的方法，这里就不详细讲解了。

▲ "渐变填充"对话框

第二种：在调色板或者颜色泊坞窗中选择颜色，需要添加渐变色的时候，可以拖动颜色到控制点之间的虚线上，如下图所示。

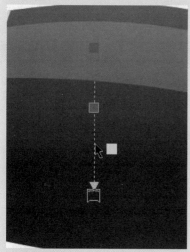

▲ 拖动颜色到虚线上

释放鼠标，颜色添加到图像当中，如下图所示。

③ 在气艇的身部由上至下拖动鼠标指针，创建渐变填充，可以看到控制点上即填充渐变的颜色，如图5-75所示。

④ 在调色板上单击需要的颜色，或者将调色板上颜色拖动到控制点上，即可更改渐变颜色，单击另外一个节点，更改另外节点颜色，其效果如图5-76所示。

图5-75 绘制渐变　　　　　图5-76 更改颜色

5.5.2 交互式网状填充工具

使用"交互式网状填充工具"可以对选择定义的网格进行颜色填充，还可以通过设置不同的网格数量进行调整，从而改变填充颜色的效果。"交互式网状填充工具"的属性栏如图5-77所示。

图5-77 "交互式网状填充工具"属性栏

"交互式网状填充工具"属性栏参数如下：

"网格大小"选项：可分别设置网格水平和垂直数目的多少，从而决定图形中网格的大小。

"选取范围模式"列表框：可以在列表框中选择一种选取范围的模式来选择节点，调整整个网状区域的形状。

"添加交叉点"按钮：单击此按钮，可以在图形的网格中添加节点。

"删除交叉点"按钮：单击此按钮，可以在图形的网格中删除节点。

"曲线平滑度"数值框：在此输入数值可以更改节点数量，调整曲线的平滑度。

"平滑网状颜色"按钮：单击此按钮平滑网状填充中的颜色外观。

"透明度"数值框：在此输入数值可以为选定的网状填充范围应用颜色透明度。

"复制网状填充属性自"按钮：当选取了一个图形时，单击此按钮可以将当前绘图窗口中已有的交互式网状填充复制到当前选取的图形中。

"清除网状"按钮：单击此按钮，可以将图形中的网状填充颜色删除。

下面介绍"交互式网状填充工具"填充对象的操作方法。

① 执行菜单"文件"/"打开"命令，打开附书光盘"05\素材5.cdr"文件，如图5-78所示。

② 选择背景图形，在工具箱中选择"交互式网状填充工具"，背景图形上就显示了多个网格，如图5-79所示。

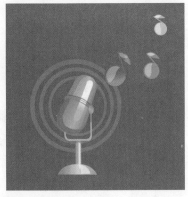

图 5-78　打开素材

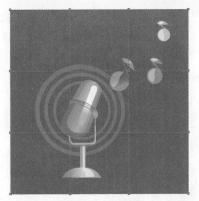

图 5-79　选择线性渐变

③ 在属性栏的"网格大小中"分别设定"列"与"行"均为"4"，以添加网格，如图 5-80 所示。

④ 移动指针指针到画面中需要选择的节点上拖曳出一个虚框，框选节点，在默认的 CMYK 调色板中单击白色，即可对选中的节点进行颜色填充，如图 5-81 所示。

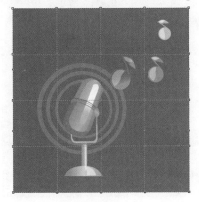

图 5-80　设置"网格大小"

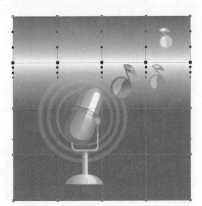

图 5-81　填充颜色

⑤ 用鼠标指针拖动节点，可以改变颜色的位置，拖动控制柄，调节颜色位置，图像效果如图 5-82 所示。

⑥ 再次选取节点，填充颜色并且移动调整节点位置，最终图像效果如图 5-83 所示。

图 5-82　移动节点位置

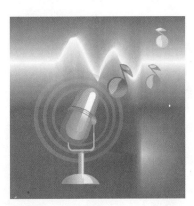

图 5-83　最终效果

▲　添加渐变颜色

"射线"、"圆锥"和"正方形"等填充样式都可以用这样的方法进行设置渐变色和位置。如下图所示为"射线"渐变和位置的变化。

▲　"射线"控制点颜色和位置

▲　"射线"控制点颜色和位置

🔘 添加节点

在"交互式网状填充工具"使用状态下，可以添加或减少网格上节点。需要添加节点时，在需要添加的位置上单击鼠标，然后单击属性栏上的"添加交叉点按钮"，或者双击鼠标即可添加节点，如下图所示。

▲ 添加节点

需要删除节点时，在需要添加的位置上单击鼠标左键，然后单击属性栏上的"删除节点"按钮，或者在节点上双击鼠标即可删除节点，如下图所示。

▲ 删除节点

"交互式网状填充工具"的用途非常大，利用"交互式网状填充工具"可以制作出很多精美的图形，能够达到其他工具所不能达到的特殊效果，可以让颜色融合非常自然。下面是两个"交互式网格工具"的效果图，如图 5-84 所示。

图 5-84　"交互式网格工具"的效果图

CorelDRAW X5 入门与实例技术大全

06 Chapter
组织和管理对象

CorelDRAW X5中图像是由图形对象所构成的，图形对象的组织和管理是辅助绘图的重要功能，只有牢牢地掌握这些功能，才能制作出更优秀的艺术作品。在这一章中，我们主要讲解矢量图形对象的排序、对齐与分布、对象造型运算、群组对象、结合与拆分、锁定与解锁、几何图形转换为曲线和对象管理器，等等。

在调整对象的顺序时，经常要对对象进行选取，在对被遮挡的下面的图形选取时，直接选取是不可行的。这时有以下几种方法：

1. 按住【Alt】键，在后面图形的位置上单击鼠标即可逐步往后选取，如下图所示。

▲ 逐步往后选择

2. 对于后面图形比前面图形小很多的情况下，也可以拖动鼠标指针按后面图形大致的大小进行框选，如下图所示。

6.1 安排对象的次序

在CoreIDRAW X5中，图形对象之间按照顺序层层排列，组成用户所需要的图像效果，图形对象之间的前后顺序是可以调整的。下面来讲解图形对象的次序调整方法。

执行"排列"/"顺序"命令可将程序界面中选中的图形对象排列到指定位置。其方法是执行菜单"排列"/"顺序"命令，弹出"顺序"子菜单，如图6-1所示。

图6-1 "顺序"子菜单

调整顺序的操作步骤如下：

① 执行菜单"文件"/"打开"命令，打开附书光盘"06\素材1.cdr"文件，如图6-2所示。

② 执行菜单"排列"/"顺序"/"到页面后面"命令，可将选定的图形对象排列到当前程序页面的最底层，如图6-3所示；反之则可将选定的图形对象排列到当前程序页面的最顶层。

图6-2 打开素材

图6-3 到图层后面

③ 选中红色手套执行菜单"排列"/"顺序"/"到图层前面"命令，可将选定的图形对象排列到当前程序图层的最顶层，如图6-4所示；反之，则可将选定的图形对象排列到当前程序图层的最底层。

④ 执行菜单"排列"/"顺序"/"向后一层"命令，可将选定的图形对象向后层排列一个位置，为了看得更加清楚，将蓝色手套向下移动一些，可以看到图形对象层叠的顺序，如图6-5所示；反之，可将选定的图形对象向前层排列一个位置。

图6-4 到图层前面

图6-5 向后一层

⑤ 选择黄色手套，执行菜单"排列"/"顺序"/"置于此对象前"命令，此时鼠标指针变成黑色箭头，如图6-6所示。单击红色手套，即可将选定的图形对象排列到单击所指定的图形对象前面，如图6-7所示；反之执行"置于此对象后"命令，即可将选定的图形对象排列到单击所指定的图形对象后面。

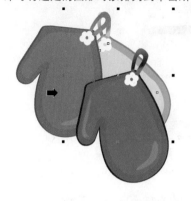

图6-6　鼠标变成黑色箭头

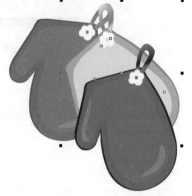

图6-7　置于此对象前

⑥ 选择所有的手套，执行菜单"排列"/"顺序"/"翻转顺序"命令，可将选定的多个图形对象的顺序前后全部翻转过来，如图6-8所示，手套排列的顺序与之前的层叠顺序完全相反。

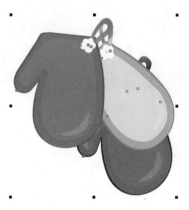

图6-8　翻转顺序

6.2 对齐与分布对象

在CorelDRAW X5中，执行"对齐和分布"命令可将程序界面中的多个图形对象进行对齐与分布。执行菜单"排列"/"对齐和分布"命令，弹出的子菜单，如图6-9所示。

图6-9　"对齐与分布"子菜单

▲ 按大小框选

▲ 框选

📷 调整顺序的快捷键

在调整对象的顺序时为了方便经常要用到快捷键，快捷键如下：

快捷键	功能
【Ctrl+Home】	"到页面前面"
【Ctrl+End】	"到页面后面"
【Shift+PgUp】	"到图层前面"
【Shift+PgDn】	"到图层后面"
【Ctrl+PgUp】	"向前一层"
【Ctrl+PgDn】	"向后一层"

145

要将所有图形对象在程序界面中进行更加复杂的对齐和分布设置，可执行菜单"排列"/"对齐和分布"/"对齐和分布"命令，即可弹出"对齐与分布"对话框；或者是从属性栏中打开，当选中几个需要对齐和分布的图形对象时，在属性栏中单击"对齐和分布"按钮 ，也可弹出"对齐与分布"对话框。

例如，需要将对象既下对齐又右对齐，这时将"下"和"右"选中，然后单击"应用"按钮，就可以将选中的图形对象按照需要进行对齐了，效果如下图所示。

▲ 原图

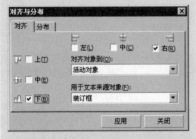

▲ 选中"右"和"下"

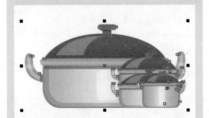

▲ 应用后的效果

6.2.1 对齐对象

执行"对齐和分布"子菜单最下方"对齐与分布"命令，弹出"对齐与分布"对话框，如图6-10所示。选择对齐选项卡，功能与"对齐与分布"子菜单中的命令大致相同，但是可以操作更加复杂的对齐方式。

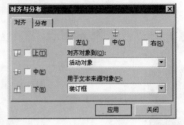

图6-10 "对齐与分布"对话框

对齐的操作步骤如下：

① 执行菜单"文件"/"打开"命令，打开附书光盘"06\素材2.cdr"文件，如图6-11所示。

② 要将所有图形对象左对齐，可全选图形对象后，执行菜单"排列"/"对齐和分布"/"左对齐"命令，效果如图6-12所示。

图6-11 打开素材　　　　　　　图6-12 左对齐

③ 按【Ctrl+Z】组合键返回素材刚刚打开的状态，要将所有图形对象右对齐，可全选图形对象后，执行菜单"排列"/"对齐和分布"/"右对齐"命令，效果如图6-13所示。

④ 按【Ctrl+Z】组合键返回，要将所有图形对象水平居中对齐，可全选图形对象后，执行菜单"排列"/"对齐和分布"/"水平居中对齐"命令，效果如图6-14所示。

图6-13 右对齐　　　　　　　图6-14 水平居中对齐

⑤ 按【Ctrl+Z】组合键返回，要将所有图形对象顶端对齐，可全选图形对象后，执行菜单"排列"/"对齐和分布"/"顶端对齐"命令，效果如图6-15所示。

⑥ 按【Ctrl+Z】组合键返回，要将所有图形对象底端对齐，可全选图形对象后，执行菜单"排列"/"对齐和分布"/"底端对齐"命令，效果如图6-16所示。

图6-15　顶端对齐

图6-16　底端对齐

⑦ 按【Ctrl+Z】组合返回，要将所有图形对象垂直居中对齐，可全选图形对象后，执行菜单"排列"/"对齐和分布"/"垂直居中对齐"命令，效果如图6-17所示。

图6-17　垂直居中对齐

6.2.2　分布对象

执行"对齐和分布"子菜单最下方"对齐与分布"命令，弹出"对齐与分布"对话框，单击"分布"选项卡，如图6-18所示，可以设置比"对齐与分布"子菜单中的命令更加复杂的分布方式。

图6-18　"分布"选项卡

分布图形的操作步骤如下：

① 仍旧以"素材2.cdr"为例，每一步操作都从素材刚打开时的状态开始。要将所有图形对象在页面居中，可全选图形对象后，执行菜单"排列"/"对齐和分布"/"在页面居中"命令，效果如图6-19所示。

② 要将所有图形对象在页面垂直居中，可全选图形对象后，执行菜单"排列"/"对齐和分布"/"在页面垂直居中"命令，效果如图6-20所示。

"对齐对象到"选项可以让对象按照选项要求对齐对象到某个参照物。单击"对齐对象到"下拉按钮，弹出下拉列表，如下图所示。

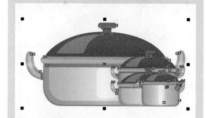
▲ "对齐对象到"下拉列表

仍然选中"右"和"下"选项，在"对齐对象到"下拉列表中选择不同的选项，然后单击"应用"按钮，得到的对齐效果对比如下图所示。

▲ 活动对象

▲ 页边

▲ 页面中心

147

▲ 网格

▲ 指定点

图6-19　在页面居中

图6-20　在页面垂直居中

③ 要将所有图形对象在页面水平居中，可全选图形对象后，执行菜单"排列"/"对齐和分布"/"在页面水平居中"命令，效果如图6-21所示。

图6-21　在页面水平居中

6.3　合并与拆分

执行"合并与拆分"命令可将两个或多个图形结合成为一个图形，也可以将一个复杂图形拆分为两个或多个图形。"合并"和"拆分"命令，如图6-22所示。

| | 合并(C) | Ctrl+L |
| | 拆分阴影群组(B) | **Ctrl+K** |

图6-22　"合并"与"拆分"命令

选取多个图形对象后，执行菜单"排列"/"合并"命令，可将程序界面中两个或多个不同属性的图形进行处理，叠加处被镂空，最终属性根据最底层的对象属性来定。

执行菜单"排列"/"拆分"命令，可将合并的图形对象拆分为具有相同属性的对象，拆分后的图形对象属性不会还原到原始状态。

图6-23、图6-24和图6-25所示为合并前原对象、合并后对象、拆分后对象的对比效果。

图 6-23 原对象

图 6-24 合并后对象

图 6-25 拆分后对象

6.4 群组对象

在 CorelDRAW X5 中，执行"群组与取消群组"命令可将多个图形对象组合在一起，在旋转移动等操作上类似于一个对象，也可以将群组的图形取消群组，作为单个的对象进行编辑。其方法执行菜单"排列"/"群组"/"取消群组"或"取消全部群组"命令，如图 6-26 所示。

图 6-26 群组和取消群组命令

选取多个图形对象后，执行菜单"排列"/"群组"命令可将程序界面中两个或多个不同属性的图形对象群组为一体，便于整体的位移、大小设置等操作。另外，群组命令还可将其他的群组对象多次嵌套进来。

执行菜单"排列"/"取消群组"命令，可将最近一次群组取消，为基本群组效果。

执行菜单"排列"/"取消全部群组"命令，可将程序界面中的所有群组效果取消为最基本的图形对象效果，其原始属性保持不变。要创建群组或取消群组操作也可在选中图形对象后配合属性栏单击其群组或取消群组按钮完成基本操作。

群组和取消群组的操作步骤如下：

① 执行菜单"文件"/"打开"命令，打开附书光盘"06\素材 2.cdr"文件，如图 6-27 所示。

② 选择其中两个杯子，执行菜单"排列"/"群组"命令，并且将这两个杯子进行移动，此时群组后的图形犹如一个图形一样，如图 6-28 所示。

图 6-27 打开素材

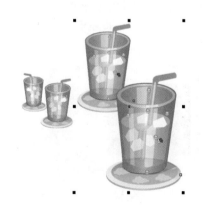

图 6-28 群组图形

属性栏中合并和拆分按钮

在选择"挑选工具"的状态下，选择两个独立的图形时，在其属性栏中包含"合并"按钮 ◨，组合键为【Ctrl+L】。如果选中合并的对象时，属性栏上会显示"拆分"按钮 ◨，单击此按钮可以取消合并的状态。"合并"按钮和"拆分"按钮位置。

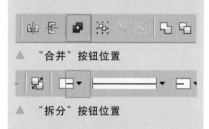

▲ "合并"按钮位置

▲ "拆分"按钮位置

拆分命令的多种使用方法

取消对象合并状态时，使用的拆分功能是通过"排列"/"拆分"命令，组合键为【Ctrl+K】，拆分命令不仅使用在合并对象的拆分过程中，而且还对应用矢量特殊效果调和、轮廓图、立体化、阴影等效果的对象进行拆分。选择这些应用特殊效果的对象后，再查看"排列"菜单即可发现，拆分命令的名称更换为相关效果名称的拆分命令。虽然命令的名称发生了变化，但该命令的组合键并没有改变。因此不论是合并对象，还是应用特殊效果的对象，只要进行拆分，按下组合键【Ctrl+K】即可。

在绘制图形的时候，很多情况下需要某图形既透明又有羽化的边缘。这时候可以利用"交互式阴影工具"制作出某图形的阴影，阴影的效果便是在不将矢量图形转化为位图的情况下，既透明又有羽化的边缘。然后选择该图形的阴影，将制作的阴影拆分出来即可，拆分的方法如下图所示。

▲ 制作出阴影

▲ "拆分阴影群组"命令位置

▲ 分离完毕

③ 执行菜单"排列"/"取消群组"命令，可将最后一次群组取消，分别移动取消群组的杯子时会发现第一次群组的两个杯子还处在群组状态，但是最后一次群组的杯子已经取消了群组，如图 6-29 所示。

④ 按【Ctrl+Z】组合键，返回到全部群组的状态，执行菜单"排列"/"取消全部群组"命令，这时再移动杯子，发现杯子已经全部取消群组，甚至于杯子的部分图形也都取消了群组，如图 6-30 所示。

图 6-29　取消群组并移动　　　　图 6-30　全部取消群组

6.5　锁定与解锁对象

执行"锁定与解除锁定对象"命令，可将程序界面中的图形对象进行锁定或解除锁定。其方法是执行菜单"排列"/"锁定对象"等命令，如图 6-31 所示。

图 6-31　锁定与解除锁定

执行菜单"排列"/"锁定对象"命令，可将程序界面中的单个、多个或群组的图形对象进行锁定，不能进行移动、填充等操作。

执行菜单"排列"/"解除锁定对象"命令，可将锁定的指定对象进行解锁，使其便于进行移动、填充等操作。

执行菜单"排列"/"解除锁定全部对象"命令，可将程序界面中所有的图形对象进行解锁，使其便于进行移动、填充等操作。

图 6-32 和图 6-33 所示为锁定对象与解除锁定对象的效果对比。

图 6-32　锁定对象　　　　　　图 6-33　解除锁定对象

6.6 造型

在CorelDRAW X5中，执行"造型"命令可使程序界面中的两个或多个图形对象进行焊接、修剪、相交、简化、前减后、后减前操作，创建出新的对象。其方法是执行菜单"排列"/"造型"命令，弹出子菜单，如图6-34所示。

	合并(W)
	修剪(T)
	相交(I)
	简化(S)
	移除后面对象(P)
	移除前面对象(R)
	边界(B)
	造形(F)

图 6-34 "造型"命令位置

6.6.1 焊接

选中多个图形对象，执行菜单"排列"/"造型"/"焊接"命令，可将多个图形对象结合为一个图形对象。如果是框选的图形对象，则焊接后的最终属性与最下方的图形对象属性一致；如果是使用"挑选工具"配合【Shift】键加选图形对象，则焊接后最终属性与最后选中的图形对象属性一致；其他造型命令属性变化与此一致。图6-35所示为焊接前与焊接后的对比效果。

图 6-35 焊接前与焊接后的对比效果

6.6.2 修剪

选中多个图形对象，执行菜单"排列"/"造型"/"修剪"命令，可利用目标图形对象移除与原图形对象间重叠的区域，创建不规则的对象。图6-36所示为修剪前与修剪后的效果对比。

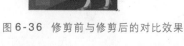

图 6-36 修剪前与修剪后的对比效果

执行菜单"排列"/"造型"/"造型"命令或者执行菜单"窗口"/"泊坞窗"/"造型"命令打开造型泊坞窗，如下图所示。

▲ "造型"泊坞窗

在造型泊坞窗中可以设置来源对象和目标对象是否保留。

例如，在造型样式中选择"相交"，选中"来源对象"复选框，单击"相交对象"按钮，鼠标指针变成 图样，如下图所示。

▲ 造型泊坞窗

单击后面的图形，得到相交后的图形，用"挑选工具"将该图形移动，可以看到下面有源图像，效果如下图所示。

如果取消"来源对象"复选框再选择这两个图形，进行"相交"造型操作，得到图形效果如下图所示，没有保留源图像。

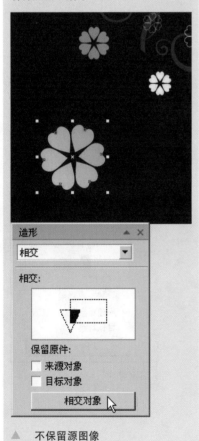

6.6.3 相交

选中多个图形对象，执行菜单"排列"/"造型"/"相交"命令，可在两个或多个图形对象的重叠处产生一个新的对象。图6-37所示为相交前与相交后的对比效果。

图6-37 相交前与相交后的效果对比

6.6.4 简化

选中多个图形对象，执行菜单"排列"/"造型"/"简化"命令，可减去后面图形对象中与前面图形对象的重叠部分。图6-38所示为简化前与简化后的对比效果。

图6-38 简化前与简化后的效果对比

6.6.5 前减后

选中多个图形对象，执行菜单"排列"/"造型"/"前减后"命令，可减去后面的图形对象及前、后图形对象的重叠部分，只保留前面图形对象的剩下部分。图6-39所示为前减后之前与前减后之后的效果对比。

图6-39 前减后之前与前减后效果对比

选中多个图形对象,执行菜单"排列"/"造型"/"后减前"命令,可减去前面的图形对象及前、后图形对象的重叠部分,只保留后面图形对象的剩下部分。图6-40所示为后减前之前与后减前之后的效果对比。

图6-40 后减前之前与后减前之后的效果对比

6.7 将几何图形转换为曲线

在CorelDRAW X5中,执行"转换为曲线"命令可将程序界面中的矩形、椭圆形、多边形、星形、完美形状、美术字、段落文字等转换为曲线对象。曲线对象的节点和控制手柄可借助于工具箱中的"形状工具"进行调节操作。其方法是执行菜单"排列"/"转换为曲线"命令,如图6-41所示。

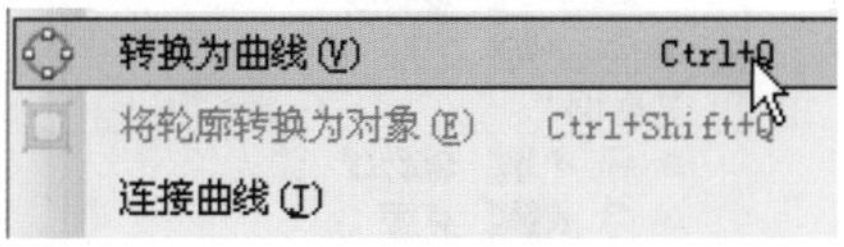

转换为曲线(V)	Ctrl+Q
将轮廓转换为对象(E)	Ctrl+Shift+Q
连接曲线(J)	

图6-41 "转换为曲线"命令位置

在工具箱中选择"文字工具",在属性栏中设置要输入文字的字体、大小,移动鼠标指针到程序界面中单击,出现闪烁的光标后,输入文字"EASY",如图6-42所示。

要将当前文字转换为曲线并创建艺术字效果,可在选中文字后,执行菜单"排列"/"转换为曲线"命令,在文字中出现了很多的节点和控制手柄,如图6-43所示。选择工具箱中的"形状工具",选中节点或控制手柄,并进行调节操作,最终效果如图6-44所示。

EASY

图6-42 输入文字

EASY

图6-43 转换为曲线

造型功能注意事项

1. 在选择两个以上对象的状态下,在曲线对象和美术文本对象中可以应用造型功能,但在包括段落文本对象或位图对象的情况下,则不能应用造型功能。使用结合功能的时候,曲线对象或美术对象若处于群组状态,则不可以进行运算,因此首先要取消群组后再进行结合。

2. 使用造型功能的时候,有必要掌握一下指定来源对象和目标对象的原理。

当拖动操作或全选功能进行选择的情况下,利用拖动操作来进行选择时,以对象的排列顺序为基准,最后面的对象成为目标对象,而其余对象成为来源对象。

当单击进行选择的情况时,最后加选的对象称为目标对象。

3. 对两个以上的对象应用造型功能的时候,不论原来对象有何特性,执行后生成的对象自动成为曲线对象。例如,美术文本与椭圆形图形进行造型后,美术文本会自动成为曲线对象,即使执行拆分命令后也不会恢复原来的美术文本属性。

创建围绕选定对象的新对象

在工具箱中选择"挑选工具",选中多个图形对象。这时属性栏中显示"创建围绕选定对象的新对象"按钮,单击此按钮,可以根据所有选中图形对象重叠后的轮廓创建新图形。下图所示为执行"创建围绕选定对象的新对象"前后的对比效果。

▲ "创建围绕选定对象的新对象"按钮

▲ "创建围绕选定对象的新对象"前后的对比效果

图 6-44 调节节点

6.8 对象管理器

使用对象管理器可以创建图层、重命名图层、复制图层、移动图层、显示或隐藏图层、锁定或解锁图层、删除图层、改变图层顺序等。

执行菜单"工具"/"对象管理器"命令,弹出如图 6-45 所示的"对象管理器"泊坞窗。该泊坞窗显示的内容,表示当前文件中的对象情况。

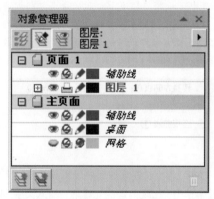

图 6-45 "对象管理器"泊坞窗

"对象管理器"泊坞窗中有许多的小图标,其中的每一个图标代表着绘图窗口中的一个对象。也就是说绘图窗口中的每一个对象在"对象管理器"泊坞窗中都有一个相对应的图标,并且每一个图标的后面都有简单的说明与结束。

"对象管理器"泊坞窗选项参数如下:

"显示对象属性"按钮:此按钮处于激活状态时,在"对象管理器"中将显示对象的填充色、轮廓和形状等属性。

"跨图层编辑"按钮:此按钮处于激活状态时,可以在不同图层之间编辑对象;此按钮没有被激活时,则只能在一个图层中进行编辑对象。

"图层管理器查看"按钮:此按钮处于激活状态时,在"对象管理器"中只显示所有的图层,而不显示图层中的对象。

"新建图层"按钮:单击此按钮可以创建新图层。

■"新建主图层"按钮：单击此按钮可以创建主图层。所谓主图层，是指无论当前文件有多少个页面，每一个页面中将都包含主图层中的对象。

　　■"删除图层"按钮：单击此按钮可以将当前选取的图层或对象删除。

　　●"显示或隐藏"图标：设置对象是否在绘图窗口中显示。当在此图标上单击鼠标将其设置为灰色时，此对象在绘图窗口中不显示。

　　●"启用还是禁用打印和导出"图标：设置对象是否打印。当在此图标上单击鼠标将其设置为灰色时，此对象在打印时将不被打印。

　　●"锁定或解除锁定"图标：设置对象是否可以进行编辑。当在此图标上单击鼠标将其设置为灰色时，此对象在绘图窗口中不能被编辑，相当于被锁定。

创建图层

　　在"对象管理器"泊坞窗中单击"新建图层"按钮，便会显示一个文本框。该文本框中显示了该图层的默认名称，如图 6-46 所示，用户可以根据需要输入所需的名称，然后按【Enter】键确认图层名称，即可新建一个图层，如图 6-47 所示。

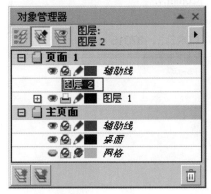

图 6-46　新建图层

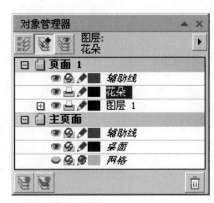

图 6-47　输入名称

改变图层顺序

　　移动鼠标指针到"对象管理器"泊坞窗中要移动的图层上，按下左键向下拖动到适当的位置，当图层上的线呈粗线状时，如图 6-48 所示，释放鼠标即可将该图层移动到指定的位置，如图 6-49 所示。

图 6-48　拖动图层

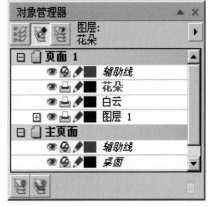

图 6-49　移动到指定位置

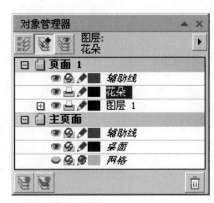
对象管理器的功能

　　1. 在 CorelDRAW 中，默认情况下每个页面提供一个图层，单一图层中存在很多对象，因此不便于管理时，可以利用对象管理器添加图层来系统化地进行管理。

　　2. 在 CorelDRAW 中制作的所有对象均有自己的名称，在对象管理器中可以单击该名称进行选择，必要时也可以更改其名称。在文档窗口中选择对象，在对象管理器中也能够突出显示该对象名称；在对象管理器中选择对象名称也可以选择文档窗口中的对象。

　　3. 对象管理器支持自由的添加或删除功能，可以按图层设置可见与否、可打印与否、可编辑与否，可以更加系统化地操作。

　　4. 对象管理器的另一个重要功能是对每个页面形成最高级操作的主页面管理功能。主页面中的图层叫做主图层。CorelDRAW 中主页面中包括 3 种主图层，分别是辅助线、桌面、网格图层。对象管理器中的可见与否、可打印与否、可编辑与否功能也适用于主页面中的图层。在对象管理器的主页面中可以自由添加或删除主图层。

在"对象管理器"泊坞窗中，在按下"跨图层编辑"按钮的状态时，可以在不同图层之间随意选取和编辑对象，当关闭"跨图层编辑"按钮时，其他图层的对象会模糊显示，也不能选择，只能对选择图层中的对象进行编辑，所以能够进行集中操作，这种模式对绘制复杂图形非常有用。按下"跨图层编辑"按钮和关闭"跨图层编辑"按钮状态的对比效果，如下图所示。

▲ 按下"跨图层编辑"按钮

▲ 取消"跨图层编辑"按钮

6.9 对象数据管理器

"对象数据管理器"是一种作为项目管理使用的高级工具，它在创建或管理大型项目时特别有用。使用"对象数据管理器"就好比在图形程序中有一个像 Microsoft Excel 这样的小型电子表格程序，从中可以输入有关个别对象或群众对象的多种类型的项目数据。

如果在绘图窗口中选择了图形对象，则在菜单栏中执行"工具"/"对象数据管理器"命令，弹出"对象数据"泊坞窗，如图 6-50 所示，便可以在其中的表格内添加所需的数据或对数据进行编辑。

图 6-50 "对象数据"泊坞窗

07 Chapter

文本和表格的编辑

  CorelDRAW X5具有非常强大的文字处理功能。除了能够进行常规的文本输入和编辑之外，还可以进行各种比较复杂的文本特效处理。另外，在CorelDRAW X5中新增表格功能，利用"表格工具"和相关命令，可以制作出各种样式的表格图形对象，并且通过对这些表格进行编辑，制作出效果美观、实用的表格设计元素。

需要注意的是，在其他一些工具状态下，按空格键会切换为"挑选工具"，例如，在"形状工具"状态下，按空格键，切换到"挑选工具"，如下图所示。

▲ 插入光标

▲ 按空格键

在文本输入状态下，按空格键会在文本中输入空格，而不是切换为"挑选工具"，如下图所示。如果要切换到"挑选工具"，需要直接单击工具箱中的工具按钮进行选择。

▲ 插入光标

▲ 按空格键

7.1 文字的编辑

在 CorelDRAW X5 中，具有非常强大的文字处理功能，除了常规的文本输入和编辑之外，还可以进行各种比较复杂的文本特效处理。对美术字文本可以应用立体化、调和、封套、透视、透镜、图框精确裁剪和阴影等特殊效果的处理。

7.1.1 文本工具

使用"文本工具"可以创建各种文本内容，创建的文本类型有美术字、段落文本两种，还可以利用这两种文本来创建路径文本效果。同时配合"文本"菜单以及"字符格式化"和"段落格式化"泊坞窗，对文字的字体、大小、样式及对齐方式等属性进行设置，得到各种需要的文字效果。

在工具箱中选择"文本工具"，其属性栏如图 7-1 所示。

图 7-1 "文本工具"属性栏

参数选项：

"对象位置"选项：在该部分选项中可以设置文本对象的具体的坐标数值，从而控制文本对象在页面中的位置。

"对象大小"选项：在该选项中可以设置文本对象的大小，配合"比例缩放"按钮，可以控制文本对象进行等比例或非等比例的缩放。

"旋转角度"选项：在文本框中输入角度值，可以旋转文字。

"镜像翻转"选项：单击该选项中的"水平镜像"和"垂直镜像"按钮，可以对文本对象进行整体的水平和垂直方向的镜像翻转。

"字符格式化"：单击该按钮，可以打开"字符格式化"泊坞窗。

"编辑文本"：单击该按钮，可以在打开的对话框中编辑文本。

"文字方向"选项：单击该选项中的两个按钮，可以使文本对象中的文字在水平和垂直方向进行转换。

对于属性栏中的其他选项功能，将在后续内容中进行详细介绍，读者可以参阅对应的部分进行学习和设置。

7.1.2 美术字

所谓的美术字就是一种比较常用的文本类型，可以用来添加短文本行，常被用来作为标题文字，或在制作各种文字轮廓图形和文字效果时使用。美术字的调整方式与普通的图形相类似，可以直接进行拖动并调整大小。利用美术字的各种特性，可以设计出各种艺术文字效果。

使用"文本工具"输入美术字的操作步骤如下：

① 打开附书光盘"07\素材 1.cdr"文件，图形对象效果如图 7-2 所示。

② 页面中已经制作好了背景图形和装饰图形，下面为其添加文字效果。选择"文本工具"，在页面中单击会显示出插入光标，如图 7-3 所示。然后输入文字内容，如图 7-4 所示。然后选择工具箱中的其他工具或者右击，即可完成文字输入，双击调整位置和角度，效果如图 7-5 所示。

图 7-2　打开素材

图 7-3　插入光标

图 7-4　输入文字

图 7-5　调整位置角度

7.1.3　编辑美术字

美术字在创建完成后，利用"挑选工具"可以直接调整文字的缩放、大小、斜切和旋转角度。也可以使用"填充工具"为美术字填充颜色，使用"轮廓笔"对话框可以设置美术字的轮廓，设置的方法与图形相同。

设置特殊效果

除了对美术字做基本的变换外，还可以为美术字添加特殊效果，例如，立体化、调和、封套、透视、透镜和阴影等。

美术字基础编辑

利用"挑选工具"可以直接调整文字的缩放、大小、斜切和旋转角度。

打开附书光盘"07\素材 1.cdr"文件，输入美术文字，如下图所示。

▲　输入美术字

在工具箱中选择"挑选工具"，单击选择刚输入的美术字，将其选中，再用鼠标指针拖动控制点，将文字放大，并移动到适当位置上，如下图所示。

▲　缩放美术字

在美术字上双击鼠标，显示变换控制柄，将光标放到右下角的旋转控制柄上待其显示为弯曲的箭头后，按住鼠标左键，将鼠标指针向上拖动，将文本对象以默认几何中心点为中心进行旋转。释放鼠标后可以发现文字被旋转一定的角度，如下图所示。

▲　旋转美术字

再选择"挑选工具"，将鼠标指针放置到文字上部中间的双箭头上，然后按住鼠标左键向右拖动，将文本对象以默认几何中心点为中心进行水平方向的倾斜操作。释放鼠标后可以发现文字被沿着水平方向倾斜一定的角度，如下图所示。

▲ 斜切美术字

使用"填充工具"为美术字填充颜色。对象在创建后，要根据设计需求，对文字的填充和轮廓进行设置，其设置的类型和操作方法与普通图形基本相同。用户可以为文字填充颜色、渐变、图样、底纹等内容，对轮廓部分则可以设置各种轮廓样式、宽度和颜色。

用"挑选工具"选中文本对象，单击工作界面右侧调色板上的白色色块，将文字的填充颜色设置为白色，效果如下图所示。

▲ 填充颜色

这里以立体化效果为例，具体操作步骤如下：

①以图7-2为例，在图像中输入美术字，单击调色板中的颜色块为美术字填充黄色，调整大小、位置，如图7-6所示。

②在工具箱中选择"交互式立体化工具"，移动鼠标指针到文字上，按住左键向右上拖动，以给文字添加立体化效果，添加立体化后的效果如图7-7所示。

图7-6　输入文字

图7-7　立体化效果

③在属性栏中单击"颜色"按钮，并在其下拉面板中单击"使用递减颜色"按钮，再设置"从"与"到"的颜色，如图7-8所示。

④在属性栏中单击"斜角修饰边"按钮，在弹出的下拉面板中设置参数，如图7-9所示。

图7-8　调节颜色

图7-9　修饰边角

⑤在属性栏中单击"照明"按钮，在弹出的下拉面板中设置参数，给文字添加立体化效果，设置后的图形对象如图7-10所示。

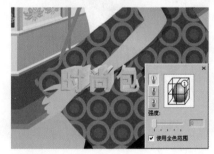

图7-10　照明效果

将字符转换为曲线

在制作一些文字特效时，可能需要对文字的外形进行修改，这时，可以将文本对象转换为曲线图形，然后再对其进行加工处理。

将文本对象转换为曲线图形的操步骤如下：

①打开附书光盘"07\ 素材2.cdr"文件，效果如图7-11所示。

②选择"文本工具"，在页面下部分别输入美术字，并调整文字的大小和字体，效果如图7-12所示。

图 7-11　打开素材

图 7-12　输入美术字

③ 用"挑选工具"将文字对象都选中，执行菜单"排列"/"转换为曲线"命令，或者按组合键【Ctrl+Q】，文字被转换为曲线图形状态，但文字的外形没有变化，如图 7-13 所示。

④ 选择"形状工具"，在文字图形上单击，显示出文字图形的锚点，此时可以对文字的外形进行调整，调整好后再次调整大小及位置，文字效果如图 7-14 所示。

图 7-13　转换为曲线

图 7-14　调整锚点

⑤ 选中调整好的文字图形，选择工具箱中的"渐变填充对话框工具"，打开"渐变填充"对话框，设置为类型为"辐射"，并选择渐变颜色，单击"确定"按钮，即可看到文字的渐变填充效果，如图 7-15 所示。

图 7-15　填充渐变色

⑥ 选择工具箱中的"交互式填充工具"，对文字的填充效果进行调整，调整后的效果如图 7-16 所示。

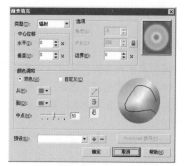

图 7-16　调整渐变

在工具箱中选择"交互式渐变工具"，在美术字上用鼠标指针拖动，并且设置渐变颜色，效果如下图所示。

▲ 填充渐变色

在工具箱中选择"填充工具"中的"图样填充"，在"图样填充"对话框中设置参数，单击"确定"按钮，效果如下图所示。

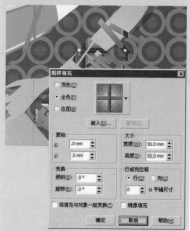

▲ 图样填充

在工具箱中选择"填充工具"中的"底纹填充"，在"底纹填充"对话框中设置参数，单击"确定"按钮，效果如下图所示。

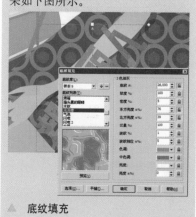

▲ 底纹填充

在工具箱中选择"填充工具"中的"Postscript填充"，在"Postscript底纹"对话框中设置参数，单击"确定"按钮，效果如下图所示。

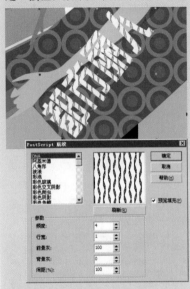

▲ Postscript填充

使用"轮廓笔"对话框设置美术字的轮廓。选择工具箱中的"轮廓笔对话框工具"，打开"轮廓笔"对话框，设置"宽度"为0.5 pt，单击"确定"按钮，可以看到文字的轮廓效果，如下图所示。

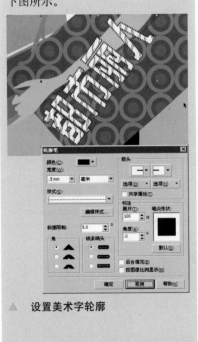

▲ 设置美术字轮廓

⑦ 然后，选择一组文字按组合键【Ctrl+C】进行复制，再按组合键【Ctrl+V】进行原位粘贴，设置其填充颜色为紫红色，并将其调整到渐变文字图形的下层。再将文字图形向右微移一些距离，使文字产生层次感，如图7-17所示。

⑧ 再将另外一组字也用同样的方法制作出层次感，最终效果如图7-18所示。

图7-17 制作层次感

图7-18 最终效果

7.1.4 字符格式化

在创建文本内容后，通常会根据实际的设计需要，对文字的格式进行具体的设置。在设置文字的格式时，可以使用属性栏和"字符格式化"泊坞窗来对文字的字体、字体样式、字号、对齐方式、文字效果等进行设置。"字符格式化"泊坞窗如图7-19所示。

图7-19 "字符格式化"泊坞窗

字符基本设置

在输入文字内容时，可以为文字设置一种字体，使文字所表现出来的效果和意境更能体现设计者的设计思想，带给读者不同的视觉感受。字体有中文字体和西文字体两种，通常中文字体会对中文和西文字符都起作用，而西文字体通常只对西文字符起用。

在设置字体样式时，通常只有一些西文字体可以进行字体样式设置，具体能设置哪些字体样式与该西文字体本身的设置有关。中文字体通常不能设置字体样式，其同一字体的不同样式效果会以字体系列的方式罗列在字体选项的下拉列表框中。

设置字体的具体操作步骤如下：

① 以图7-11为例，选择"文本工具"，在页面左上角输入标志文字内容，如图7-20所示。

图7-20 输入文字

② 文字当前的字体为默认的"宋体",单击属性栏中的"字符格式化"按钮 AT,打开"字符格式化"泊坞窗,单击"字体列表"下拉按钮,在弹出的下拉列表框中进行选择。随着鼠标指针在字体列表上移动,文字会自动更新显示对应的字体应用效果,以方便用户进行选择,选择"汉仪圆叠体简"字体,效果如图 7-21 所示。

图 7-21 修改字体

③ 选择"文本工具",在文字对象的下面再输入大写的拼音字符文字,如图 7-22 所示。

④ 然后单击"字符格式化"泊坞窗中的"字体列表"选项,在弹出的下拉列表框中选择"Arial Black"字体,即可看到其子菜单中有两个字体样式,这里选择"常规斜体"选项时,可以看到字符的效果发生了改变,单击鼠标即可,如图 7-23 所示。

图 7-22 输入文字

技巧提示 ● ● ● ●

也可以在"文本工具"属性栏中"字体列表"下拉菜单中进行设置。

图 7-23 修改外文字体

字号是用来衡量文字大小的标准,可以设置不同的单位,通常设置为点(pt),数值越大,文字的尺寸越大。用户可以在属性栏的"字号"下拉列表框中选择预设的大小。

设置字号的操作步骤如下:

① 以图 7-22 为例,选择"文本工具",在拼音字符的右侧输入"新品",修改字体,变换角度并填充深蓝色,效果如图 7-24 所示。

② 如果需要修改文字的大小,选中文字对象后,在"字符格式化"泊坞窗中的"从上部的顶部到下部的底部的高度"选项中直接输入数值,调整后的文字效果,如图 7-25 所示。

■ "文本工具"属性栏

在"文本工具"属性栏中包括的选项按钮,也可以设置字符,另外还包括打开"字符格式化"泊坞窗按钮和更改文本方向,等等,使操作更加便捷。

在"文本工具"属性栏中设置字体类型和字号大小的方法基本与"字符格式化"泊坞窗相同,并可以达到同样效果。如下图所示为属性栏中设置的字体和大小的效果。

▲ 设置字体和大小

在"文本工具"属性栏中同样也可以设置粗体、斜体、下画线。设置下画线效果如下图所示。

▲ 下画线

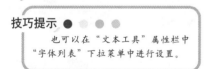

"字符效果"各个样式对比

在"字符格式化"泊坞窗中"字符效果"选项下包含下画线、删除线、上画线、大写和位置 5 个选项，单击每个选项右侧所对应的下拉按钮，弹出下拉菜单，下画线下拉列表，如下图所示。

```
(无)
单细
单倍细体字
单粗
单粗字
双细
双细字
编辑...
```

▲ 下画线下拉列表

按照顺序对应的效果对比，如下图所示。

新新 e 族
新新 e 族
新新 e 族
新新 e 族
新新 e 族
新新 e 族

▲ 下画线样式对比

删除线下拉列表如下图所示。按照顺序对应的效果对比，如下图所示。

```
(无)
单细
单倍细体字
单粗
单粗字
双细
双细字
编辑...
```

▲ 删除线下拉列表

图 7-24　输入文字

图 7-25　设置字号

创建文字后，可以用"文本工具"选中部分文字内容，然后利用"字符格式化"泊坞窗中的"字距调整范围"选项来对字符的间距做细节的调整，以制作出不同的文字效果。也可以利用"形状工具"拖动文本对象来进行调整。

字距调整的操作步骤如下：

① 仍然继续上一个例子，选择"挑选工具"，选中"夏季热卖"文字对象，将轮廓填充为白色，效果如图 7-26 所示。

② 选择"形状工具"，将光标放置到右下角的调整标记上，如图 7-27 所示。

③ 按住鼠标左键向右拖动，可以看到文字的位置随着鼠标指针的移动而改变，释放鼠标后，可以看到文字的间距变大，如图 7-28 所示。

④ 选中"夏季热卖"文字对象，在"字符格式化"泊坞窗中调整"字距调整范围"选项的向上微调按钮，连续单击，将文字的间距增大，效果如图 7-29 所示。向下微调则是缩小间距。

图 7-26 设置轮廓色

图 7-27　"形状工具"光标效果

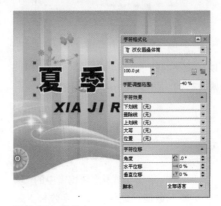

图 7-28　拖动

图 7-29　设置字号

字符位移设置

对于字符的位置，可以利用"字符格式化"泊坞窗中的"字符位移"选项区域进行设置，可以将选中的字符沿着水平和垂直方向进行位移，还可以将文字旋转一定的角度。

字符位移的操作步骤如下：

① 继续前一个例子，选择"文本工具"，选中"品"字，然后在"字符格式化"泊坞窗中调整"垂直位移"选项的微调按钮，可以看到文字向上移动，效果如图 7-30 所示。

② 再调整"水平位移"选项的向上微调按钮，可以看到文字向右移动，效果如图 7-31 所示。

图 7-30　垂直位移效果

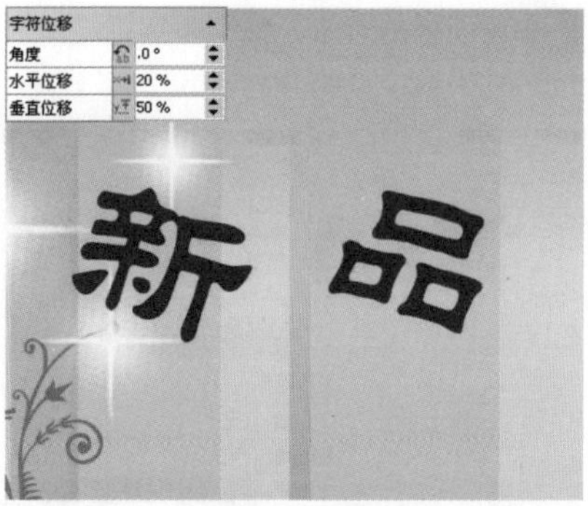

图 7-31　水平位移效果

③ 在"字符格式化"泊坞窗中，调整"角度"选项的向上微调按钮，文字会逆时针旋转。这里直接输入数值，以进行精确旋转，效果如图 7-32 所示。

图 7-32　角度旋转效果

为字符添加效果

除了能进行基本的文本格式设置外，还可以为选中的文字添加字符效果，如为文字添加上画线、下画线、删除线、位置等。

字符添加效果的操作步骤如下：

① 继续上一个例子，选择"文本工具"，在拼音下面输入文字信息，如图 7-33 所示。

② 选中该文字，在"字符格式化"泊坞窗中，单击"下画线"下拉按钮，在"字符效果"选项组中选择添加的下画线样式，并进行动态预览。这里，选择"单粗字"选项，可以看到文字被添加了对应的粗线下画线，效果如图 7-34 所示。

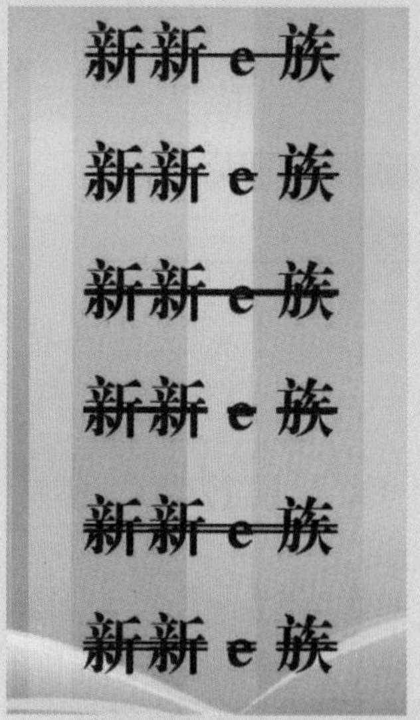

▲ 删除线样式对比

上画线下拉列表，如下图所示。按照顺序对应的效果对比，如下图所示。

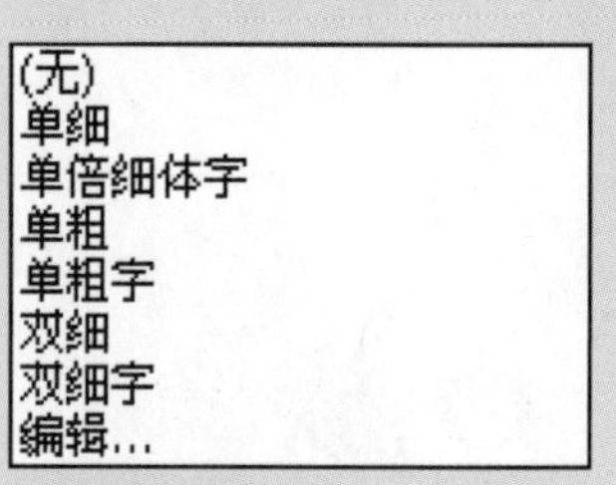

(无)
单细
单倍细体字
单粗
单粗字
双细
双细字
编辑…

▲ 上画线下拉列表

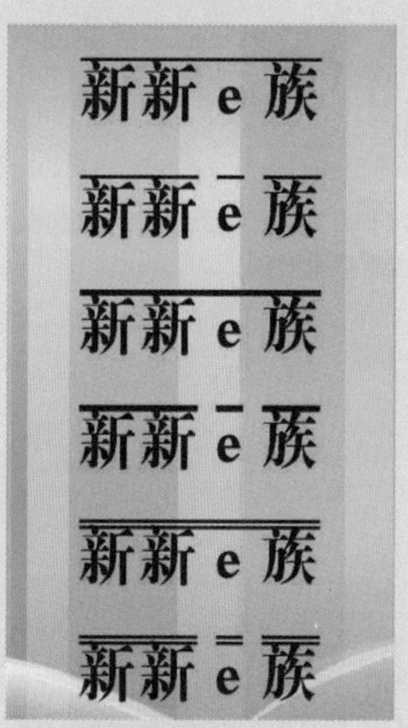

▲ 上画线样式对比

大写下拉列表，如下图所示。按照顺序对应的效果对比，如下图所示。

▲ 大写下拉列表

OVERBOOK

OVERBOOK

▲ 大写样式对比

位置下拉列表，如下图所示。

(无)
下标
上标

▲ 大写下拉列表

按照顺序对应的效果对比，如下图所示。

O₂族

O²族

▲ 大写样式对比

图 7-33　输入文字

图 7-34　添加下画线

③ 用同样的方法，分别为字符添加删除线、上画线效果，这些效果如图 7-35 所示。

删 除 线

上 画 线

图 7-35　删除线和上画线效果

④ 在文字的下方再次输入一些文字，选择文字中的小写字母"o"，在"字符格式化"泊坞窗中，在"字符效果"选项组中选择添加的"大写"样式，单击"大写"下拉按钮，选择"全部大写"选项，可以看到小写字母改为大写字母，效果如图 7-36 所示。

⑤ 选择文字中的数字"2"，在"字符格式化"泊坞窗中，在"字符效果"选项组中选择添加的"上标"样式，单击"位置"下拉按钮，选择"上标"选项，可以看到数字"2"改为上标效果，如图 7-37 所示。

图 7-36　大写效果

图 7-37　位置效果

7.1.5　段落文本

段落文本就是允许用户应用格式编排选项，并直接编排的大文本块。创建段落文本的方法很简单，选择"文本工具"后，在页面中拖动画框，创建段落文本框，然后在其中输入文字内容即可。也可以将光标放置在已有的图形轮廓上，待显示出插入点光标后，输入文字即可。

创建段落文本的操作步骤如下：

① 打开附书光盘"07\素材3.cdr"文件，页面中已经制作好了背景图形和装饰图形，下面为其添加文字内容。选择"文本工具"，在页面中按住鼠标左键拖动画框，如图7-38所示；释放鼠标后，在段落文本框的左上角显示出插入点光标，如图7-39所示；输入文字内容，如图7-40所示；输入完成后，选择工具箱中的其他工具，或者右击，即可完成文字输入，如图7-41所示。

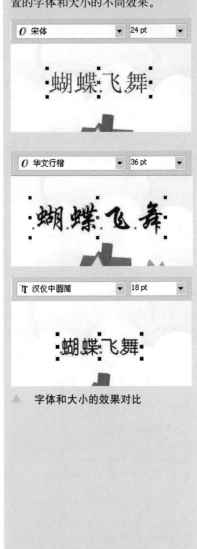

■ "文本工具"属性栏

在"文本工具"属性栏中包括的选项按钮，也可以设置字符，另外还包括打开"字符格式化"泊坞窗按钮和更改文本方向，等等，使操作更加便捷。

在"文本工具"属性栏中设置字体类型和字号大小，方法基本与"字符格式化"泊坞窗相同，并可以达到同样效果。如下图所示为属性栏中设置的字体和大小的不同效果。

▲ 字体和大小的效果对比

图7-38　鼠标拖曳

图7-39　绘制段落文本框

图7-40　输入文字

图7-41　完成文字输入

② 段落文本字体和大小的设置方法与美术字相同。选中段落文本框，设置文字颜色为白色，并对文字的字体和大小进行设置，效果如图7-42所示。

图7-42　设置文字字体和大小

167

段落文本围绕对象

对于大量文字和图片的排版的情况，可能会用到将文字围绕图片或图形对象排列的效果。这里，可以利用属性栏中的"段落文本换行"按钮来实现。

打开附书光盘"07\素材9.cdr"文件，如下图所示。

▲ **打开素材**

在工具箱中选择"挑选工具"，选中蝴蝶图片，单击属性栏中的"段落文本换行"按钮，弹出选项面板，如下图所示。

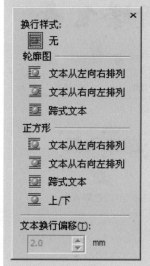

▲ "段落文本换行"下拉面板

"轮廓图"选项：选择该选项区域中的文本换行方式，在绕图时会沿着对象的外形轮廓来排列文字，产生一种对象被文字紧密包裹的围绕效果，如下图所示。

调整段落文本框

段落文本框的四周有8个控制点，选择"挑选工具"，将鼠标指针放置在段落文本框的右下角位置，鼠标指针变成双箭头图标，如图7-43所示。按住鼠标左键向右下拖动，将段落文本框放大，释放鼠标，段落文本框的显示效果如图7-44所示。

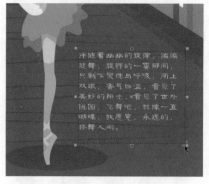

图7-43　光标移动到控制点上

图7-44　放大段落文本框

选中段落文本框，将其向上移动一些，然后将鼠标指针放置在文本框的下边框上，鼠标指针变成双箭头，按住鼠标左键向下拖动，将文本框拉长一些。释放鼠标，拉长段落文本框效果如图7-45所示。再将鼠标指针放置在文本框的右侧边框上，鼠标指针变成双箭头，然后按住鼠标左键向左拖动，将文本框沿水平方向压扁一些，释放鼠标，段落文本框的显示效果如图7-46所示。

图7-45　拉长段落文本框

图7-46　压扁段落文本框

选中段落文本框，在属性栏中设置"旋转角度"为15°，将文本框逆时针旋转一定的角度，效果如图7-47所示。再用"挑选工具"双击文本框，然后将鼠标指针放置在文本框上部的倾斜标记上，按住鼠标左键向右拖动，将文字倾斜一定的角度，效果如图7-48所示。

图7-47　旋转段落文本框

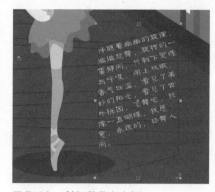

图7-48　斜切段落文本框

按文本框显示文本

在调整段落文本对象时，除了可以调整段落文本框的大小来显示文本内容外，还可以使用"使文本适合框架"命令，使文字大小按照文本框的大小来自动调整。

选中段落文本框，执行菜单"文本"/"段落文本框"/"使文本适合框架"命令，可以看到文字的大小发生了改变，并且在文本框中将文本全部显示出来，对比效果如图7-49所示。

图7-49　使文本适合框架

文本的转换

段落文本可以通过命令将其转换为美术字，相反美术字也可以利用命令来转换为段落文字。

选中段落文本框，执行菜单"文本/转换到美术字"命令，可以看到文本框消失，文字被转换为美术字类型，如图7-50所示。再次执行菜单"文本/转换到段落文本"命令，可以看到消失的文本框，文字被转换为段落文本类型，效果如图7-51所示。

图7-50　转换到美术字

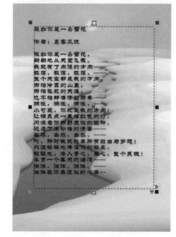

图7-51　转换到段落文本

7.1.6　段落格式化

创建段落文本后，可以从"段落格式化"泊坞窗中对文字的段落进行设置，例如，行距、段落间距、对齐方式、文本方向、缩进效果以及整体的字符间距进行设置和调整，使文字达到最佳的排版效果。执行菜单"文本"/"段落格式化"命令，打开"段落格式化"泊坞窗，如图7-52所示。

▲　文本从左向右排

▲　文本从右向左排

▲　跨式文本

"正方形"选项组中：选择该选项区域中的文本换行方式，在绕图时会根据对象的大小，将对象视为一个矩形形状对象，然后将文字围绕对象排列，产生很规则的文字围绕效果，如下图所示。

▲　文本从左向右

▲ 文本从右向左排

▲ 跨式文本

▲ 上 / 下

"文本换行偏移"选项：该选项用于设置文字围绕对象时，文字与对象之间的间距。数值越大，文字与对象的间隙越大。当选项数值为负值时，文字会与对象相重叠。

▲ 上 / 下

图 7-52　"段落格式化"泊坞窗

对齐文本

文本对齐功能使选中的文字内容相对段落文本框的边界，进行水平对齐和垂直对齐。水平对齐和垂直对齐中又各自包含了各种对齐操作，从而使段落文字产生不同的排列效果。

对齐操作步骤如下：

① 打开附书光盘"07\ 素材 4.cdr"文件，输入段落文本，如图 7-53 所示。

② 选中段落文本框，执行菜单"文本"/"段落格式化"命令，打开"段落格式化"泊坞窗。单击"水平"下拉按钮，在弹出的下拉列表中列出不同的对齐方式，选择"全部调整"选项，可以看到文字沿文本框的左边界进行对齐，效果如图 7-54 所示。

图 7-53　打开素材

图 7-54　水平方向全部调整

③ 可以看到当前"垂直"选项默认设置为"上"选项，即文字沿文本框的上边界进行对齐。单击"垂直"下拉按钮，弹出下拉列表如图 7-55 所示，在弹出的下拉列表中选择"居中"对齐方式，效果如图 7-56 所示。

图 7-55　"垂直"下拉列表

图 7-56　"居中"垂直对齐方式

设置行间距和段间距

当段落文字中有多行文字时，为了方便阅读和调整版面的整体效果，用户可以利用"段落格式化"泊坞窗中的"段落和行"选项区域对文字的行间距、段间距进行调整。

调整行间距，选中文本对象后，调整"段落和行"选项区域中的"行间距"数值选项右侧的向上微调按钮。该选项数值会增大，段落文字中行与行的距离会增大，如果调整向下按钮，则会减小数值，同时文字中行与行的距离会减小，甚至重叠在一起。同时，也可以利用"形状工具"调整字符的行距。

调整行间距的操作方法如下：

选中段落文本框，打开"段落格式化"泊坞窗，设置垂直对齐方式为"中"，选择"间距"选项组，从中设置"行"选项的值为150%，可以看到文字行与行间的距离增大，如图7-57所示。设置"行"选项的值为80%时，可以看到文字行与行间的距离减小，如图7-58所示。

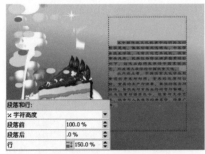

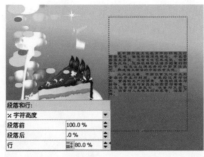

图7-57　设置行间距为"150%"　　图7-58　设置行间距为"80%"

调整段间距，段间距分为"段落前"和"段落后"两个选项，分别用于设置当前段落相对于相邻段落的距离。选中文本对象后，调整"段落格式化"泊坞窗中的"段落前"和"段落后"两个选项右侧的微调按钮，随着选项数值的变化，相应的段落间距也会发生变化。

调整段间距的操作方法如下：

选择"文本工具"，选中第二段的文本内容，在"段落格式化"泊坞窗中设置"段落前"选项的值为200%，可以看到第二段文字与前一段文字之间的距离被增大，如图7-59所示。再选中二段的文本内容，设置"段落后"选项的值为400%，可以看到第二段文字与后一段文字之间的距离增大，如图7-60所示。

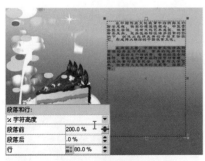
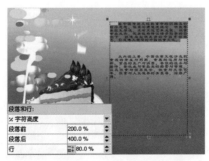

图7-59　段落前200%效果　　图7-60　段落后400%效果

"垂直间距单位"选项：该选项用于设置调整段间距和行间距时，数值所采用的单位，有"%字符高度"、"点"、"点大小的%"3个选项，默认情况下使用是"%字符高度"，它是比较直观地按照当前选中字符的字符高度的百分比来进行调整。如在"段落格式化"泊坞窗中，单击"垂直间距单位"下拉按钮，弹出下拉列表，

▲ 上／下

水平对齐文本样式

在选中段落文本中的文字时，按【Ctrl+N】组合键可以将所选段落不进行对齐，但是自动靠左，如下图所示。

▲ 不进行对齐

按【Ctrl+L】组合键将所选的文字段落进行左对齐，按【Ctrl+R】组合键将所选段落进行右对齐，左对齐和右对齐如下图所示。

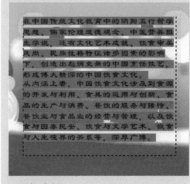

▲ 左对齐

Chapter 07　文本和表格的编辑

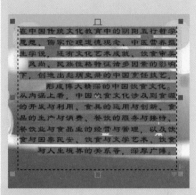

▲ 右对齐

按【Ctrl+E】组合键将所选中的文字段落进行居中对齐，如下图所示。

▲ 居中对齐

按【Ctrl+L】组合键将所选中的文字段落进行全部调整，按【Ctrl+H】组合键将所选段落进行强制调整。全部调整和强制调整的对比效果，如下图所示。

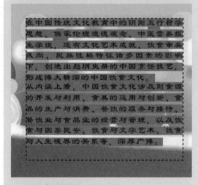

▲ 全部调整

在下拉列表中选择"点"选项，可以看到"段落前"、"段落前"和"行"选项的单位变为 pt，如图 7-61、图 7-62 所示。

图 7-61　"垂直间距单位"下拉列表　　　　图 7-62　选择"点"选项

段落字符间距调整

利用"段落格式化"泊坞窗中的"字符间距"选项，可以对选中的段落文字进行整体的字符间距控制，还可以使用"形状工具"拖动文本对象进行调整。

选中段落文本框，在"段落格式化"泊坞窗中，可以看到"字符间距"选项默认的值为 20%，这里将其选项值设置为 150%，可以看到字符之间的距离被增大，调整前后的对比效果，如图 7-63 所示。

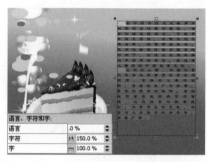

图 7-63　"字符间距"调整前后的对比效果

缩进文本

在 CorelDRAW X5 中，段落文本也可以像其他文字排版软件一样，对段落的首行、左、右边界进行缩进处理，以达到行文要求和段落的效果。

选中段落文本框，打开"段落格式化"泊坞窗，选择"缩进量"选项组，可以看到段落文本的 3 种缩进方式，如图 7-64 所示。调整"首行"选项的向上微调按钮，段落文字的第一行会随着数字的增加而向右移动，也可以直接输入数值，进行精确的缩进控制，这里输入"9mm"，效果如图 7-65 所示。

图 7-64　段落文本的 3 种缩进方式　　　　图 7-65　"首行"缩进

设置"左"选项的数值为 20 mm，可以看到文字以文本框的左边界为基准，向右移动了一段距离，效果如图 7-66 所示。再设置"右"选项的数值为 15 mm，可以看到文字以文本框的右边界为基准，向左移动了一段距离，效果如图 7-67 所示。

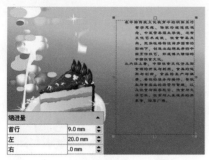

图 7-66 "左"缩进

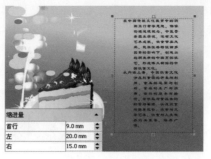

图 7-67 "右"缩进

调整文本方向

在"段落格式化"泊坞窗中，可以对文字的方向进行设置，也可以在属性栏中单击相应的按钮来调整文字的排列方向，该功能适用于所有类型的文本。

选中段落文本框，在"段落格式化"泊坞窗中，设置"文本方向"选项为"垂直"，或单击属性栏中的"将文本更改为垂直方向"按钮▥，可以看到文字的排列方向发生了改变，效果如图 7-68 所示。如果选择"水平"选项，或单击属性栏中的"将文本更改为水平方向"按钮▤，则会恢复为水平状态，如图 7-69 所示。

图 7-68 将文本更改为垂直方向

图 7-69 将文本更改为水平方向

7.1.7 段落排版设置

在对段落文字进行排版时，通常除了基本的格式设置外，还可以对其进行分栏设置，如设置首字下沉、添加项目符号等效果。

分栏

用"挑选工具"选中段落文本对象后，执行"文本"/"栏"命令，打开"栏设置"对话框，如图 7-70 所示。在该对话框中可以对分栏的栏数、分栏宽度是否相等、是否对图文框的宽度进行调整等选项进行设置，还可以在预览窗口中观看整体的分栏效果。设置完成后单击"确定"按钮即可将分栏效果应用于段落文本，分栏前后的效果对比如图 7-71 所示。

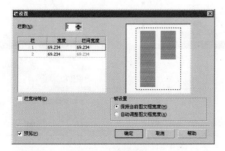

图 7-70 "栏设置"对话框

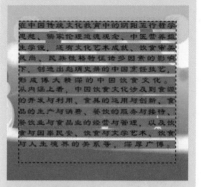

▲ 强制调整

设置分栏

在"栏设置"对话框中可以设置栏的数量、宽度、栏间宽度。下面将详细讲解。

栏数设置，执行菜单"文本/栏"命令，在打开的"栏设置"对话框中，设置"栏数"为2，选中"栏宽相等"复选框，单击"确定"按钮后，效果如下图所示。

▲ 分为 2 栏效果

再设置"栏数"为3，选中"栏宽相等"复选框，单击"确定"按钮后，效果如下图所示。

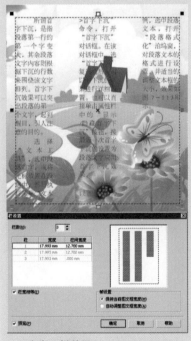

▲ 分为 3 栏效果

如果要制作栏宽不等的分栏效果，在"栏设置"对话框中，可以取消选择"栏宽相等"复选框，然后单击第1栏的"宽度"选项数值，调整

图 7-71 分栏前后的效果对比

设置首字下沉

首字下沉是指段落第一行的第一个字变大，其余段落文字内容则根据下沉的行数来围绕该文字排列。首字下沉效果可以突出段落的第一个文字，起到醒目、引人注意的目的。

选择"文本工具"，选中段落首字或将鼠标指针放置在段落中，然后执行菜单"文本/首字下沉"命令，打开"首字下沉"对话框。在该对话框中，选中"使首字下沉"复选框后，可以对下沉的效果进行详细设置，如图7-72所示。设置完毕，单击"确定"按钮，图像效果如图7-73所示。也可以直接单击属性栏中的"显示/隐藏首字下沉"按钮，按最近一次首字下沉的设置为段落文字应用首字下沉效果。

图 7-72 "首字下沉"对话框　　图 7-73 "首字下沉"效果

"首字下沉"对话框选项参数如下：

"下沉行数"选项：用于设置首字下沉后所占的文字行数，同时首字会按照设置的行数改变大小，数值越大，首字会变得越大。例如，分别设置"下沉行数"为2行和3行，效果如图7-74所示。

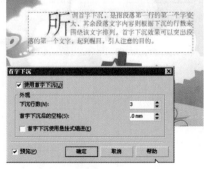

图 7-74 "首字下沉"2 行和 3 行的效果对比

"首字下沉后的空格"选项：用于设置首字下沉后，首字与其余段落文字之间填充的空格数量。数值越大，首字与其余段落文字之间的间隙越大。例如，分别设置选项数值为 2 mm 和 5 mm，对比效果如图 7-75 所示。

图 7-75 "首字下沉后的空格"为 2 mm 和 5 mm 的效果对比

"首字下沉使用悬挂式缩进"选项：不选择该复选框时，首字下沉的行数小于段落整体行数时，首字会被其余段落文字围绕。当选中该复选框时，不论首字下沉多少行数，都会悬挂于其余段落文字的左侧，如图 7-76 所示。

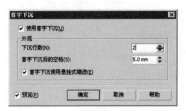

图 7-76 "首字下沉使用悬挂式缩进"效果

当要取消首字下沉效果时，可以选中段落首字，或将鼠标指针放置在段落中，然后执行菜单"文本/首字下沉"命令，在打开的"首字下沉"对话框中，取消选中"使用首字下沉"复选框，单击"确定"按钮，即可将首字恢复为正常段落文字状态。也可以直接单击属性栏中的"显示/隐藏首字下沉"按钮，将其弹起，来取消首字下沉效果。

设置项目符号

项目符号是指在每一个段落第一行之间添加一个指定的字符，作为整个段落的标识。为段落文字添加项目符号效果后，可以使段落文本的条目更加清晰，更具有条理性，常用来表示具有同等重要性的文字信息。

选择"文本工具"，选中要添加项目符号的段落文字，然后执行"文本"/"项目符号"命令，打开"项目符号"对话框。在该对话框中，选中"使用项目符号"复选框后，可以对下沉的效果进行详细的设置，如图 7-77 所示。也可以直接单击属性栏中的"显示/隐藏项目符号"按钮，按默认的项目符号设置来为段落文字应用项目符号效果。

其微调按钮，或者输入数值，设置完毕，单击"确定"按钮后，效果如下图所示。

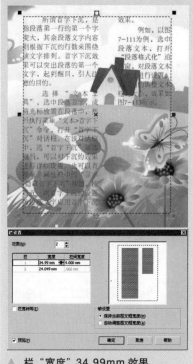

▲ 栏"宽度"34.99mm 效果

再次在"栏设置"对话框中，设置好第1栏的"宽度"并单击"确定"按钮后，效果如下图所示。

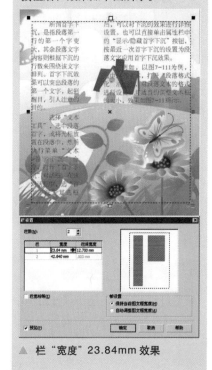

▲ 栏"宽度"23.84mm 效果

在设置栏宽时，如果所有栏和间距的宽度的尺寸总和与文本框原来的大小不同时，可以选择对话框中的"自动调整图文框宽度"单选按钮，这样软件会根据用户设置的栏宽和间距值自动调整文本框的大小，效果如下图所示。

▲ 自动调整图与文本框宽度

两栏之间的间距大小可以在"栏设置"对话框中，"栏间宽度"下输入数值，进行调节，分别设置不同的"栏间宽度"数值，对比效果如下图所示。

▲ "栏间宽度"为35mm效果

图7-77 设置"首字下沉使用悬挂式缩进"效果

"项目符号"对话框选项参数如下：

"字体"选项：用于设置项目符号字符的字体。例如，设置"字体"选项为"Wingdings 2"，每种字体下都包含了该字体的符号，"Wingdings 2"下符号如图7-78所示。

"符号"选项：单击该选项右侧的下拉按钮，在弹出的下拉列表中，可以配合不同的字体来选择项目符号的具体字符。例如，单击"符号"下拉按钮，在弹出的下拉列表框中选择一个符号图形，效果如图7-79所示。

图7-78 "Wingdings 2"字体下的符号

图7-79 选择符号

"大小"选项：用于设置项目符号字符的大小。例如，调整项目符号大小选项，分别调整不同大小，效果如图7-80所示。

图7-80 项目符号大小的效果对比

"基线位移"选项：用于设置项目符号字符相对于文字行的基线的偏移数值，正值时向上偏移，负值时向下偏移。例如，调整"基线位移"选项值为负值，效果如图7-81所示。

"项目符号的列表使用悬挂式缩进"选项：取消选中该复选框时，当段落文字行数多于一行时，项目符号字符会被段落文字围绕。而选中该复选框时，不论段落文字行数是多少，项目符号字符都会悬挂于其余段落文字的左侧。选中"项目符号的列表使用悬挂式缩进"复选框后，符号独立于文字行的左侧，效果如图7-82所示。

"栏间宽度"为5mm效果

图7-81　调整"基线位移"效果

图7-82　"项目符号的列表使用悬挂式缩进"效果

"文本图文框到项目符号"选项：用于设置项目符号字符与文本框左边的间距大小。例如，将"文本图文框到项目符号"设置为3 mm，可以看到，项目符号与段落文本框的左边拉开了一定的距离，效果如图7-83所示。

"到文本的项目符号"选项：用于设置项目符号字符与段落文字之间的间距大小。例如，将"到文本的项目符号"设置为2 mm，可以看到，项目符号与文本行之间拉开了一定的距离，效果如图7-84所示。

🔘 取消项目符号

当要取消项目符号效果时，可以选中段落文字，或鼠标指针放置在段落中，然后执行"文本/项目符号"命令，在打开的"项目符号"对话框中，取消选中"使用项目符号"复选框，单击"确定"按钮即可。也可以直接单击属性栏中的"显示/隐藏项目符号"按钮，将其弹起，实现取消项目符号效果。

🔘 技巧提示

这里需要特别提醒注意的是，只有光标变为路径文本创建状态时，单击才能创建路径文本，如下图所示，光标变为矩形中含有"字"的形状时，可以在闭合路径中添加文本。

图7-83　与段落文本框拉开距离的效果

图7-84　项目符号与文本拉开距离的效果

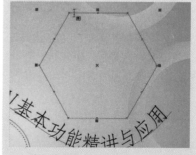

▲ 路径内插入文本

7.1.8　使文字适合路径

可以将文字沿着路径或图像的轮廓形状来进行排列，文字的位置会随着路径形状的变化而变化。这里利用"文本工具"或执行菜单"文本"/"使文本适合路径"命令，配合路径或图形轮廓，可以很轻松地创建出各种形状排列的文字效果。

然后，在当前位置单击，可以看到六边形的内部出现了光标，并且出现虚线框，如下图所示。

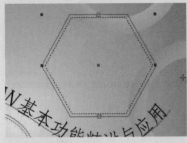

▲ 出现虚线框

此时输入文字内容，可以看到文字出现在六边形的内部，效果如下图所示。

▲ 输入文本

当光标变为一条曲线上有"字"的时候，可以在闭合路径上方插入文本，如下图所示。

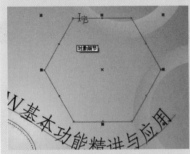

▲ 路径上插入文本

在当前位置单击，可以看到六边形的外部出现光标，如下图所示。

创建路径文字

选择"文本工具"，将光标放置在路径或图形轮廓上，待显示插入光标后，输入文字内容，即可创建路径文字。

创建路径的操作步骤如下：

① 打开附书光盘"07\素材7.cdr"文件，效果如图7-85所示。

② 页面中已经制作好了背景图形和装饰图形，并绘制好了要使用的路径，下面为其添加路径文字效果。选择"文本工具"，将光标放置在路径线条的左侧端点附近，待光标变为路径文本创建状态，然后在当前位置单击，创建路径文本，显示输入点光标，如图7-86所示。

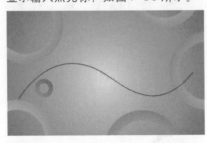

图7-85 打开素材

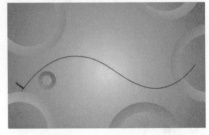

图7-86 插入光标

③ 然后输入文字内容，可以看到输入的文字自动沿着路径的形状进行排列，效果如图7-87所示。

④ 由于输入的文字内容较多，有部分文字重叠在一起，无法正常显示，所以按组合键【Ctrl+A】，将文字内容全部选中，并设置文字的大小为24 pt，选择后可以看到创建的路径文本效果，如图7-88所示。

图7-87 输入文字

图7-88 调整文字大小

⑤ 图形轮廓也可以用来创建路径文本。选中刚才创建的路径文本上全部文字内容，然后按组合键【Ctrl+C】将其复制。选择"挑选工具"，选中页面中的椭圆轮廓图形，再选择"文本工具"，将光标放置在椭圆形附近，待光标变为路径文本创建状态，然后在当前位置单击，创建路径文本，显示输入点光标，如图7-89所示。

⑥ 按组合键【Ctrl+V】将之前复制的文字内容粘贴到当前路径文本中，并且调整字体大小，效果如图7-90所示。

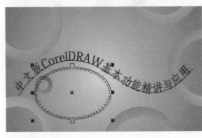

图7-89 插入光标

图7-90 粘贴文字并调整大小

编辑路径文字

路径文字创建后,除了字符格式和字符间距的调整外,还可以利用属性栏对文字的方向及在路径的位置进行细节调整,以达到最满意的文字效果。创建路径文字后,属性栏发生变化,如图7-91所示。下面通过例子来介绍利用属性栏中的选项设置路径文字的效果。

图7-91 "路径文本"属性栏

路径文本属性栏中选项参数如下:

"文字方向"选项:选中文字路径后,单击属性栏中的"文字方向"选项,在弹出的下拉列表中可以选择不同的字符排列方向,产生各种效果的路径文字排列效果,如图7-92所示。按照顺序分别选择各种类型,对比效果如图7-93所示。

图7-92 "文字方向"下拉列表

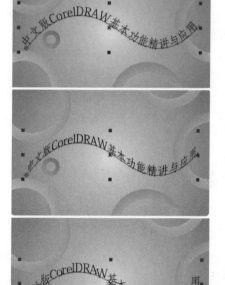

图7-93 不同文字排列的效果对比

"与路径距离"选项:默认情况下创建的路径文字中,文字是紧挨着路径排列的。路径文字创建好后,可以通过设置属性栏中的"与路径距离"选项和"挑选工具"来控制文字在路径的上方还是下方,以及文字与路径的距离。

选中路径文本,在属性栏中设置"与路径距离"选项的数值为5 mm,从图中可以看到路径上的文字垂直向上移动了一段距离,如图7-94所示。再将"与路径距离"选项的值设置为-10mm,这时会看到路径上的文字垂直向下移动了一段距离,如图7-95所示。

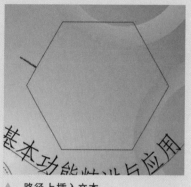

▲ 路径上插入文本

此时输入文字内容,可以看到文字在六边形的外部排列,效果如下图所示。

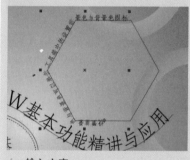

▲ 输入文字

如果显示为其他光标状态,将不能创建路径文本。

"挑选工具"编辑路径文字

使用"挑选工具"也可以调整"文字方向"和"水平偏移",可以作"镜像"操作。这样可以不用切换工具提高工作效率,但是移动的位置不是很精确,需要精确的设置,还需要在路径文字属性栏中进行详细的设置。

使用"挑选工具"调整"文字方向":

选择"挑选工具",选中路径文本,然后按住鼠标左键向上(或向下)拖动。在拖动过程中会显示蓝色的预览细框以及文字与路径之间的垂直距离,如下图所示。

▲ 显示距离

释放鼠标后，文字就会被移动到指定的位置，效果如下图所示。

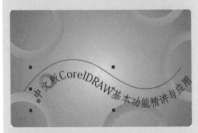

▲ 文字垂直向下移动

使用"挑选工具"调整文字"水平偏移"：

选择"挑选工具"，选中路径文本，然后按住鼠标左键向右拖动，在拖动过程中会显示蓝色的预览细框，以显示文字移动后在路径上的位置，如下图所示。

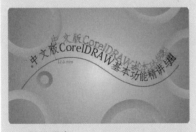

▲ 显示距离

释放鼠标后，文字被拖动到指定的位置，效果如下图所示。

▲ 文字向右水平偏移

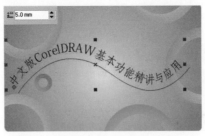

图 7-94　垂直向上移动

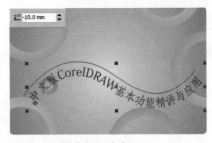

图 7-95　垂直向下移动

"水平偏移"选项：创建路径文字后，可以通过设置属性栏中的"水平偏移"选项和使用"挑选工具"，来控制文字在路径上的位置。

选中路径文本，在属性栏中设置"水平偏移"选项的默认值为 0 mm，即起始文字与路径的端点对齐，效果如图 7-96 所示。

"水平偏移"选项也可以设置为负值，但是设置为负值时会使文字产生堆叠的效果。将"水平偏移"选项的值设置 20 mm，可以看到文字沿着路径向右移动了一段距离，在路径文字起始位置产生了堆叠效果，如图 7-97 所示。

图 7-96　起始文字与路径的端点对齐

图 7-97　文字向左移动

"镜像文本"选项：对路径上的文字内容，除了可以调整位置和方向外，还可以利用属性栏中的"镜像文本"按钮，来对文字进行水平和垂直方向的翻转处理，以得到更加丰富的文字效果。

选择"文本工具"，单击页面中的路径文本，将其文本内容选中，选中后的路径文本效果如图 7-98 所示。

选择"挑选工具"并选中路径文本，在属性栏中单击"水平镜像"按钮，可以看到路径上的文字进行了水平方向的翻转，效果如图 7-99 所示。撤销刚才的操作，再单击"垂直镜像"按钮，将路径上的文字沿垂直方向进行翻转，可以看到文字被翻转到路径的下部，效果如图 7-100 所示。

图 7-98　选中路径文本

图 7-99　水平镜像

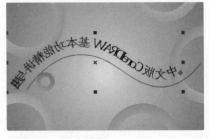

图 7-100　垂直镜像

分离文本与路径

在绘制文本效果的时候在很多情况下需要文字具有一定的形状文本适合路径后，可以通过命令，将路径与文本内容分离，分离后文本仍然保持适合于路径时的形状，而路径也单独存在。

选择"挑选工具"，选中路径文本，然后执行菜单"排列"／"拆分"命令，将路径上的文字与路径分离。用"挑选工具"选中曲线路径，将其向上移动一些，可以看到拆分后的路径和文字状态，如图 7-101 所示。

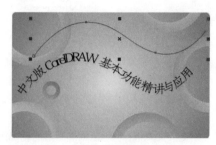

图 7-101　分离文本与路径

7.1.9　文本链接

如果段落文本框显示为红色虚线边框，则表示有部分文字内容被隐藏，没有显示出来，此时可以将段落文本框调大一些，将文字显示出来，也可以用链接的方式将文本在其他的段落文本框或图形轮廓中显示出来。

创建文本链接

选择"挑选工具"，单击段落文本框下面的下拉按钮，显示出置入文字图标，然后在页面其他位置拖动创建文本框来显示隐藏的文字内容，或者单击其他图形轮廓或路径，将文本在其中显示出来。

打开附书光盘 "07\ 素材 8.cdr" 文件，效果如图 7-102 所示。页面中已经制作好了背景图形和装饰图形，并且创建了段落文本。下面利用文本链接功能，将隐藏的文字内容显示出来。将页面局部放大，然后选择"挑选工具"，选中段落文本框，可以看到文本框的下边框的控制柄上有一个三角标记，如图 7-103 所示。

将光标放置在三角标记上并单击，光标变为置入文字状态，如图 7-104 所示。由于背景不是空白区域而是一张被锁定的图片，因此可直接在图片上单击，自动取消文本置入状态。将光标移动到页面的空白区域，然后单击并拖动创建文本框，释放鼠标后，原来未显示的文字就会沿文字顺序显示在新的文本框中，并在文本框之间有一条蓝色的连接线，以箭头指出文字流的方向，如图 7-105 所示。

图 7-102　打开素材　　　　图 7-103　三角标记

另外，还可以将更多的段落文本框中的文字链接在一起。

选择"文本工具"，在页面的底部分输入一段文字内容，并对文字的颜色和格式进行设置，然后选择"挑选工具"选中该段落文本框，再按住【Shift】键单击上面的椭圆形文本框，如下图所示。

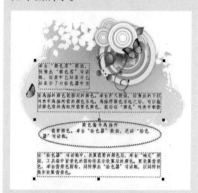

▲　光标变为黑色的箭头

执行菜单"文本"／"段落文本框"／"链接"命令，可以看到椭圆形文本框与底部的文本框之间添加了一条蓝色的链接线并用箭头指示了文字流的方向，如下图所示。这样，新输入的段落文本就与原来的段落文本链接在一起了。

▲　文字被置入到椭圆图形中

这里需要注意的是，选择段落文本框的顺序将会对链接顺序有影响——先选择的文本框中的文字会链接在后选择的文本框文字的后面。

创建段落文本链接后，可以执行菜单"文本/段落文本框/断开链接"命令，将链接的段落文本框断开为相互独立的段落文本框。

选择"挑选工具"，选中页面底部的段落文本框，再按住【Shift】键单击上面的椭圆形文本框，如下图所示。

▲ 加选链接的文本框

然后执行菜单"文本"/"段落文本框"/"断开链接"命令，可以看到底部段落文本与椭圆形文本框间的蓝色连接线消失，这表示底部段落文本与椭圆形段落文本之间的链接关系被断开，效果如下图所示。

▲ 文字被置入到椭圆图形中

图7-104　光标为置入文字状态　　　图7-105　未显示文字显示在新文本框中

选择"挑选工具"，选中段落文本框，向下移动到与原来的文本框持平，并适当地调整文本框的大小，调整后的效果如图7-106所示。从图中可以看到仍有文字没有显示出来，此时可以继续用刚才的方法创建链接文本框来显示剩余的文字内容。

如果不想制作矩形的链接文本框，也可以用非矩形的轮廓图形来作为段落文本框的外形创建链接文本。

选择"椭圆形工具"，在图案的下面绘制一个椭圆形，如图7-107所示。然后选择"挑选工具"，选中刚才创建的文本框，从中可以看到在该文本框的下边框的控制柄上也有一个三角标记，单击该标记，再将光标移动到椭圆图形上，光标变为一个黑色的箭头，效果如图7-108所示。

单击鼠标，可以看到文字被置入到椭圆图形中，同时在椭圆形文本框与左侧文本框之间有一条蓝色的连接线，并用箭头指出文字流的方向，如图7-109所示。

图7-106　文本框位置大小　　　　图7-107　绘制椭圆

图7-108　光标变为黑色的箭头，　　图7-109　文字被置入到椭圆图形中

拆分段落文本框

对于链接的段落文本框，还可以利用命令将其从文本框中提取出来，拆分成不同的文本对象。选择"挑选工具"，选中要提取的段落文本框，然后执行菜单"排

列"/"拆分段落文本"命令，即可将段落文本拆分成不同的部分。

用"挑选工具"选中最上方的矩形文本框，并将其放大，将文字内容全部显示出，效果如图7-110所示。执行菜单"排列"/"拆分段落文本"命令，可以看到两个文本框之间的蓝色连接线消失，并且文字被拆分为两部分，效果如图7-111所示。

图 7-110 选择文本框　　　　　图 7-111 拆分段落文本

对于链接的段落文本框，如果不再需要其中的某一个，可以用"挑选工具"选中该段落文本框，按【Delete】键，即可将其删除。文本框中的文字内容会自动移动到其余的段落文本框中，并不会被删除。

用"挑选工具"选中椭圆形文本框上部的文本框，如下图所示。

▲　选择文本框

按【Delete】键，将该段落文本框删除，可以看到其中的文字内容自动移动到椭圆形文本框中，效果如下图所示。

▲　删除文本框

7.1.10　文本菜单

CorelDRAW X5中的文本处理功能全面而实用，除了前面介绍的常用文本处理功能外，在"文本"菜单中还有其他的一些命令功能，可以对文本进行各种特定的处理或设置。

插入符号字符

如果要在段落文本中插入一些符号字符，光标移动到要插入符号的位置上，可以执行菜单"文本"/"插入符号字符"命令，弹出"插入字符"泊坞窗，如图7-112所示。从中选择要插入字符的字体和代码页，然后在其下拉列表框中选择需要的字符符号，并设置字符的大小，单击"插入"按钮，选中的字符就会插入到当前光标所在的位置。

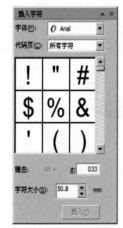

图 7-112 "插入字符"泊坞窗

打开附书光盘"07\素材10.cdr"文件，效果如图7-113所示。页面中已经制作好了文本。接下来在文字中插入符号。选择"文本工具"，在文字上单击，将插入点光标设置在文字的最后面，打开"插入字符"泊坞窗，单击"字体"下拉按钮，在弹出的下拉列表框中选择一种字体。然后拖动列表框中的滑块，查找并选择一个符号字符，单击"插入"按钮，符号就插入到插入点光标所在的位置，如图7-114所示。

设置字符

前面讲了利用"插入字符"泊坞窗来插入字符，然而编辑字符需要利用"字符格式化"泊坞窗。编辑字符的方法如下：

用"文本工具"选中插入的符号，然后打开"字符格式化"泊坞窗，对字符的大小和位置进行设置，字符效果及选项设置如下图所示。

▲ 字符调整之前

▲ 字符调整之后

图 7-113　打开素材

图 7-114　插入字符效果

插入格式化代码

对于一些特殊的格式字符，可以执行菜单"文本"/"插入格式化代码"命令，在其子菜单中，选择需要的格式代码字符，如图 7-115 所示。选择命令后，对应的格式字符就会被插入到光标当前所在的位置。

图 7-115　"插入格式化代码"子菜单命令

选择"文本工具"，在"世外"后插入光标，如图 7-116 所示。然后执行菜单"文本"/"插入格式化代码"/"En 短画线"命令，可以看到"世外"后插入 En 短画线，取消选择文字后可以看到插入的字符效果，如图 7-117 所示。

图 7-116　插入光标

图 7-117　插入 En 短画线

导入文本

在 CorelDRAW X5 中创建文本对象，除了可以手动输入外，也可以将在其他文字处理软件中已经编写好的文字内容导入到当前文件中，从而节省大量的录入时间。

其方法是执行菜单"文件"/"导入"命令，打开"导入"对话框。在对话框中选择要导入的文件，如图 7-118 所示。单击"导入"按钮，弹出"导入"/"粘贴文本"对话框，选择"摒弃字体和格式"单选按钮，如图 7-119 所示。单击"确定"按钮，光标变为导入文本状态图标，如图 7-120 所示。在页面右上角位置，单击并拖动画框，释放鼠标后，可以看到文件中的文字内容被导入到创建的段落文本框中，如图 7-121 所示。

图 7-118　选择导入文档

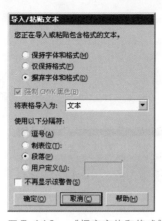

图 7-119　"摒弃字体和格式"单选按钮

图 7-120　光标变为导入文本状态图标

图 7-121　文件中的文字导入段落文本框

编辑文本

如果要对文本的具体内容进行详细的编辑处理，可以使用"编辑文本"对话框来进行快速的文字编辑处理，相当于在页面的文本对象中编辑文本。这样，更加方便用户进行查找替换、拼写和语法设置等文本处理操作。

选中文本对象后，执行菜单"文本"/"编辑文本"命令，打开"编辑文本"对话框，如图 7-122 所示。在对话框中直接输入文字内容，也可以单击"导入"按钮，导入其他文件中的文字内容。同时，还可以对文字进行简单的格式设置。单击"选项"按钮，在弹出的下拉菜单中，可以选择对文本进行查找、替换、拼写检查、更改大小写等操作。

图 7-122　"编辑文本"对话框

导入带格式文本

有时，有需要我们将 Word 中的文字与表格导入到 CorelDRAW 中的情况，假如要求带格式，我们有以下几种方法：

1. 利用 Windows 剪贴板来复制粘贴文字表格，在 Word 中将想调入 CorelDRAW 的内容选中，这里按 Ctrl+A 组合键全选，再按【Ctrl+C】组合键复制，然后到 CorelDRAW 中按【Ctrl+V】组合键粘贴，如下图所示。

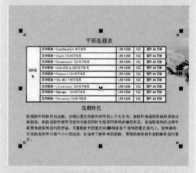

▲　复制粘贴导入文字表格

2. 在 CorelDRAW 中执行菜单"编辑"/"插入新对象"/"由文件创建"命令，在弹出的"插入新对象"对话框中单击"浏览"按钮，找到带表格的文件，单击"确定"按钮，导入后效果如下图所示。

▲　单击"浏览"按钮

▲　"插入新对象"命令导入文字表格

185

这样，在我们需要改的时候，可双击该对象调用Word程序修改，完成后单击窗外任意处返回 CorelDRAW 界面，如下图所示。

▲ 双击修改内容

3.在Word中将想调入CorelDRAW的内容选中，这里按【Ctrl+A】组合键全选，再按【Ctrl+C】组合键复制。在 CorelDRAW 中执行菜单"编辑"/"选择性粘贴"命令，在"选择性粘贴"对话框中选择"图片（元文件）"选项，单击"确定"按钮，导入图像，如下图所示。

▲ "选择性粘贴"对话框

这种方法导入的图像可以将其拆分任意修改，按组合键【Ctrl+K】拆分图像，用"挑选工具"单击可见表格和文字已经被拆分，如下图所示。

▲ "选择性粘贴"效果

此方法适用于一切插入的对象，如条码等。但是这种方法拆分的文字容易发生变动，最好在导入之前确认一下字间距为0。

用"挑选工具"选中段落文本框，执行菜单"文本"/"编辑文本"命令，打开"编辑文本"对话框，选中全部文字内容，如图7-123所示。然后单击"对齐方式"按钮，在弹出的下拉列表框中选择"中"选项，可以看到文字被水平居中对齐，如图7-124所示。除设置对齐方式外，还可以设置文本的字体、字号、样式及项目符号等。其功能与操作，与在页面中直接对文本进行操作相同。

图7-123 选择文本

图7-124 水平居中对齐

单击对话框中的"选项"按钮，在弹出的下拉菜单中列出了可以对文本进行的操作，包括查找、替换文本、拼写、语法检查和更改大小写等选项，如图7-125所示。同样，这些选项的功能与在页面中直接对文本操作时对应的命令功能是相同的。

图7-125 "选项"下拉菜单

在第一行单击，取消文字的全选状态，然后在"选项"按钮弹出的下拉菜单中执行"查找文本"命令，打开"查找下一个"对话框，如图7-126所示。在"查找"文本框中输入"烘焙"文字内容，然后单击"查找下一个"按钮，可以看到自动找到并选中了第一个"烘焙"文字，如图7-127所示。

图7-127 自动找到并选中文字

图7-126 "查找下一个"对话框

在"编辑文本"对话框中还可以进行文本的替换操作。选中段落文本框，打开"编辑文本"对话框，单击"选项"按钮，在弹出的下拉菜单中执行"替换文本"命令，打开"替换文本"对话框。在对话框中的"查找"和"替换为"文本框中输入要查找和替换的文字内容，如图7-128所示。

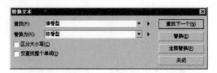

图7-128 "替换文本"对话框

单击"查找下一个"按钮，自动找到第一行中的"清香型"文字，再单击"替换"按钮，可以看到"清香型"被替换为"浓香型"，如图 7-129 所示。如果要全部替换，可以直接单击"全部替换"按钮。

图 7-129　替换文字

更改大小写

在文本对象中，如果有西文字符，可以利用命令对字符的大小写状态进行设置。其方法是：选中文本对象，执行菜单"文本"/"更改大小写"命令，打开"改变大小写"对话框，在对话框中选择字符的大小写状态选项即可，如图 7-130 所示。

图 7-130　"改变大小写"对话框

打开附书光盘"07\素材 11.cdr"文件，将页面局部放大，选中段落文本框，执行菜单中"文本"/"更改大小写"命令，打开"改变大小写"对话框。当前分别选择"句首字母大写"、"小写"、"大写"、"首字母大写"和"大小写转换"选项，英文字符会进行相应的大小写变化，效果如图 7-131 所示。

原 图

句首字母大写

小 写

大 写

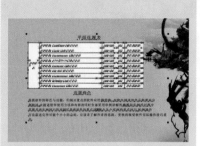

▲　拆分后的效果

乱码问题解决

有时，我们需要打开不同版本的 CorelDRAW，有时打开文件后会没有字体或者是因为其他一些毛病出现文字乱码问题。为了解决这个问题，可以在保存之前将段落文本转换为曲线，执行菜单"排列"/"转换为曲线"命令，这样再用其他机器打开就不存在字体问题了。另外打印时也会出现乱码问题，同样的方法也可以解决打印乱码问题。

对于段落文字，可以利用制表位功能对其进行缩进和定位操作，在选中段落文本框后，选择"文本工具"，在标尺上会自动显示出该段落文本框对应的缩进和制表位设置，如下图所示。然后选择要调整的段落文字内容，在标尺上直接进行相应的操作即可，这种方法比较直观，容易理解。

▲ 标尺上显示制表位

在标尺上的"制表位"标记，分别是"制表位"标记、左缩进、右缩进和首行缩进滑块4部分。在制表位上右击，从弹出的快捷菜单中选择不同的制表位类型，如下图所示。

| 栅格设置 (D)... |
| 标尺设置 (R)... |
| 辅助线设置 (G)... |
| 左制表位 (L) |
| 中制表位 (C) |
| 右制表位 (R) |
| 小数点制表位 (L) |

▲ 制表位右键菜单

首字母大写

大小写转换

图 7-131 "改变大小写"效果

对齐基线

使用"对齐基线"命令，可以将文本对象中位置偏离基线的字符垂直对齐到文本的基线上。对齐基线的操作方法如下：

打开附书光盘"07\素材 12.cdr"文件，选中最上面的大标题文字，如图 7-132 所示。执行菜单"文本 / 对齐基线"命令，可以看到低于其他文字的"是缘"文字被对齐到基线上，如图 7-133 所示。

图 7-132 选中最上面的大标题文字

图 7-133 对齐基线

矫正文本

当将路径文本拆分后，路径文本会保持拆分前沿路径形状的排列状态，如果想要将其恢复为常规的字符状态，可以在选中文本对象后，执行菜单"文本" / "矫正文本"命令，文本即可恢复为未适合路径前的排列效果。

矫正文本的操作步骤如下：

①打开附书光盘"07\素材 12.cdr"文件，题目为文本与路径分离的文字，可以看到此时文字仍保留路径文本时的排列效果，如图 7-134 所示。

②选中文本，执行菜单"文本 / 矫正文本"命令，可以看到文本又被恢复为最初的常规状态，效果如图 7-135 所示。

图 7-134 选中与路径分离的文字

图 7-135 校正文本

断行规则

在段落文本排版过程中，当文字遇到文本框的边缘换行时，会根据软件当前的设置来进行不同的断行控制。其方法是选中段落文本框后，执行菜单"文本"/"断行规则"命令，打开"亚洲断行规则"对话框，如图7-136所示。在对话框中，用户可以设置不同的断行规则。

图7-136　"亚洲断行规则"对话框

"断行规则"对话框中选项如下：

"前导字符"选项：该选项可以控制在文本框边界位置，遇到设置的字符时，如何进行断行处理。选中该复选框时，可以防止设置的字符出现在一行开头位置。

"下随字符"选项：选中该复选框时，可以防止设置的字符出现在一行结尾的位置。

"字符溢值"选项：选中该复选框时，允许选项设置的字符出现段落边框之外，不进行断行处理。

使用断字

在对一些西文文本进行排版时，由于有些单词较长，在遇到行尾时会自动换行到下一行，这样排列出的版面会由于对齐方式的不同，而产生字符间距疏密不同。

使用断字的操作步骤如下：

① 打开附书光盘"07\素材13.cdr"文件。选中其中的段落文本框，效果如图7-137所示。

② 将画面局部放大，执行菜单"文本"/"使用断字"命令，可以看到有两行字符的行尾部分出现了带有分隔符的单词，效果如图7-138所示。

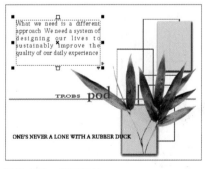

图7-137　打开素材

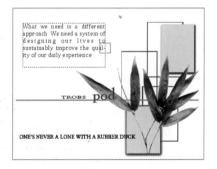

图7-138　使用断字

断字设置

如果要对断字功能进行具体设置，可以执行菜单"文本"/"断字设置"命令，打开"断字设置"对话框，如图7-139所示。在对话框中选中"自动连接段落文本"复选框后，会显示出具体的断字选项。

文本统计信息

当文本对象中的文字内容较多时，可以使用"文本统计"命令，对段落文本框中的段落、字数、字体等信息进行统计。

首先选中其中的段落文本框，如下图所示。

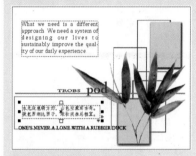

▲　选中段落文本框

然后执行菜单"文本"/"文本统计"命令，打开"文本统计"对话框，如下图所示，可以看到该文本框文字内容的统计信息。

▲　文本框文字内容的统计信息

189

字体列表选项

对于文本所应用的字体，用户可以通过字体选项的列表来进行选择。其方法是 CorelDRAW X5 的字体列表中会显示哪些字体、字体的样式，当用户插入字符时，对字符的列表的内容等的设置，都可以通过执行菜单"文本"/"字体列表选项"命令，打开"选项"对话框来进行设置，如下图所示。

▲ "选项"对话框

"字体列表内容"选项：在该选项区域中，可控制在选择字体时可以显示的字体类型以及是否在字体列表旁边显示字体的示例、字体样式和字体名称。还可以通过"显示的最近使用的字体数"复选框来控制最近显示字体的数量。

"字体匹配"选项：在该选项区域中，可以设置字体匹配时所使用的字体目录位置。

"插入字符列表内容"选项：在该选项区域中，可以设置在插入字符时，有哪些字体类型的符号可以显示出来。

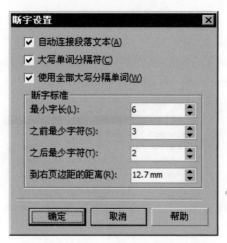

图 7-139　"断字设置"对话框

"断字设置"对话框中选项如下：

"大写单词分隔符"：选中该复选框后，可以为字首大写的单词添加分隔符。

"使用全部大写分隔单词"：选中该复选框后，可以为全部分大写的单词添加分隔符。

"最小字长"：设置用分隔符连接的单词的最少字符数。

"之前最少字符"：设置可被分隔符分隔的单词开头的最少字符数。

"之后最少字符"：设置可被分隔符分隔的单词结尾的最少字符数。

"到右页边距的距离"：设置从段落文本右边缘指定一定边距，划分出文字行中允许断字的部分。

编码

对于文本内容，可以使用"编码"命令，对文本的编码进行设置。其方法是选中文本对象后，执行菜单"文本"/"编码"命令，打开"文本编码"对话框，在对话框中可以为文字内容设置不同的编码方式。

以图 7-138 为例，再输入中文文字，将页面局部放大，用"挑选工具"选中下部的段落文本框，如图 7-140 所示。

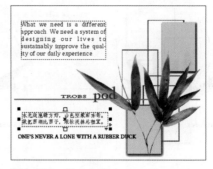

图 7-140　输入文字

执行菜单中"文本"/"编码"命令，打开"文本编码"对话框。选择"其他编码"单选按钮，然后在其下的下拉列表框中选择一种韩文编码，在对话框的右侧为修改后的文字编码预览效果。单击"确定"按钮，页面中的文字发生了改变，效果如图 7-141 所示。

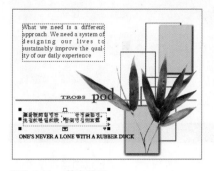

图 7-141　韩文编码

显示文本框

在默认情况下，选中段落文本框，会显示出其边框范围，而不选择时，边框范围会被隐藏。如果想要在不选中段落文本框的时候，也能看到段落文字的边框范围，可执行"文本" / "段落文本框" / "显示文本框"命令。

以图 7-140 为例，选中其中的文本框时，可以看到文本框的虚线边框，而取消选择后，仍会显示出文本框的虚线边框，如图 7-142 所示。然后执行"文本" / "段落文本框" / "显示文本框"命令，取消"显示文本框"，即可看到段落文本框的虚线不见了，效果如图 7-143 所示。

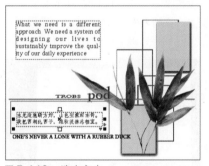

图 7-142　选中文本

图 7-143　关闭显示文本框

7.2　表格的编辑

"表格工具"与"表格"菜单是 CorelDRAW X5 版本新增的功能，在 CorelDRAW 中，利用"表格工具"▦ 和"表格"菜单命令，可以很方便地绘制各种样式和效果的表格图形，并对表格进行编辑处理，以得到需要的表格效果。方便了用户的使用。以下我们将介绍绘制表格的两种方法。

7.2.1　"表格工具"概述

在工具箱中选择"表格工具"▦，在页面中拖动鼠标指针创建表格后，在其属性栏中可以对表格的大小，行、列数量，填充和轮廓以及文字格式等进行设置，如图 7-144 所示。这些选项的具体功能将在后面章节的内容中进行详细介绍。

表格的概述

在 CorelDRAW X5 中，利用"表格工具"和"表格"菜单命令，可以很方便地绘制各种样式和效果的表格图形，并对表格进行编辑处理，以得到需要的表格效果。

绘制出一个表格对象，可以看到表格对象主要是由行、列和单元格构成轮廓框架，在单元格中可以输入文字内容，以清晰地表达出各种数据信息。同时，用户可以对表格中行、列和单元格的宽度、高度进行调整，并对表格的填充效果、轮廓边框效果及表格中文字的格式和对齐方式进行设置，从而得到个性化的表格对象，如下图所示。

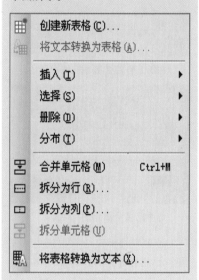

▲　"表格"菜单

选择多个单元格

如果要选中多个相邻单元格，则在要选择的起始单元格中单击，设置插入点光标，然后按住鼠标左键拖动到需要的单元格范围，单元格中出现蓝色的条纹线时释放鼠标，这些相邻的单元格即可被选中。

例如，选择"表格工具"，在页面中表格的第2行第2列单元格中单击，并按住鼠标左键向右上方拖动到表格边缘，释放鼠标，可以看到选中的多个单元格区域，如下图所示。

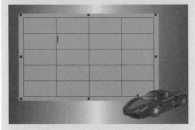

▲ **在第2行第2列单元格中单击**

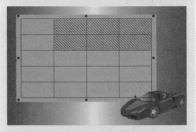

▲ **选中的多个单元格**

如果要选中多个不相邻的单元格，可在要选择的起始单元格中单击，设置插入点光标，然后按住鼠标左键拖动到需要的单元格范围，单元格中出现蓝色的条纹线时释放鼠标。再按住【Ctrl】键，用同样的方法选中另外一部分不相邻的单元格，即可加选多个不相邻的单元格区域。

例如，选择"表格工具"，先选中在页面中表格左上角的3个单元格区域，如下图所示。

图 7-144   "表格工具"属性栏

7.2.2   创建表格

使用"表格工具"和执行菜单"表格"/"新建表格"命令都可以创建表格图形，其区别是使用"表格工具"创建表格较为直观，而用"新建表格"命令创建表格则较为精确。

利用"表格工具"创建表格

选择"表格工具"，在属性栏中设置要绘制的表格的行、列数值及填充、轮廓等选项，然后在页面中选择要创建的位置，拖动画框，释放鼠标后，即可得到需要的表格图形。

"表格工具"的操作步骤如下：

① 打开附书光盘"07\素材14.cdr"文件，在文件中已经绘制了基本的图形，效果如图 7-145 所示。

② 在工具箱中选择"表格工具"，在属性栏中设置表格为5行4列，并设置填充颜色为白色，然后在页面左上角向右下拖动画框，绘制表格，释放鼠标后，可以看到创建的表格图形效果，如图 7-146 所示。

图 7-145   打开素材

图 7-146   绘制表格

利用菜单命令创建表格

执行菜单"表格"/"新建表格"命令，打开"创建新表格"对话框，如图 7-147 所示。在对话框中可以设置表格的行、列数值，同时可以精确地设置表格的整体高度和宽度。

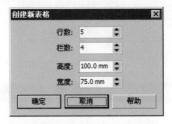

图 7-147   "创建新表格"对话框

"新建表格"命令的操作方法如下：

还以"07\素材14.cdr"文件为例，执行菜单"表格"/"新建表格"命令，在打开的"创建新表格"对话框中进行设置，如图 7-148 所示。单击"确定"按钮，可以看到创建的表格图形效果，如图 7-149 所示。

图 7-148　"新建表格"参数设置

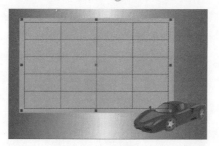

图 7-149　"新建表格"命令效果

7.2.3　编辑表格

根据用户有不同的需要，大多时候要绘制的表格图形并不是完全规则的，在创建表格后，通常默认样式都不能够满足设计需求，这就需要对表格中的行、列和单元格的大小做细节上的调整。同时，即使已经创建好的表格，也有可能会因为用户的需要而对设计要求改变，对其中的数据信息或表格形状进行修改。这里将为用户介绍如何对创建的表格进行编辑和修改，以满足用户的具体需求。

选定表格

在对表格进行编辑处理时，需要先选中要编辑的表格内容，然后才能进行相应的操作。在选择时，用户可以根据不同的要求，选择一个或多个单元格，一行或多行，一列或多列以及整个表格。

执行菜单"表格"/"选定"/"单元格"命令可以将光标所在单元格选中。也可以用另外一种方法，将需要选择的单元格中单击，设置插入点光标，然后按住鼠标拖动，单元格中出现蓝色的条纹线时释放鼠标，该单元格即被选中。

选择单元格的操作方法如下：

① 以图 7-147 为例，选择"表格工具"，在页面中表格的第 2 行第 2 列单元格中单击，如图 7-150 所示。然后按住鼠标左键拖动，直到出现蓝色的条纹线时释放鼠标，即可选中该单元格，如图 7-151 所示。

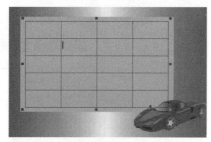

图 7-150　在表格中单击鼠标

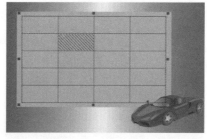

图 7-151　拖动鼠标选中单元格

② 单击第 3 行第 1 列的单元格，如图 7-152 所示。然后执行菜单"表格"/"选定"/"单元格"命令，该单元格即被选中，如图 7-153 所示。

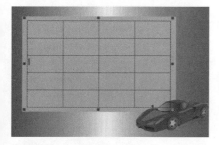

图 7-152　在表格中单击鼠标

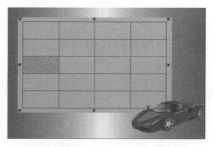

图 7-153　"选定"单元格命令

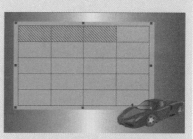

▲　选中左上角的 3 个单元格

然后按住【Ctrl】键，在表格右侧第 3 行第 3 列单元格中单击，并向下拖动到表格边缘，释放鼠标后可以看到选择了不相邻单元格区域，如下图所示。

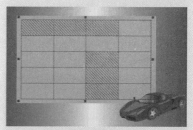

▲　选择不相邻单元格

选择多个行

如果要选中多个连续的行，则可以在选中一行后，按住鼠标左键向上或向下拖动选择，选中的连续行中出现蓝色的条纹线时，释放鼠标即可，如下图所示。

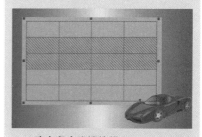

▲　选中多个连续的行

如果要选中多个不相邻的行，可在选中一行或连续多行后，按住【Ctrl】键，再单击并拖动光标选中另外不相邻的行，这样即可加选多个不相邻的行。例如，选中第一行后，按住【Ctrl】键，再选中第 4 行和第 5 行，效果如下图所示。

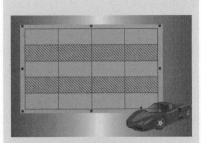

▲ 选中多个不连续的行

● 选择多个列

如果要选中多个连续的列，则可以在选中一列后，按住鼠标左键向左或向右拖动选择，待选中的连续列中出现蓝色的条纹线时释放鼠标即可，如下图所示。

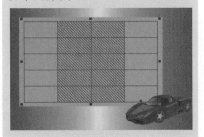

▲ 选中多个连续的列

如果要选中多个不相邻的列，可在选中一列或连续多列后，按住【Ctrl】键，再单击并拖动光标选中另外不相邻的列，这样即可加选多个不相邻的列。例如，选中第一列后，按住【Ctrl】键，再单击最后一列，效果如下图所示。

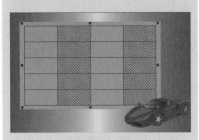

▲ 选中多个不连续的列

选择表格中的一行，可以在选择"表格工具"后，将光标放置在整个表格中被选择行的最左侧，这时光标变为一个指向右侧的黑色箭头，如图7-154所示。单击鼠标，即可选中该行，选中的行中出现蓝色的条纹线，如图7-155所示。也可以在要选择的行中的任一个单元格中设置插入点光标，然后执行菜单"表格"/"选定"/"行"命令，即可将光标所在行选中。

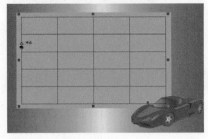 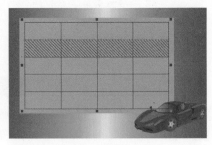

图7-154　黑色箭头光标　　　　　图7-155　选择表格中的一行

选择表格中的一列，可以选择"表格工具"，将光标放在表格的第2列上端，显示黑色箭头，如图7-156所示。单击鼠标，即可以选中该列，选中的列中出现蓝色的条纹线，如图7-157所示。

 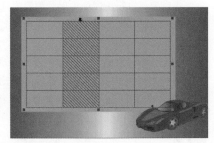

图7-156　黑色箭头光标　　　　　图7-157　选择表格中的一列

如果要选择整个表格，可以选择"表格工具"后，将光标放置在整个表格左上角，光标变为一个指向右下的斜向黑色箭头，如图7-158所示。单击鼠标，即可选中整个表格，如图7-159所示。也可以在表格中的任意单元格中单击，然后执行菜单"表格"/"选定"/"表格"命令，即可将整个表格全部选中。

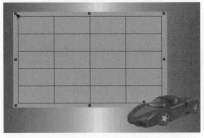 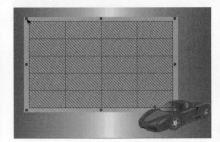

图7-158　斜向黑色箭头光标　　　图7-159　选择整个表格

在表格中插入行、列

表格创建后，如果表格的行、列数不够，可以插入新的行、列。打开附书光盘"07\素材15.cdr"文件，文件中已经创建了一个表格对象并输入了数据信息，如图7-160所示。

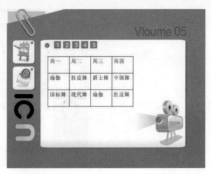

图 7-160　打开素材

选择 "表格工具"，选中表格中的一行，如图 7-161 所示。然后执行菜单 "表格" / "插入" / "上方行" 命令，或右击选中行，在弹出的快捷菜单中执行 "插入" / "上方行" 命令，则会在当前选中行的上面插入一个新的空白行，如图 7-162 所示。

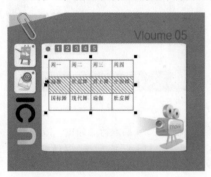

图 7-161　选中表格中的一行

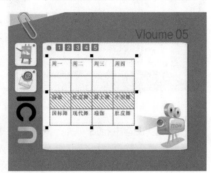

图 7-162　插入上方行

选择 "表格工具"，选中表格中的一行，如图 7-163 所示。然后执行菜单 "表格" / "插入" / "下方行" 命令，或右击选中行，在弹出的快捷菜单中执行 "插入" / "下方行" 命令，则会在当前选中行的下面插入一个新的空白行，如图 7-164 所示。

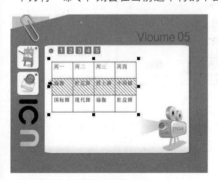

图 7-163　选中表格中的一行

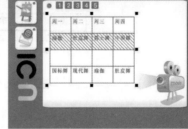

图 7-164　插入下方行

选择 "表格工具"，选中表格中的多行，如图 7-165 所示。然后执行菜单 "表格" / "插入" / "上方行" 命令，则会在当前选中行的上面插入之前选中行的数量的新空白行，如图 7-166 所示。

如果选中多行后，执行菜单 "表格" / "插入" / "下方行" 命令，则会在当前选中行的下面插入之前选中行的数量的新空白行，如图 7-167 所示。

插入列

选择 "表格工具"，选中表格中的一列，然后执行菜单 "表格" / "插入" / "左侧列" 命令，或右击选中行，在弹出的快捷菜单中执行 "插入" / "左侧列" 命令，则会在当前选中列的左侧插入一个新的空白列。

例如，选中第 2 列，执行菜单 "表格" / "插入" / "左侧列" 命令，可以看到在第 2 列的左侧插入了一个空白列，如图所示。

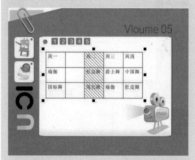

▲　插入左侧列

选择 "表格工具"，选中表格中的一列，然后执行 "表格" / "插入" / "右侧列" 命令，或右击选中列，在弹出的快捷菜单中执行 "插入" / "右侧列" 命令，则会在当前选中列的右侧插入一个新的空白列。

例如，撤销前面插入左侧列的操作后，仍然选中第 2 列，然后执行菜单 "表格" / "插入" / "右侧列" 命令，可以看到在第 2 列的右侧插入了一个新的空白列，如下图所示。

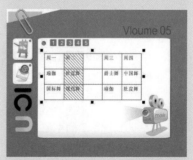

▲　插入右侧列

选择"表格工具"，选中表格中的多列，然后执行菜单"表格"/"插入"/"左侧列"命令，则会在当前选中列的左侧插入之前选中列的数量的新空白列；如果选中多列后，执行"表格"/"插入"/"右侧列"命令，则会在当前选中列的右侧插入之前选中列的数量的新空白列，如下图所示。

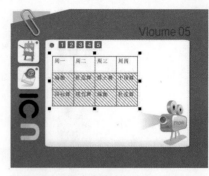

图 7-165　选中表格中的多行

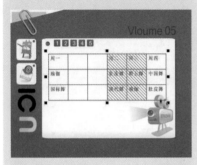

▲　插入左侧列

例如，撤销前面插入右侧列的操作后，选中第 2、3 列，然后执行菜单"表格"/"插入"/"左侧列"命令，可以看到在第 2 列的左侧插入了两个新的空白列。

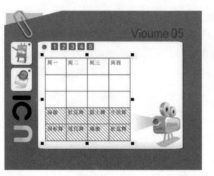

图 7-166　插入上方行

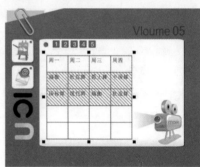

图 7-167　插入下方行

也可以在选中行后，执行菜单"表格"/"插入"/"插入行"命令，或右击选中行，在弹出菜单中执行"插入"/"插入行"命令，打开"插入行"对话框，如图 7-168 所示。在对话框中可以设置要插入的行数，并可以通过"位置"选项选择插入到选中行的上面还是下面。设置完成后单击"确定"按钮，即可按选项设置的在表格中插入一定数量的新的空白行。

▲　插入右侧列

也可以在选中列后，执行菜单"表格"/"插入"/"插入列"命令，或右击选中列，在弹出的快捷菜单中执行"插入"/"插入列"命令，打开"插入列"对话框，在对话框中可以设置要插入的列数，并可以通过"位置"选项选择插入到选中列的左侧还是右侧。设置好后单击"确定"按钮，即可按选项设置在表格中插入一定数量的新空白列。

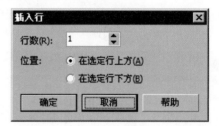

图 7-168　"插入行"对话框

例如，选择"表格工具"，选中表格中的第 2、3 行，如图 7-169 所示。然后打开"插入行"对话框进行设置，单击"确定"按钮，可以看到插入新的空白行，如图 7-170 所示。

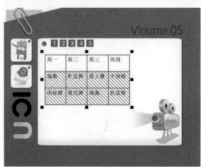

图 7-169　选中第 2 和 3 行

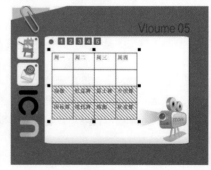

图 7-170　插入行

删除行、列、整个表格与表格内容

表格创建后，如果表格中出现多余的行、列时，可以通过命令将其删除。

选择"表格工具"，选中表格中的一行，然后执行菜单"表格"/"删除"/"行"命令，或右击选中行，在弹出的快捷菜单中执行"删除"/"行"命令，则会将当前选中的行删除，下面的表格行会自动连接到上面的表格行，保持表格完整。也可以选中要删除的多个行，然后执行菜单"表格"/"删除"/"行"命令，即可一次删除多个行。

例如，以图7-167为例，选中第4行，如图7-171所示，然后右击，在弹出的快捷菜单中执行"删除"/"行"命令，可以看到选中的行被删除，如图7-172所示。再选中下面第3行，如图7-173所示，然后执行菜单"表格"/"删除"/"行"命令，可以看到选中的第3行及其中的文字内容被一起删除，如图7-174所示。

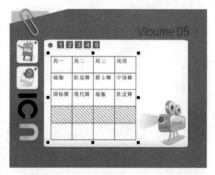

图7-171　选中第4行

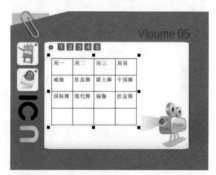

图7-172　删除行

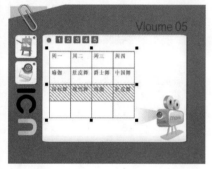

图7-173　选中第3行

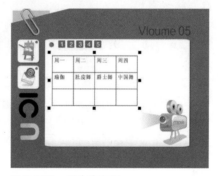

图7-174　删除选中行

例如，以图7-165为例，选中第2列，如图7-175所示，然后右击，在弹出的快捷菜单中执行"删除"/"列"命令，可以看到选中的列及其中的文字内容被一起删除，如图7-176所示。

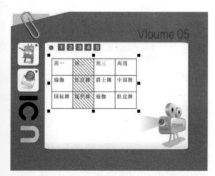

图7-175　选中第2列

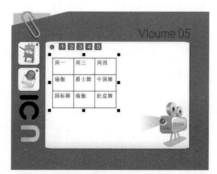

图7-176　删除选中列

例如，撤销前面插入左侧列的操作后，选中第1列，然后执行菜单"表格"/"插入"/"插入列"命令，在打开的"插入列"对话框中进行设置，设置完成后单击"确定"按钮，可以看到在第1列的左侧插入了2个新的空白列，如下图所示。

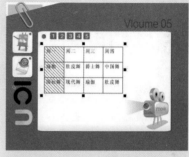

▲　选中第1列

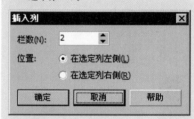

▲　"插入列"对话框

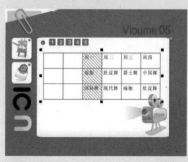

▲　插入列

删除表格内容与删除表格的区别

在删除表格内容时，要注意与删除表格的区别。如果选中某个单元格而不是单元格中的文字时，按【Delete】键将整个表格都删掉，而不是只删除单元格中的文字内容。同样，如果选择了多个单元格，按【Delete】键也会将整个表格删除。

移动列

移动列的方法与移动行的方法大致相同。

选择"表格工具"，选中表格中的第3列，如下图所示。

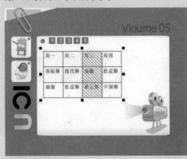

▲ 选中表格中的第3列

然后按住鼠标左键向左拖动到要移动的位置，如下图所示。

▲ 拖动到第2列上面

释放鼠标后，选中的列被移动到该位置，如下图所示。

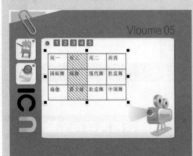

▲ 被移动到第2列的位置

也可以同时选中多列后，进行拖动移动，其方法与移动多行相同。

如果需要删除整个表格，可以在表格中设置插入点光标，或者选择表格中某行、某列或某单元格后，执行菜单"表格"/"删除"/"表格"命令，或右击选中某行/某列或某单元格，在弹出的快捷菜单中执行"删除"/"表格"命令，即可将表格整体删除。也可以用"挑选工具"选中表格图形对象后，按【Delete】键进行删除操作，与普通图形对象的删除操作相同。

如果要删除的是表格中的某些文字内容，则需要在要删除文字的位置设置单元格插入点光标，然后根据文字内容按【Delete】或【Backspace】键进行删除操作。如果单元格中的文字内容较多，也可以在文字中拖动光标选择多个文字内容，如图7-177所示，然后再进行删除，如图7-178所示。其删除方法与普通的文字对象内容删除方法相同。

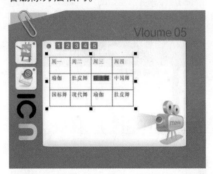

图7-177 选中多个文字内容

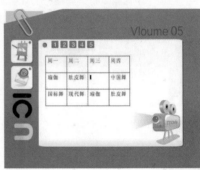

图7-178 删除选中文字

移动表格

表格创建好后，如果对表格中行、列的位置不满意，可以随时通过选中和拖动操作，来移动行、列在表格中的位置。在移动时，行、列中的文字内容也会随之一起移动。

选择"表格工具"，选中表格中的一行，然后按住鼠标左键拖动到要移动的位置，释放鼠标后，选中的行被移动到该位置。当然，也可以同时选中多行后，进行拖动移动，这样就可以同时移动多行内容。

例如，以图7-160为例，选中最后一行，如图7-179所示。然后按住鼠标左键向上拖动到第2行上面，如图7-180所示。释放鼠标后，可以看到最后一行被移动到第2行的位置，如图7-181所示。

图7-179 选中最后一行

图7-180 拖动到第2行上面

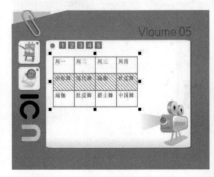

图7-181 被移动到第2行的位置

合并单元格

在很多实用的表格样式中，单元格的大小和所处的位置并不总是规则的，经常会需要将多个单元格合并成一个大的单元格，来满足数据显示的需求。

合并单元格的操作步骤如下：

1️⃣ 打开附书光盘"07\素材16.cdr"文件，文件中已经创建了一个表格对象，如图7-182所示。接下来，参照该表格对象的形式来创建并编辑表格。

图7-182　打开素材

2️⃣ 选择"挑选工具"，将表格移动到浅黄色矩形的上方，方便参照观察。选择"表格工具"，绘制一个6行5列的表格，如图7-183所示。设置"边框"选项为"全部框线"，轮廓宽度为0.75 mm，轮廓颜色为绿色，表格效果如图7-184所示。

图7-183　绘制表格

图7-184　调整表格粗细和颜色

3️⃣ 用"表格工具"选中第1行中所有单元格，如图7-185所示。然后执行"表格"/"合并单元格"命令，或右击选中单元格，在弹出的快捷菜单中执行"合并单元格"命令，或者单击属性栏中对应的功能图标，就可以将选中的多个单元格合并成一个单元格，如图7-186所示。

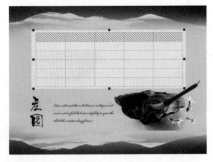

图7-185　选中第1行

图7-186　合并单元格

4️⃣ 再选中左下角的3个单元格，如图7-187所示，将其合并单元格，效果如图7-188所示。再用同样的方法，将右下角的第5行后3个单元格选中，合并成一个单元格，效果如图7-189所示。第6行后3个单元格选中，合并成一个单元格，效果如图7-190所示。

📷 合并单元格的方法

方法1：

用"表格工具"选中需要合并的单元格，然后执行"表格"/"合并单元格"命令，即可合并单元格。

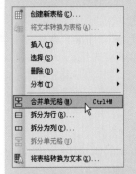

▲　"表格"/"合并单元格"命令

方法2：

选中需要合并的单元格，右击选中单元格，在弹出的快捷菜单中执行"合并单元格"命令，可合并单元格。

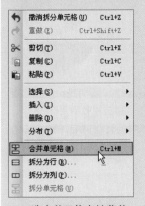

▲　选中单元格右键菜单

方法3：

或者选中需要合并的单元格，再单击属性栏中对应的"合并选定单元格"按钮，就可以将选中的多个单元格合并成一个单元格。

方法4：

选中需要合并的单元格后，按组合键【Ctrl+M】，即可合并单元格。

拆分列

如果要将一个单元格拆分成多个水平方向的单元格,可以在选中该单元格后,执行菜单"表格"/"拆分列"命令;或右击选中单元格,在弹出的快捷菜单中执行"拆分列"命令;或者单击属性栏中对应的功能图标,打开"拆分单元格"对话框,在对话框中设置具体要拆分的列数,单击"确定"按钮即可。并且拆分后,各单元格的大小相同。如果同时选中多个单元格,则会将每个单元格均拆分成设置的列数。

"拆分列"命令的操作方法如下:

在图中绘制一个4行3列的表格,并将其轮廓颜色设置为蓝色。分别选中最后两行的单元格,将其合并,效果如下图所示。

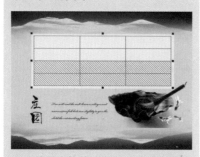

▲ 绘制表格并选中最后两行

▲ 合并单元格

选中合并后的单元格,右击,在弹出的快捷菜单中执行"拆分列"命令,在打开的"拆分单元格"对话框中设置"列数"为2,如下图所示。

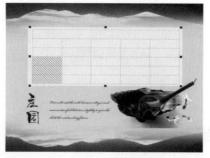

图 7-187　左下角的 3 个单元格

图 7-188　合并单元格

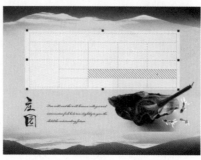

图 7-189　合并第 5 行后 3 个单元格

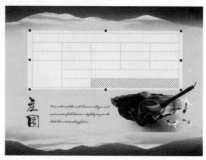

图 7-190　合并第 6 行后 3 个单元格

拆分表格

在绘制一些不规则的表格样式时,除了将多个单元格合并成一个单元格外,还可以将一个单元格拆分成多行或多列,以实现不同的表格样式效果。

对于利用"合并单元格"命令产生的单元格,用户可以选中该合并的单元格后,执行菜单"表格"/"拆分单元格"命令,或右击选中合并单元格,在弹出的快捷菜单中执行"拆分单元格"命令,或者单击属性栏中对应的功能图标,即可将该单元格自动拆分为适合的单元格状态。

拆分单元格的操作方法如下:

以图 7-188 为例,选中左下角合并后的单元格,如图 7-191 所示。然后执行菜单"表格"/"拆分单元格"命令,可以看到选中的单元格自动按照对应的行数值,拆分为 3 个单元格,如图 7-192 所示。

图 7-191　选中左下角单元格

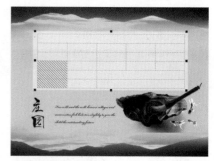

图 7-192　拆分单元格

如果要将一个单元格拆分成多个垂直方向的单元格,可以在选中该单元格后,执行"表格"/"拆分行"命令;或右击选中单元格,在弹出的快捷菜单中执行"拆分行"命令;或者单击属性栏中对应的功能图标,打开"拆分单元格"对话框,在对话框中设置具体要拆分的行数,设置完毕单击"确定"按钮即可。并且拆分后,各单元格的大小相同。如果同时选中多个单元格,则会将每个单元格均拆分成设置的行数。

"拆分行"命令的操作步骤如下：

① 以图 7-184 为例，将表格对象选中并删除，然后选择"表格工具"，设置表格的行数为 4 行，列数为 3 列，然后在浅黄色矩形中拖动，创建一个表格，并设置边框颜色为蓝色，效果如图 7-193 所示。

图 7-193　拆分单元格

② 选中左上角的 3 个单元格将其合并，效果如图 7-194 所示。右击选中的单元格，在弹出的快捷菜单中执行"拆分行"命令，在打开"拆分单元格"对话框中设置"行数"为 2，单击"确定"按钮，单元格拆分后的效果如图 7-195 所示。

图 7-194　合并单元格

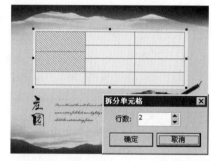

图 7-195　拆分单元格

③ 再选中表格右侧 6 个单元格，如图 7-196 所示。然后再打开"拆分单元格"对话框，设置"行数"为 2，单击"确定"按钮，则可以看到所有选中的单元格都被拆分为 2 行，如图 7-197 所示。

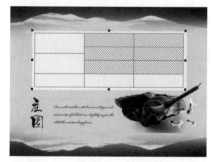

图 7-196　选中右上 6 个单元格

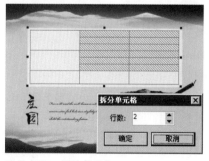

图 7-197　拆分单元格

调整表格大小

不论是使用"表格工具"，还是执行菜单"表格"/"新建表格"命令，创建的初始表格图形单元格的行高和列宽都是相等的。而很多时候，用户需要的表格的行高和列宽并不相等，这时要根据实际情况，对表格的行高、列宽进行调整，也可以改变表格整体的大小，以得到需要的表格形状。

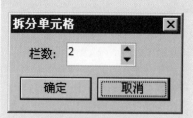

▲ "拆分单元格" 对话框

单击"确定"按钮，效果如下图所示。

▲ 拆分列效果

再将底部的两个单元格选中，如下图所示。

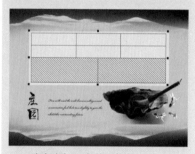

▲ 选中底部 2 个单元格

然后再打开"拆分单元格"对话框，设置"列数"为 2，单击"确定"按钮，则可以看到单元格拆分后的效果如下图所示。

▲ 拆分列效果

提醒读者要注意的是，如果要精确地调整表格中行、列的大小，可以在调整时观察预览线所对应的标尺刻度位置。在拖动移动表格边框线时，会在水平和垂直标尺上显示虚线的指示线，如下图所示。

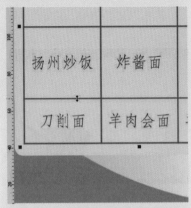

▲ 水平标尺上显示虚线的指示线

▲ 垂直标尺上显示虚线的指示线

在默认情况下，移动表格的边框线时，不会对其非相邻的行或列有影响，如果想要在移动边框线的同时，表格右侧或下侧的表格图形随之移动，可以按住【Shift】键后再进行拖动调整。

例如，将光标放置在表格的一条垂直边框线上，如下图所示。

例如，打开附书光盘"07\素材17.cdr"文件，文件中已经创建了一个表格图形，如图7-198所示。

调整行高，选择"表格工具"，将光标放置在表格的水平边框线上，待光标变为上下的双向黑色箭头时，按住鼠标上下拖动，即可以调整该表格边框线所在行的高度。

调整行高的操作方法如下：

将光标放置在表格的一条水平边框线上，光标变为上下的双向黑色箭头，如图7-199所示。按住鼠标左键向下拖动，可以看到位置预览线条，如图7-200所示。释放鼠标后，表格边框线的位置发生改变，即该行的高度被改变，效果如图7-201所示。

图7-198　打开素材

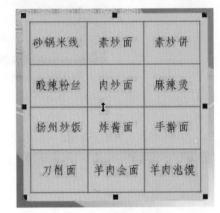

图7-199　光标变为双向黑色箭头

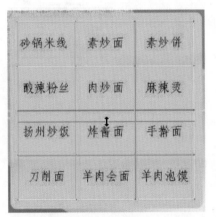

图7-200　预览线条

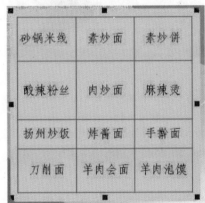

图7-201　行的高度被改变

调整列宽时，将光标放置在表格的垂直边框线上，待光标变为左右的双向黑色箭头时，按住鼠标左键左右拖动，则可以调整该表格边框线所在列的宽度。

调整列宽的操作方法如下：

将光标放置在表格的一条垂直边框线上，待光标变为左右的双向黑色箭头，如图7-202所示。按住鼠标左键向右拖动，可以看到预览线条，如图7-203所示。释放鼠标后，表格边框线的位置发生改变，即该列的宽度被改变，效果如图7-204所示。

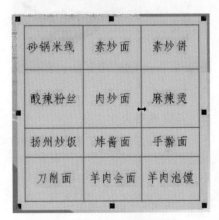

图7-202　光标变为双向黑色箭头

图 7-203　预览线条

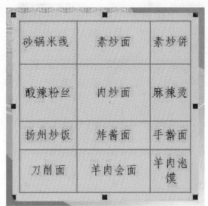

图 7-204　列的宽度被改变

如果将光标放置在表格的水平和垂直边框线的交叉点上，则光标变为斜向的双向黑色箭头，此时按住鼠标左键拖动，则可以同时改变表格边框线所在行和列的高度和宽度，即该单元格的大小。

例如，将光标放置在表格边框线的一个交叉点上，光标变为斜向的双向黑色箭头，如图 7-205 所示。按住鼠标向右下方拖动，可以看到预览线条，如图 7-206 所示。释放鼠标后，表格边框线的位置发生改变，同时单元格的大小也随之改变，效果如图 7-207 所示。

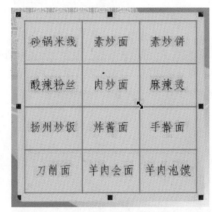

图 7-205　光标变为双向黑色箭头

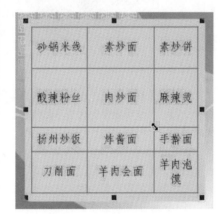

图 7-206　预览线条

图 7-207　行、列的宽度被改变

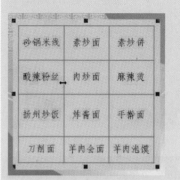

▲　光标放置在垂直边框线上

按住【Shift】键向右拖动调整，可以看到预览线条中右侧的表格图形随之进行移动，释放鼠标后，表格的右侧图形被整体移动，效果如下图所示。同样，也可以对表格的行进行相同方式的调整。

▲　右侧的表格随之移动

在调整行高和列宽时的同时，也可将光标放置在表格边框线的一个交叉点上，如下图所示。

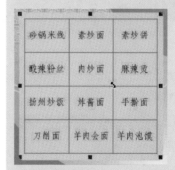

▲　光标放置在交叉点上

按住【Shift】键向右下方拖动调整，可以看到预览线条中右侧和下侧的表格图形随之进行移动，释放鼠标后，表格的右侧和下侧图形被整体移动，效果如下图所示。

平均分布行、列。在一些表格样式中，需要将几个相邻的行调整为同一高度，或将相邻的列调整为同一宽度，这时，如果用眼睛直接观察不会很精确，如果使用标尺则又比较麻烦。在这种情况下，可以选中要调整的多行或多列，然后执行"平均分布行"或"平均分布列"命令即可。

平均分布行、列的操作方法如下：

选择"表格工具"，选中相邻的 3 行，如图 7-208 所示。然后执行菜单"表格"/"平均分布"/"平均分布行"命令，或右击选中行，在弹出的快捷菜单中执行"平均分布"/"平均分布行"命令，选中的行的高度会根据当前选中行的整体高度进行平均分布调整，效果如图 7-209 所示。

▲ 右侧和下侧图形被整体移动

需要提醒注意的是，在选择"表格工具"后，将光标放置在表格最外围的边框线和整体的控制点上时，都会显示为双向的箭头，但是拖动后产生的调整效果并不同。如果是边框线上的双向箭头，则只调整外围边框线的位置，如下图所示。

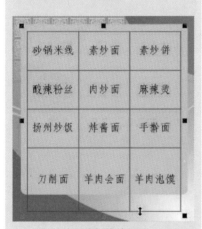

▲ 调整外围边框线的位置

只有在控制点上显示的双向箭头，在拖动调整时才会对表格整体进行缩放操作，如下图所示。

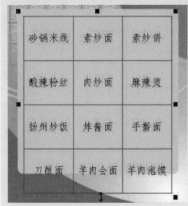

▲ 调整整体的控制点位置

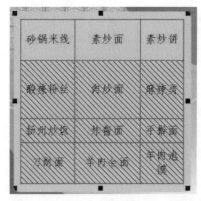

图 7-208　选中不平均的行

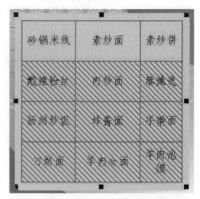

图 7-209　"平均分布行"命令效果

同样，如果要使多个列的宽度相同，也可以使用"平均分布列"命令来进行处理。例如，选择"表格工具"，选中表格中的3列，如图 7-210 所示。然后执行"表格"/"平均分布"/"平均分布列"命令；或右击，在弹出的快捷菜单中执行"平均分布"/"平均分布列"命令，选中的列的高度会根据当前选中列的整体宽度进行平均分布调整，效果如图 7-211 所示。

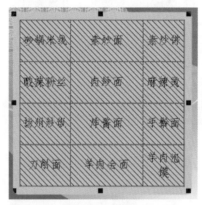

图 7-210　选中不平均的列

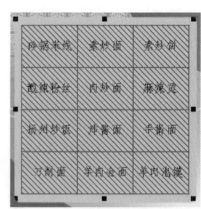

图 7-211　"平均分布列"命令效果

在调整表格大小时，也可以对表格进行整体的调整，这样的调整会影响表格中每一个行、列和单元格的大小，此时会根据用户的调整操作，将表格进行整体的放大或缩小。

调整表格大小的操作方法如下：

选择"表格工具"或"挑选工具"，将光标放置在表格右下角的控制点上，待光标变为斜向的双向箭头时，按住鼠标左键向左上拖动，可以看到预览线条中，表格中所有行、列和单元格都随之缩小，如图 7-212 所示。释放鼠标后，表格整体等比例被缩小，效果如图 7-213 所示。

图 7-212　向左上拖动

图 7-213　表格整体等比例被缩小

再将光标放置在表格下侧的控制点上，待其变为上下的双向箭头时，按住鼠标左键向下拖动，可以看到预览线条中，表格中所有行的高度都随之变大，释放鼠标后，表格沿垂直方向被放大。同样，也可以将光标放置在另外 6 个控制点上，对表格进行拖动缩放，这里就不再一一介绍。

如果要将表格调整到精确的大小，则可以在选中表格对象后，在属性栏中直接设置表格的宽度和高度，表格会随着数值的变化而进行相应的调整。

7.2.4 设置表格样式效果

在默认情况下，绘制的表格没有填充颜色，边框轮廓是黑色的细线，这个外观效果比较单一。在很多设计作品中，经常会需要将表格的外观进行美化，使其与设计作品的整体谐调、统一。在 CorelDRAW X5 中，用户可以将表格像普通图形那样，进行填充内容及效果的设置，对表格边框的轮廓颜色、样式等效果进行设置，从而制作出美观、大方，符合用户设计要求的表格。

设置表格轮廓效果

表格边框线的设置方法与普通图形的轮廓线设置方法相同，在选中整个表格、行、列或单元格后，在属性栏中进行设置即可。同时，也可以利用轮廓工具组中的工具对话框对其进行设置。

例如，打开附书光盘 "07\ 素材 18.cdr" 文件，文件中已经创建了一个表格图形，如图 7-214 所示。

在选中要设置轮廓样式的表格、行、列或单元格后，在属性栏中单击 "边框" 下拉按钮，在弹出的下拉列表框中，可以选择一种边框添加方式，如图 7-215 所示。然后单击 "轮廓宽度" 下拉按钮，在其弹出的下拉列表中，可以选择一种预置的轮廓宽度数值选项，也可以直接在 "轮廓宽度" 选项文本框中输入需要的宽度数值，这时表格中选中的内容，就会按照设置对表格的边框线进行调整。

图 7-214　打开素材　　　　图 7-215　"边框" 按钮下拉菜单

设置轮廓线宽度和样式的操作步骤如下：

1 选择 "表格工具"，选中整个表格，如图 7-216 所示。然后在属性栏中，设置 "边框" 选项为 "外侧框线" 选项，再设置 "轮廓宽度" 选项为 1.5mm，可以看到表格边框的效果如图 7-217 所示。

需要注意的是，如果一次选择了多个行、列或单元格，则会根据所选择的范围，对表格边框线的样式和颜色进行设置。

例如，选择多个单元格，如下图所示。

▲　选择多个单元格

设置 "边框" 选项为 "外侧框线"，然后再设置 "轮廓宽度" 选项为 2.0 mm，"轮廓颜色" 为蓝色，可以看到表格中只将选择范围的整个外围边框被设置了相应的轮廓效果，如下图所示。

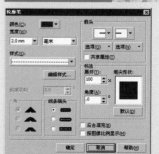

▲　轮廓效果

如果想要不显示表格的边框线，可以在选中某个行、列或单元格后，在属性栏中设置"边框"选项后，设置"轮廓宽度"选项为"无"，或者设置"轮廓颜色"为"无"，都可以达到隐藏边框线的效果。

例如，选中多个单元格，如下图所示。

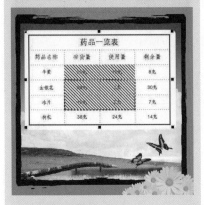

▲　选中多个单元格

在属性栏中设置"边框"选项为"所有框线"，设置框线颜色为"无"，效果如下图所示。

▲　不显示表格的边框线

图 7-216　选中整个表格

图 7-217　边框设置效果

❷ 选中表格的所有单元格，如图 7-218 所示。在属性栏中设置"边框"选项为"内部框线"选项，再单击"轮廓画笔对话框"按钮，或选择工具栏中的"轮廓笔对话框工具"，打开"轮廓笔"对话框，设置"宽度"为 1.0 mm，选择一种点画线样式，单击"确定"按钮，可以看到表格边框的效果如图 7-219 所示。

图 7-218　全选单元格

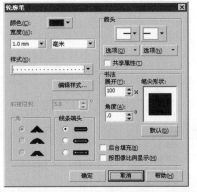

图 7-219　"轮廓笔"对话框

设置轮廓颜色，在设置表格轮廓样式的同时，也可以对表格边框线的颜色进行设置。在选中要设置轮廓颜色的表格、行、列或单元格后，在属性栏中单击轮廓颜色块，在弹出的下拉列表中，选择一种预置的颜色即可。当然，也可以单击列表中的"其他"按钮，对轮廓的颜色进行编辑。

设置轮廓线颜色的操作方法如下：

用"表格工具"选中最后一列，如图 7-220 所示。设置"边框"选项为"左框线"，再设置"轮廓颜色"为红色，可以看到表格边框的效果如图 7-221 所示。

图 7-220　选中最后一列

图 7-221　"轮廓颜色"为红色效果

设置表格填充效果

为表格设置填充效果的方法与普通图形的设置方法基本相同，在选中整个表格、行、列或单元格后，在属性栏中进行设置即可。同时，也可以利用填充工具组中的工具对话框对其进行设置。

为表格填充均匀背景颜色。在选中要设置填充效果的表格、行、列或单元格后，在属性栏中可以看到表格的默认填充颜色是"无"，单击"填充"下拉按钮，在弹出的下拉列表框中，可以选择一种预置的颜色，选中的表格对象就会被填充为选择的颜色。当然，也可以单击列表中的"其他"按钮，或单击属性栏中的"均匀填充"按钮，打开"均匀填充"对话框，进行自定义设置。

填充均匀背景颜色的操作方法如下：

以图 7-214 为例，选择"表格工具"，选中表格中隔行的内容，如图 7-222 所示。然后在属性栏中，设置"填充"选项为浅灰色，可以看到表格的效果如图 7-223 所示。

图 7-222　选中表格中隔行的内容

图 7-223　填充均匀色效果

如果要在表格中填充渐变色，可以在选中要设置填充效果的表格、行、列或单元格后，选择工具栏中的"渐变填充对话框工具"，打开"渐变填充"对话框进行设置，设置完成后单击"确定"按钮，即将渐变色填充到选中的表格对象中。

填充渐变色的操作方法如下：

选择"表格工具"，选中表格中的第 3 行，选择工具栏中的"渐变填充对话框"工具，在打开的"渐变填充"对话框中进行设置，如图 7-224 所示。单击"确定"按钮，可以看到表格的效果，如图 7-225 所示。

◎ 其他方式填充表格

表格除了可以作均匀填充和渐变填充外，另外还可以作图样、底纹和 PostScript 底纹填充。

如果要在表格中填充图样、底纹和 PostScript 底纹，可以在选中要设置填充效果的表格、行、列或单元格后，选择工具栏中的对应的工具，在打开的对话框中进行设置，即可为表格应用选中的填充图样或底纹效果。

填充图样、底纹和 PostScript 底纹的操作方法如下：

选择"表格工具"，选中表格中的第 3 行，如下图所示。

▲　选择第 3 行表格

选择工具栏中的"图样填充对话框工具"，在打开的"图样填充"对话框中进行设置。单击"确定"按钮，即可看到表格的效果，如下图所示。

▲　"图样填充"效果

选择"表格工具",选中表格中的第4行,选择工具栏中的"底纹填充对话框工具",在打开的"底纹填充"对话框中进行设置。单击"确定"按钮,即可看到表格的效果,如下图所示。

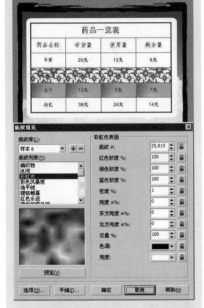

▲ "底纹填充"效果

同样,再分别为不同的表格区域应用PostScript底纹填充,可以看到填充后的表格效果,如下图所示。

▲ "PostScript底纹填充"效果

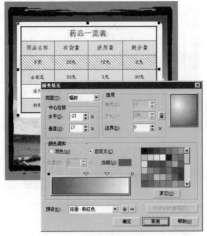

图7-224 选中表格第3行与"渐变填充"对话框

图7-225 "渐变填充"效果

设置表格中的文字格式及对齐方式

表格中的文字格式设置与普通的文字格式设置基本相同,用"表格工具"在要输入文字的单元格中单击,显示出插入点光标,即可输入文字内容。在输入文字之前和之后,都可以对文字的字体、大小、字体样式、文字方向等格式进行设置。这里与表格相关的特有的格式设置选项有"更改文本的垂直对齐"选项和"文本边距"选项,分别用于控制文字在单元格中的垂直方向的位置,以及与表格边框线之间的距离。

表格文字对齐方式设置。选择"表格工具",单击要设置文字对齐方式的单元格,然后单击属性栏中的"更改文本的垂直对齐"下拉按钮,在弹出的下拉列表中,可以选择一种垂直对齐方式,如图7-226所示。设置好后,光标所在单元格中的文字会自动进行对应的对齐处理。

图7-226 "更改文本的垂直对齐"下拉菜单

表格文字对齐方式设置的操作方法如下:

以图7-214为例,选择"表格工具",单击表格第1行,如图7-227所示。单击属性栏中的"更改文本的垂直对齐"下拉按钮,在弹出的下拉列表框中,选择"下部垂直对齐"选项,即可看到文字在单元格中的对齐效果,如图7-228所示。

图7-227 单击第一行文字

图7-228 "下部垂直对齐"选项效果

也可以在选中行、列、单元格或表格后，利用"段落格式化"泊坞窗进行设置。例如，选中最后一列，然后在"段落格式化"泊坞窗中，将"水平"对齐选项设置为"右"，"垂直"对齐选项设置为"上"，效果如图7-229所示。

图7-229　"段落格式化"泊坞窗设置文字对齐方式

文字与表格边框的间距设置。选择"表格工具"，单击要设置文字边框的单元格，然后单击属性栏中的"文本边距"下拉按钮，在弹出的选项面板中，可以设置文字与上、下、左、右4个边框的距离，如图7-230所示。设置完成后，光标所在单元格中的文字会自动根据设置的数值进行位置调整。

图7-230　"文本边距"下拉选项面板

文字与表格边框间距的设置的操作方法如下：

选择"表格工具"，单击表格中的最后一行第3个单元格，如图7-231所示。单击属性栏中的"文本边距"下拉按钮，在弹出的选项面板中，设置"边距"选项为4.0 mm，可以看到文字在单元格中的位置发生改变，如图7-232所示。选择"文本工具"在该单元格中单击，则会显示出文本的范围框，如图7-233所示。

图7-231　单击最后一行第3个单元格

图7-232　"文本边距"效果　　图7-233　文本的范围框

表格与文本之间相互转换

表格与文本之间可以进行相互转换，这样既可以方便地处理表格中的文字内容，又可以利用已有的文字内容轻松快捷地制作出简单的表格效果。

表格与文本之间的转换

这里需要注意的是，表格与文本之间的转换并不是完全可逆的，将一个表格转换为文本后，再将其转换为表格，其表格的效果是按默认设置进行处理的，所以两者可能会有很大的差别。

下面我们尝试一下将表格转换成文本再转换成表格的过程。

打开附书光盘"07\16.cdr"文件，如下图所示。

▲　打开素材

选中段落文本框，执行菜单"表格"/"转换表格为文本"命令，在打开的"转换表格为文本"对话框中选择"制表位"单击按钮，将表格转换为段落文本框，如下图所示。

▲　转换表格为文本

再选中段落文本框，执行菜单"表格"/"转换文本为表格"命令，在打开的"转换文本为表格"对话框中选择"制表位"，单击"确定"按钮，可以看到段落文本被转换为表格对象，该表格效果与原始的表格效果完全不同，如下图所示。

▲ 转换文本为表格

文本转换为表格的其他方法

执行菜单"表格"/"转换文本为表格"命令后，在打开的"转换文本为表格"对话框中选择"逗号"，单击"确定"按钮，可以看到段落文本被转换为表格对象，效果如下图所示。

▲ 选择"逗号"转换文本为表格

在打开的"转换文本为表格"对话框中选择"段落"，单击"确定"按钮，可以看到段落文本被转换为表格对象，效果如下图所示。

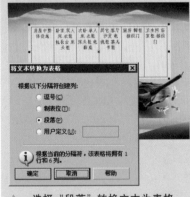

▲ 选择"段落"转换文本为表格

将表格转换为文字，选中表格对象，执行菜单"表格"/"转换表格为文本"命令，打开"转换表格为文本"对话框，如图7-234所示。在对话框中，可以选择一种表格分隔符选项，单击"确定"按钮，即可将表格转换为文本。

"转换表格为文本"命令的操作方法如下：

以图7-214为例，用"挑选工具"选中表格对象，执行"表格"/"转换表格为文本"命令，在打开的"转换表格为文本"对话框中选择"制表位"单击按钮，单击"确定"按钮，可以看到选中的表格被转换为段落文本框，如图7-235所示。

图7-234 "转换表格为文本"对话框

图7-235 表格被转换为段落文本框

"将文字转换为表格"命令的操作方法如下：

选中段落文本框，执行菜单"表格"/"转换文本为表格"命令，打开"将文本转换为表格"对话框，如图7-236所示。其对话框选项内容与"转换表格为文本"对话框相同。同样地，选择一种表格分隔符选项后，单击"确定"按钮，即可将文本转换为表格。

以图7-214为例，用"挑选工具"选中段落文本框，执行"表格"/"将文本转换为表格"命令，在打开的"将文本转换为表格"对话框中选择"制表位"单选按钮，单击"确定"按钮，可以看到段落文本被转换为表格对象，效果如图7-237所示。

图7-236 表格被转换为段落文本框

图7-237 转换文本为表格效果

CorelDRAW X5 ➡ 入门与实用技巧大全

08 Chapter
矢量特效

　　CorelDRAW X5中可以制作特殊效果。这些特殊效果主要是通过运用工具箱中的交互式工具组和泊坞窗的矢量特效功能创建出来的，如调和、轮廓图、变形、阴影、封套、立体化、透明度和透镜等。用户掌握了这些特效技巧，在绘制图形时有很大的帮助，可以使绘制出的图形效果更加显著。

交互式调和简单分类

在正文中已经提到，"交互式调和工具"可以做形状上的调和、颜色上的调和、轮廓上的调和及尺寸上的调和。下面我们来制作出对比图形。

▲ 单纯的形状上的调和

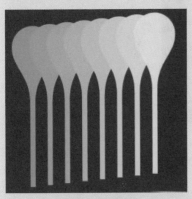

▲ 单纯的颜色上的调和

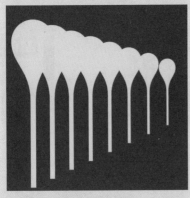

▲ 单纯的大小上的调和

8.1 调和效果

"交互式调和工具"可以让矢量图形之间形状、颜色、轮廓及尺寸上产生平滑的变化，也就是在创建的两个对象之间产生过渡效果，将一个对象的外形、轮廓色和填充色过渡为另一个对象，下面先讲解调和的几种方法。

8.1.1 建立调和

绘制两个用于创建调和效果的图形，在工具箱中选择"交互式调和工具"，在其中一个对象上按住鼠标左键不放，拖动鼠标指针到另一个对象，释放鼠标即可创建调和效果，这种调和也叫直接调和。

直接调和的具体操作步骤如下：

① 打开附书光盘"08\素材 1.cdr"，图像中有两组星形图形，如图 8-1 所示。

② 单击工具栏上的"交互式调和工具"按钮，选中下方的红色星星组，按住鼠标左键拖向上方的黄色星星组，释放鼠标即可得到调和效果，如图 8-2 所示。

图 8-1 打开素材

图 8-2 直接调和

8.1.2 沿路径进行调和

在绘图页面上绘制一条路径，同时选中已应用了调和效果的对象，单击属性栏中的"路径属性"按钮下菜单中的"新路径"命令，移动鼠标指针到路径上，鼠标指针会变为弯曲的箭头形状，单击鼠标即可。

路径调和的具体操作步骤如下：

① 在工具栏中选择"手绘工具"，在直线调和下绘制一条曲线，如图 8-3 所示。

② 选择调和的对象，单击"交互式调和工具"属性栏中的"路径属性"按钮，打开菜单选择新建路径，待鼠标指针形状发生变化后，将鼠标指针移动到曲线上，在曲线上单击鼠标，即可得到路径调和效果，如图 8-4 所示。

图 8-3 绘制曲线

图 8-4 路径调和的效果

复合调和

"交互式调和工具"也可以制作多个图形对象之间的调和，称之为复合调和。

如要调和 3 个对象，复合调和的具体操作步骤如下：

① 打开附书光盘"08\ 素材 2.cdr"，图像中有 3 颗星形的图形，如图 8-5 所示。

② 选择工具箱中的"交互式调和工具"，选中白色星星，然后按住鼠标左键并拖动至后面的橘红色星星，可产生调和效果，如图 8-6 所示。

图 8-5 打开素材

图 8-6 第一次调和

③ 在绘制页面空白处单击鼠标，然后再选中白色星星，按住鼠标左键拖动至黑色星星，即可产生复合调和效果，如图 8-7 所示。

图 8-7 第二次调和

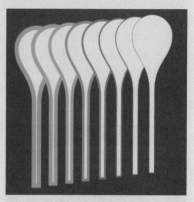

▲ 单纯的轮廓上的调和

复合调和技巧提示

在制作复合调和时，不仅仅可以对没有做过调和的对象进行调和操作，还可以将调和过的对象进行拆分并解组后，选择调和渐变过程中的一个图形与其他图形进行再次调和。

绘制 3 个简单图形，在心形和圆形之间绘制调和，如下图所示。

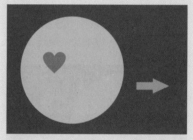

▲ 绘制 3 个图形

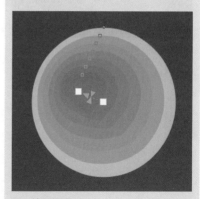

▲ 绘制调和

用"挑选工具"选中该调和图形，单击右键，在弹出的快捷菜单中选择"拆分"命令，再单击右键，在弹出的快捷菜单中选择"取消群组"命令，在上次调和的过程中选择一个图形，如下图所示。

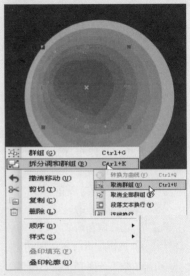

▲ 拆分并解组

再次选择"交互式调和工具"将选择的图形与右侧的箭头工具进行调和，调和完毕，效果如下图所示。

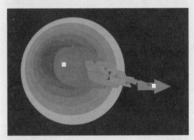

▲ 再次调和

8.1.4 编辑修改调和对象的起点和终点

创建好调和效果后，可以移动调和对象的位置。其方法是在调和对象上按住鼠标左键进行拖动，也可以只移动调和对象的起点和终点对象，即在选中调和对象后，在调和对象的源对象上按住鼠标左键拖动。要移动终点的对象，则在"挑选工具"状态下，在调和对象中选取绿色曲线，按住鼠标左键拖动到适当的位置，然后释放鼠标即可，拖动前后的对比效果，如图8-8所示。

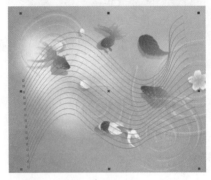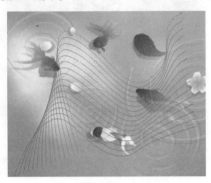

图8-8　修改前后的效果对比

8.1.5 编辑调和对象

创建好的调和对象可以在"交互式调和工具"属性栏中进行设置，其属性栏如图8-9所示。

图8-9　"交互式调和工具"属性栏

预设列表参数 预设... ▾：在该下拉列表框中可以选择一些预设的调和效果。

"步长或调和形状之间的偏移量"选项 ：在数值框中可以输入所需的调和步数。图8-10所示为设置不同调和步长的效果对比。

图8-10　不同调和步长的效果对比

"调和方向"选项 ：在该文本框中可以输入所需的调和角度。图8-11所示为设置不同角度的效果对比。

"环绕调和"按钮 ：在"调和方向"文本框中输入所需的角度，该按钮变为活动状态，单击该按钮，可以在两个调和的对象之间围绕调和中心旋转中间的对象，设置不同角度的环绕调和，其效果对比如图8-12所示。

图 8-11　不同角度的效果对比

图 8-12　不同角度的环绕调和效果对比

"直接调和"按钮 、"顺时针调和"按钮 、"逆时针调和"按钮 ：单击 按钮，可以用直接渐变的方式填充中间的对象；单击 按钮，可以用代表色彩轮盘顺时针方向的色彩填充中间的对象；单击 按钮，可以用代表色彩轮盘逆时针方向的色彩填充中间的对象。图 8-13 所示为单击不同的按钮所得到的效果。

图 8-13　不同方式的填充调和效果对比

"对象和颜色加速"按钮 ：单击该按钮，弹出"加速"面板，通过拖动滑块的位置可以对渐变路径上的图形和色彩分布进行调整。单击 按钮，将取消锁定后可以单独调整图形和颜色的分布情况。图 8-14 所示为设置不同对象或颜色加速的效果对比。

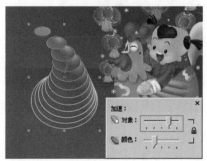
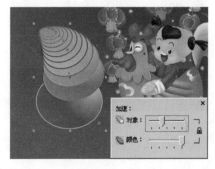

图 8-14　不同对象或颜色加速的对比效果

调和泊坞窗

执行菜单"效果"/"调和"命令，可以显示/隐藏"调和"泊坞窗。下面将讲解如何使用"调和"泊坞窗为图形添加调和效果。

选中需要添加调和效果的图形，执行菜单"效果"/"调和"命令，弹出"调和"泊坞窗，如下图所示。

▲　"调和"泊坞窗

在"调和"泊坞窗中单击"应用"按钮，得到如下图所示的调和效果。

▲　"调和"效果

单击 按钮，弹出下拉菜单，执行"新路径"命令，移动鼠标指针到曲线上单击，如下图所示，以选择曲线为调和对象的新路径。

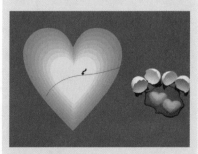

▲　指针变形

215

在"调和"泊坞窗中选中"沿全路径调和"复选框，单击"应用"按钮，以使调和对象依附在新路径上，如下图所示。

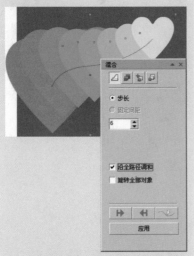

▲ "沿全路径调和"效果

因为"调和"泊坞窗中的按钮和命令在"交互式调和工具"的属性栏中都有相对应的按钮和命令，下面将简单介绍"调和"泊坞窗中的按钮和命令以便与"交换式调和工具"的属性栏中的按钮和命令对照学习。

"调和"泊坞窗中的选项参数：

"调和步长"按钮：单击该按钮会弹出如下图所示的泊坞窗界面，在"步长"数值框中可以输入所需的调和步数。在"旋转"选项的数值框中可以输入所需的旋转角度。

▲ "调和步长"泊坞窗界面

"加速调和时大小调整"按钮：单击该按钮，可以选择使用调和加速时影响中间图形大小的程度。图8-15所示为使用此按钮前后的图形调和效果对比。

图8-15　使用"加速调和时大小调整"前后的效果对比

"杂项调和选项"按钮：单击该按钮，弹出如图8-16所示的面板，并在其中单击所需的按钮来映射节点和拆分调和中间的对象。如果选择调和对象是沿新路径进行调和的，则"沿全路径调和"复选框和"旋转全部对象"复选框为活动状态。

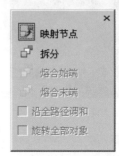

图8-16　"杂项调和选项"下拉菜单

映射节点：选择该命令可以在调和对象中选择要进行映射的节点，以使它们进行调和。图8-17为选择映射节点后的效果对比图。

图8-17　选择映射节点前后的效果对比

拆分：选择该命令可以对调和对象进行拆分。图8-18所示为拆分调和对象并移动拆分对象的过程。

图 8-18　拆分效果

熔合始端 🔳 与熔合末端 🔳 按钮可以熔合复合调和中的起始对象或结束对象。熔合始端效果如图 8-19 所示，熔合末端效果如图 8-20 所示。

图 8-19　熔合始端效果

图 8-20　熔合末端效果

沿全路径调和：如果选择的调和对象是沿一条新路径进行调和的，则该按钮呈可用状态。执行该命令，可以将该调和对象沿新路径进行调和，并完全适合新路径，如图 8-21 所示。

图 8-21　沿全路径调和前后的效果对比

旋转全部对象：如果选择的调和对象是沿一条新路径进行调和的，则该按钮呈可用状态，选择该选项，可以将该调和对象沿新路径进行旋转，如图 8-22 所示。

"起点"按钮 🔳：单击该按钮，可以在画面中选择调和对象的新起点。

"终点"按钮 🔳：单击该按钮，可以在画面中选择调和对象的新终点。

"调和加速"按钮 🔳：单击该按钮会弹出如下图所示的泊坞窗界面，通过调整滑块的位置可以对渐变路径上的图形和色彩分布进行调整，选中"链接加速"复选框后可以单独调整图形和颜色的分布情况，选中"应用于大小"复选框可以决定使用调和加速时影响中间图形大小的程度。

▲　"链接加速"泊坞窗界面

"调和颜色"按钮 🔳：单击该按钮会弹出如下图所示的泊坞窗界面。单击"直线路径"按钮 🔳 可以用直接渐变的方式填充中间的对象；单击"顺时针路径"按钮 🔳 可以用代表色彩轮盘顺时针方向的色彩填充中间的对象；单击"逆时针路径"按钮 🔳 可以用代表色彩轮盘逆时针方向的色彩填充中间的对象。

▲　"调和颜色"泊坞窗界面

217

"杂项调和选项"按钮 ：单击该按钮会弹出如下图所示的泊坞窗界面，单击"映射节点"按钮可以在调和对象中选择要进行映射的节点，以使它们进行调和。单击"拆分"按钮可以对调和对象进行拆分。单击"熔合始端"或"熔合末端"可以熔合复合调和中的起始对象或结束对象。

▲ "杂项调和选项"泊坞窗界面

图 8-22 旋转全部对象

 "起始和结束对象属性"按钮：单击该下拉按钮，弹出如图 8-23 所示的下拉菜单，在其中可以重新选择或显示调和的起点或终点。图 8-24 所示为更改调和对象起点的过程。

新起点 (N)
显示起点 (S)

新终点
显示终点 (H)

图 8-23 "起始和结束对象属性"按钮下拉菜单

图 8-24 更改起始点前后的效果对比

新起点：执行该命令，可以在画面中选择调和对象的新起点。

显示起点：执行该命令，可以在调和对象中显示起点。

新终点：执行该命令，可以在画面中选择调和对象的新终点。

显示终点：执行该命令，可以在调和对象中显示终点。

"路径属性"按钮 ：单击该按钮，可以使原调和对象依附在新路径上，具体操作方法前面已经作过介绍，这里不再重复。

"复制调和属性"按钮 ：单击该按钮可以将一个调和对象的属性复制到所选的对象上。

"清除调和"按钮 ：单击该按钮可以将所选的调和对象运用的调和效果清除。

8.2 轮廓图效果

轮廓图的效果与调和相似，它主要用于单个图形的中心轮廓线，形成以图形为中心渐变的朦胧边缘效果，主要包括到中心、向内和向外 3 种形式。

"到中心"轮廓图形式可使轮廓图向对象的中心自动填满。

选中图像中需要创建轮廓图效果的对象，如图8-25所示。选择工具箱中的"交互式轮廓工具"，在其属性设置栏中单击"到中心"按钮 ，设置到中心轮廓图效果，在轮廓偏移数值框中输入不同的数值可以决定轮廓图的数量和轮廓之间的宽度，数值越大轮廓图的数量越少，轮廓之间的宽度越大。图8-26所示为设置不同轮廓偏移数值的效果对比。

图8-25　选中图像

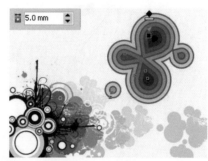

图8-26　设置不同轮廓偏移数值的效果对比

8.2.2　"向内"轮廓图效果

"向内"轮廓图形式可在对象内部创建轮廓图群组。

选中素材图像中需要创建轮廓图效果的对象，如图8-27所示。选择工具箱中的"交互式轮廓工具"，在其属性设置栏中单击"向内"按钮 ，设置向内轮廓图效果。在轮廓图步长数值框中输入不同的数值可以决定轮廓图的数量，在轮廓偏移数值框中输入不同的数值可以决定轮廓图之间的宽度。图8-28所示为设置不同轮廓图步长值的效果对比。

图8-27　选中图像

图8-28　设置不同轮廓图步长值的效果对比

◎　轮廓图泊坞窗

执行菜单"效果"/"轮廓图"命令，可以显示/隐藏"轮廓图"泊坞窗。下面讲解如何使用"轮廓图"泊坞窗为图形添加轮廓图效果。

选中需要添加轮廓图效果的图形，执行菜单"效果"/"轮廓图"命令，弹出"轮廓图"泊坞窗，如下图所示。

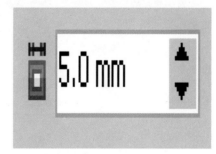

▲　"轮廓图"泊坞窗

在"轮廓图"泊坞窗中单击"应用"按钮，得到如下图所示的轮廓图效果。

▲　轮廓图效果

因为"轮廓图"泊坞窗中的按钮和命令在"交互式轮廓图工具"的属性栏中都有相对应的按钮和命令，下面将简单介绍"轮廓图"泊坞窗中的按钮和命令，以便与"交换式调和工具"属性栏中的按钮和命令对照学习。

"轮廓图"泊坞窗选项参数如下：

"轮廓图步长"按钮▣：单击该按钮会弹出如下图所示的泊坞窗界面，单击"向中心"、"向内"或"向外"单选按钮，可以向中心、向内或向外添加轮廓图效果。在偏移数值框中可以输入所需的偏移值，以决定轮廓之间的宽度。在步长数值框中可以输入所需的步长值，以决定轮廓图的数量。

▲ "轮廓图步长"泊坞窗界面

"轮廓图颜色"按钮▣：单击该按钮会弹出如下图所示的泊坞窗界面，单击颜色按钮，可以改变轮廓图颜色。在弹出的列表中可以设置所需的轮廓图颜色。

▲ "轮廓图颜色"泊坞窗界面

8.2.3 "向外"轮廓图效果

"向外"轮廓图形式可在对象四周创建轮廓图群组。

选中图像中需要创建轮廓图效果的对象，如图8-29所示。选择工具箱中的"交互式轮廓工具"，在其属性设置栏中单击"向外"按钮▣，设置向外轮廓图效果，在轮廓图步长数值框中输入不同的数值可以决定轮廓图的数量，在轮廓偏移数值框中输入不同的数值可以决定轮廓之间的宽度。图8-30所示为设置不同轮廓图步长值的效果对比。

图8-29 选中图像

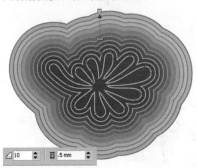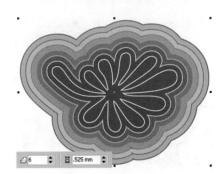

图8-30 设置不同轮廓图步长值的效果对比

8.2.4 编辑轮廓图效果

对创建好的轮廓图对象可以通过"交互式轮廓图工具"属性栏进行编辑，其属性栏如图8-31所示。

图8-31 "交互式轮廓图工具"属性栏

选择▣、▣或▣按钮，可以向中心、向内或向外添加轮廓图效果。

"轮廓图步长"数值框▣：当在属性栏中选择"向中心"▣或"向内"▣按钮时它才可用，在数值框中可以输入所需的步长值，决定轮廓图的数量。

"轮廓图偏移"数值框▣.525mm▣：在数值框中可以输入所需的偏移值。决定轮廓之间的宽度。

选择线性轮廓图颜色按钮▣、顺时针轮廓图颜色按钮▣或逆时针轮廓图颜色按钮▣，可以改变轮廓图颜色。图8-32所示为分别选择3个按钮时的效果对比图。

图8-32 轮廓图颜色效果对比

在  中可以设置所需的轮廓图颜色，如轮廓色、填充色与渐变填充结束色（在选择渐变填充对象时可用），图8-33所示为分别设置不同颜色的效果对比图。

 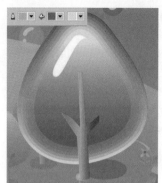

图 8-33　设置不同颜色的效果对比

在属性栏中单击回按钮，弹出如图8-34所示的"加速"面板，读者可以在其中设置所需的轮廓线渐变速度。图8-35所示为设置不同加速速度的效果对比图。

图 8-34　"加速"面板

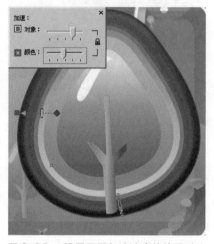 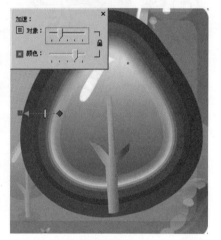

图 8-35　设置不同加速速度的效果对比

"复制轮廓图属性"按钮：选择一个没有添加轮廓图效果的对象，单击该按钮后将粗箭头指向要复制的轮廓图效果对象单击，即可将该效果复制到选择的对象上。

"清除调和"按钮：单击该按钮可以将所选对象运用的轮廓图效果清除。

"轮廓图加速"按钮：单击该按钮会弹出如下图所示的泊坞窗界面，通过滑动滑块的位置可以在其中设置所需的轮廓线渐变速度。不选中"链接加速"后可以单独调整轮廓线渐变的分布情况。

▲　"轮廓图加速"泊坞窗界面

8.3 变形效果

交互式变形效果包括推拉变形、拉链变形和扭曲变形3种。它们可以快速改变对象的外观，使简单的变复杂，以产生更加丰富的效果。这3种工具适用于图形、直线和曲线、文字和文本框等对象。

变形效果时需要注意的事项

在除了位图对象以外的其他对象上都可以使用变形效果。并且在选择多个对象的状态下，也可以应用变形效果。

在文本上应用扭曲效果的情况下，也可以修改文本。若要修改文本，可利用文本工具在文本部分单击文本，弹出"编辑文本"对话框，即可修改文本内容。

在绘图页中输入美术字，在工具箱中选择"交互式变形工具"，制作推拉变形效果，在工具箱中选择"文本工具"，单击文字，弹出"编辑文本"对话框，将"起"字改为"飞"字，单击"确定"按钮，图形效果如下图所示。

▲ 输入美术字

▲ 推拉变形效果

▲ "编辑文本"对话框

8.3.1　推拉变形

通过推和拉的操作，使图形对象产生边缘推进或拉出的效果。

选中需要创建推拉变形效果的对象，如图8-36所示。选择要执行的图像，在工具栏中选择"交互式变形工具"，在属性栏中选择"推拉变形工具"按钮。

将鼠标指针移动到选中的对象上，按住鼠标左键向左移动，节点向内，拖动节点，其效果如图8-37所示。

同样地按住鼠标左键向右移动，节点向外，释放鼠标得到的效果如图8-38所示。

图 8-36　选中图形

图 8-37　节点向内

图 8-38　节点向外

8.3.2　拉链变形

通过拉链变形的操作，可以为对象创建锯齿形的效果。

选中需要创建拉链变形效果的对象，如图8-39所示。单击工具栏中的"交互式变形工具"，在属性栏中单击"拉链变形工具"，将鼠标指针移动到椭圆上，然后按住鼠标左键并拖动鼠标，即可得到如图8-40所示的效果图。

图 8-39　选中图形

图 8-40　"拉链变形"效果

8.3.3 扭曲变形

扭曲变形就是使图像顺时针或逆时针旋转，产生旋涡效果。具体操作步骤如下：

选中素材图像中需要创建扭曲变形效果的对象，如图8-41所示。单击工具栏中的"交互式变形工具"，在属性栏中单击"扭曲变形"工具，将鼠标指针移动到椭圆上，然后按住鼠标左键并顺时针旋转，释放鼠标即可得到如图8-42所示的效果。拖动鼠标左键逆时针旋转，释放鼠标可得到如图8-43所示的效果。

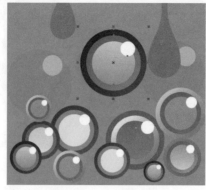

图8-41　选中图形

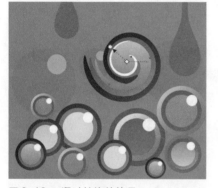

图8-42　顺时针旋转效果

图8-43　逆时针旋转效果

8.3.4 编辑变形

对创建好的变形效果可以通过"交互式变形工具"的属性栏进行编辑，当选择不同的变形效果时，其属性栏也会出现相应的变化。

当单击"推拉变形"按钮图时，属性栏如图8-44所示。

图8-44　"推拉变形"属性栏

"推拉失真振幅"选项：在该文本框中可以输入-200～200之间的数值，来设置对象的变形程度。如果输入正值，则会将对象上的节点由内向外移动，数值越大变形越大，如图8-45所示。如果输入负值，则会将对象上的节点由外向内移动，数值越大变形越大，如图8-46所示。

图8-45　输入正值变形效果

图8-46　输入负值变形效果

▲　修改文字效果

在美术字文本上应用变形效果的时候，字符形状会发生改变。在段落文本中应用变形效果的时候，段落文本框的形状发生变化，但不会影响字符形状。

在工具箱中选择"文本工具"，在绘图页中输入段落文本。在工具箱中选择"交互式变形工具"，制作扭曲变形效果，效果如下图所示。

▲　输入段落文本

▲　段落文本框的形状发生变化

变形效果即使应用在简单的对象上也会使对象变复杂，而且计算方法也较为复杂。所以，尽量不要应用在复杂对象上。

选择图形制作拉链变形，如下图所示。

▲ 随机变形

在变形工具属性栏中分别选择随机变形、平滑变形与局部变形按钮，进行变形后的效果对比，如下图所示。

▲ 随机变形

▲ 平滑变形

▲ 局部变形

"中心变形"按钮：单击该按钮，可以将变形对象以中心进行变形，如图8-47所示。

图8-47 "中心变形"效果

当单击"拉链变形"按钮 时，属性栏如图8-48所示。

图8-48 "拉链变形"属性栏

"拉链失真振幅"选项：在该文本框中可以输入0～100之间的数值，来设置对象的变形程度，输入的数值越大变形越大，如图8-49所示。

图8-49 "拉链失真振幅"大小的效果对比

"拉链失真频率"选项：在该文本框中可以输入0～100之间的数值，来设置对象变形的复杂程度。输入的数值越大对象变形越复杂，如图8-50所示。

图8-50 "拉链失真频率"大小的效果对比

、 与 按钮：在属性栏中分别选择这3个按钮时可以给对象进行随机、平滑与局部变形。

当单击"扭曲变形"按钮 时，属性栏如图8-51所示。

图8-51 "扭曲变形"属性栏

"逆时针旋转"◯与"顺时针旋转"按钮◯：分别选择这两个按钮可以将对象进行逆时针或顺时针旋转变形。图 8-52 所示为分别选择它们进行扭曲变形的效果对比图。

图 8-52 "逆时针旋转"与"顺时针旋转"效果对比

"完全旋转"选项 ◢1：该选项只有在选择◣按钮时才可用，在其中输入数值可以将对象进行圆周旋转。

"附加角度"选项 ◯138：该选项只有在选择◣按钮时才可用，在其中输入数值可以设定圆形控制柄旋转的角度。

8.4 阴影效果

使用"交互式阴影工具"可以给图形添加阴影效果，加强图形的可视性及立体感。

在画面中选中一个对象，在工具箱中选择"交互式阴影工具"，在其属性栏中的预设 预设 下拉列表框中选择所需的阴影，即可为选择的对象添加阴影效果，或者使用"交互式阴影工具"在选中的对象上进行拖动，也可以为该对象添加阴影效果。图 8-53 所示为给对象添加阴影效果前后的效果对比。

图 8-53 添加阴影效果前后的效果对比

对创建好的阴影效果可以通过"交互式阴影"工具属性栏进行编辑，其属性栏如图 8-54 所示。

图 8-54 "交互式阴影"属性栏

完全旋转和附加角度效果

选择图形制作扭曲变形，在工具属性栏中设置"完全旋转"为"2"，效果如下图所示。

再设置"完全旋转"为"5"，效果如下图所示。

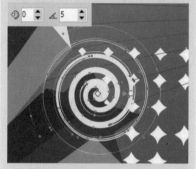

▲ 不同数值的圆周旋转效果

选择图形制作扭曲变形，在工具属性栏中设置"附加角度"为"30"，效果如下图所示。

再设置"附加角度"为"120"，效果如下图所示。

▲ 不同的附加角度效果

225

交互式阴影工具预设

在"交互式阴影工具"属性栏中含有预设 预设 ▾ 选框，单击该下拉按钮，弹出下拉列表，如下图所示。

```
平面右上
平面右下
平面左下
平面左上
透视右上
透视右下
透视左下
透视左上
小型辉光
中等辉光
大型辉光
```

▲ "预设" 下拉列表

选择需要添加阴影效果的图形对象，在预设列表中分别选择各个预设的阴影效果，其效果对比，如下图所示。

➕ ➖ 是预设的"添加"➕ 和"删除"➖ 按钮。

"阴影偏移"选项 ：当在"预设下拉列表"中选择"平面左下"、"平面右下"、"平面左上"、"平面右上"、"大型辉光"、"中等辉光"、"小型辉光"等选项，或在画面中直接拖动鼠标以给对象添加阴影时，该选项呈活动状态，可以在其中输入所需的偏移值。图 8-55 所示为设置不同阴影偏移值的效果对比图。

图 8-55 不同阴影偏移值的效果

"阴影角度"选项 □ 135 ⊕ ：当在"预设下拉列表"中选择"左下透视图"、"右下透视图"、"左上透视图"、"右上透视图"时，该选项呈活动状态，可以在其中输入所需的阴影角度值，以设置阴影变化的角度。图 8-56 所示为设置不同阴影角度值的效果对比图。

图 8-56 不同阴影角度值的效果对比

"阴影的不透明"选项 ⊠ 75 ⊕ ：可以在其数值框中输入所需的阴影不透明度值。图 8-57 所示为设置不同阴影不透明度的效果对比图。

图 8-57 不同阴影不透明度的效果对比

CorelDRAW X5 入门与实用技巧大全

"阴影的羽化值"选项 ∅5 ⊞：可以在其数值框中输入所需的阴影羽化值，使阴影的边缘虚化。图8-58所示为设置不同阴影羽化值的效果对比图。

图8-58 不同阴影羽化值的效果对比

"阴影羽化方向"按钮 ⬛：单击该按钮，可以弹出"羽化方向"下拉列表，在列表中可以选择所需的阴影羽化方向。图8-59所示为选择不同阴影羽化方向的效果对比图。

线形 方形

反白方形 平面

图8-59 不同阴影羽化方向的效果对比

"淡出"选项 60 ⊞：可以在其数值框中输入所需的阴影淡出值。图8-60所示为设置不同阴影淡出值的效果对比图。

"阴影延展"选项 50 ⊞：可以在其数值框中输入所需的阴影延展值。图8-61所示为设置不同阴影延展值的效果对比图。

▲ "预设"效果对比

图 8-60 不同阴影淡出值的效果对比

图 8-61 不同阴影延展值的效果对比

"透明度操作"选项▦▾：在下拉列表框中可以为阴影设置各种所需的模式，如"添加"、"减少"、"色度"等。

"阴影颜色"选项▦▾：在其下的调色板中可以选择设置所需的阴影颜色。图 8-62 所示为设置不同阴影颜色的效果对比图。

图 8-62 不同阴影颜色的效果对比

8.5 封套效果

　　封套效果就是使用工具箱中的"交互式封套工具"快速地对图形、文本和位图进行变形的一种操作。用户可以充分利用这些功能来创建出各种形状的图形。

其方法是选择工具箱中的交互式调和工具组中的"交互式封套工具",将鼠标指针移至一个对象上,当鼠标状态变化时,单击该对象,被选中的对象四周会出现有8个节点的边框,编辑节点可以对对象进行变形操作,如图8-63所示。

图8-63 封套效果

在工具箱中选择"交互式封套工具",属性栏中就会显示它的相关选项,如图8-64所示。

图8-64 "交互式封套工具"属性栏

"预设列表"选项:在此选项的下拉列表框中提供了6种封套效果,可以根据需要进行选择。

"添加 和删除 节点"选项:只有在选择"封套的非强制模式"后,这些按钮才可用,在虚线框上需要添加节点的位置单击出现一个黑点,单击"添加"按钮,即可将黑点转换成可以编辑的节点;单击选中要删除的节点,单击"删除节点"按钮,即可将该节点删除。

、、、、 按钮:只有在选择"封套的非强制模式"后,这些按钮才可用。利用这些按钮,可以对图形进行直线和曲线之间的转换,编辑节点的平滑度和生成对称节点等。

"选取范围模式"选项 :在该下拉列表框中可以选择选取节点的模式。图8-65所示为使用"矩形"选择节点的效果,图8-66所示为使用"手绘"选择节点的效果。

图8-65 "矩形"选择节点的效果　　　图8-66 "手绘"选择节点的效果

"封套"泊坞窗

执行菜单"效果"/"封套"命令,可以显示或隐藏"封套"泊坞窗。其方法是选中需要添加封套的图像,在泊坞窗中单击"添加新封套"按钮,拖动封套边缘的控制手柄,即可以改变图像的形状。

选中需要添加封套效果的矢量图像,如下图所示。

▲ 选中图形

执行菜单"窗口"/"泊坞窗"/"封套"命令即可打开"封套"泊坞窗,如下图所示。

▲ "封套"泊坞窗

单击"添加新封套"按钮,调整节点可以编辑封套的形状,然后单击"添加预设"按钮可以显示系统预置的一些形状,如下图所示。

▲ 添加预设

任意选择一个预先设置的形状，单击"应用"按钮即可将此形状应用于对象，如下图所示。

▲ 单击"应用"按钮

调节节点可以改变预设形状，如下图所示。

▲ 调节节点效果

"封套的直线模式"按钮 ：单击该按钮，可以创建出直线形式的封套，调整出的图形形状类似于使用透视调整出的形状，如图 8-67 所示。

图 8-67　"封套的直线模式"调整效果

"封套的单弧模式"按钮 ：单击该按钮，可以创建出单圆弧形的封套，如图 8-68 所示。

图 8-68　"封套的单弧模式"调整效果

"封套的双弧模式"按钮 ：单击此按钮，可以创建出双弧线的封套，如图 8-69 所示。

图 8-69　"封套的双弧模式"调整效果

"封套的非强制模式"按钮 ✏：单击此按钮，可以任意调整节点和控制手柄，创建出不受任何限制的封套，如图8-70所示。

图8-70 "封套的非强制模式"调整效果

"添加新封套"按钮 ▧：单击此按钮，可以在应用了封套的对象上，再次添加一个新封套。

"映射模式"选项 [自由变形 ▾]：此选项的下拉列表框中包括4种模式，分别是水平、原始、自由变形和垂直。选择不同的选项可以控制封套中图形的形状，创建出多种多样的变形效果。图8-71所示为设置不同映射模式的效果对比图。

图8-71 不同映射模式的调整效果

水平：延展对象以适合封套的基本尺寸，然后水平压缩封套以适合封套的形状。

原始：将对象选择框的角手柄映射到封套的角节点，其他节点沿对象选择框的边缘线性映射。

自由变形：将对象选择框的角手柄映射到封套的角节点。

垂直：延展对象以适合封套的基本尺度，然后垂直压缩对象以适合封套的形状。

保留线条按钮：单击该按钮可以防止将对象的直线转换为曲线。

因为"封套"泊坞窗中的按钮和命令在"交互式封套工具"的属性栏中都有相对应的按钮和命令，下面将简单介绍"封套"泊坞窗中的按钮和命令以便与交换式调和工具的属性栏中的按钮和命令对照学习。

"封套"泊坞窗中的选项参数：

"直线条"按钮 ▱：单击该按钮，可以创建出直线形式的封套，调整出的图形形状类似于使用透视调整出的形状。

"单弧"按钮 ▱：单击此按钮，可以创建出单圆弧形的封套。

"双弧"按钮 ▱：单击此按钮，可以创建出双弧线的封套。

"无约束的"按钮 ✏：单击此按钮，可以任意调整节点和控制手柄，创建出不受任何限制的封套。

选项的下拉列表中包括4种模式，分别是水平、原始、自由变形和垂直。选择不同的选项可以控制封套中图形的形状，创建出多种多样的变形效果。选中"保留线条"复选框后可以防止将对象的直线转换为曲线。

"添加预设"按钮：单击该按钮会弹出泊坞窗界面，可以提供给用户多种封套类型。

◎ "立体化"泊坞窗

执行菜单"效果"/"立体化"命令，可以显示或隐藏"立体化"泊坞窗。下面将讲解如何使用"立体化"泊坞窗为图形添加立体化效果。

选中需要添加立体化效果的图形，如下图所示。

▲ 选中图形

执行菜单"效果"/"立体化"命令，弹出"立体化"泊坞窗，如下图所示。

▲ "立体化"泊坞窗

在"立体化"泊坞窗中单击"编辑"按钮，在"立体化"泊坞窗中设置立体化的参数，如下图所示。

▲ 单击"编辑"按钮

"创建封套自"按钮 ✐ : 单击此按钮，可以将绘图窗口中已有的封套效果复制到当前选取的图形中。

8.6 立体化效果

通过操作可以使二维图形转变为三维立体化图形。

在页面中选中文字图形，在交互式效果工具组中单击"交互式立体化工具"，在选中的图像上移动鼠标指针，按住鼠标左键并向想要立体化的方向移动，移动时在文字的四边出现一个立体化框架，同时还有指示延伸的箭头，如图 8-72 所示。松开鼠标即可得到如图 8-73 所示的立体化效果。

图 8-72 拖动鼠标　　　　　　图 8-73 松开鼠标后的效果图

对创建好的立体化效果可以在"交互式立体化工具"属性栏中进行设置，其属性栏如图 8-74 所示。

图 8-74 "交互式立体化工具"属性栏

▣ ▾ "立体化类型"选项：在该下拉列表框中可以选择所需的立体化类型。图 8-75 所示为选择不同立体化类型的效果对比图。

图8-75 不同立体化类型的效果对比

"深度"选项 [20]：在数值框中可以输入立体化延伸的长度，数值越大立体效果越强。图8-76所示为设置不同深度的效果对比图。

图8-76 不同深度的立体效果对比

"灭点坐标"选项 ：在数值框中可输入所需的灭点坐标，从而达到更改立体化效果的目的。图8-77所示为设置不同灭点坐标的效果对比图。

图8-77 不同灭点坐标的效果对比

"灭点属性"选项 [灭点锁定到对象]：在下拉列表框中可以选择所需的灭点属性选项，来确定灭点位置与其他对象的关系。

　　单击"应用"按钮，即可得到如图所示的立体化效果。

▲　单击"应用"按钮

　　因为"立体化"泊坞窗中的按钮和命令在"交互式立体化工具"的属性栏中都有相对应的按钮和命令，下面将简单介绍"立体化"泊坞窗中的按钮和命令，以便与交换式调和工具属性栏中的按钮和命令对照学习。

　　"立体化"泊坞窗中选项参数：

　　"立体化相机"按钮 ：单击该按钮会弹出如下图所示的泊坞窗界面，在 [小后端] 选项的下拉列表中可以选择所需的立体化类型。在 [灭点锁定到对象] 选项的下拉列表中可以选择所需的灭点属性选项，来确定灭点位置与其他对象的关系。在深度数值框 [深度：20.0] 中可以输入立体化延伸的长度，数值越大立体效果越强。在坐标数值框 中输入所需的灭点坐标，从而达到更改立体化效果的目的。当选中"对象中心"单选按钮时，表示处于当前选择状态时移动灭点，它的坐标值是相对于对象的。当选中"页面自"单选按钮时，处于当前选择状态时移动灭点，它的坐标值是相对于页面的。

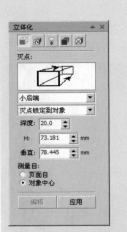

▲ "立体化相机" 泊坞窗界面

 "立体化旋转" 按钮：单击该按钮会弹出如下图所示的泊坞窗界面，在弹出的视图窗内将鼠标指针移动到窗内，当鼠标指针变为 "小手" 时，按住鼠标左键拖动即可改变立体化的方向。也可以在其中单击按钮，显示数值面板，可以在其中输入所需的旋转值来调整立体的方向。如果要返回 "立体化旋转" 泊坞窗面板，在右下角单击按钮即可。

▲ "立体化旋转" 泊坞窗界面

 "立体化光源" 按钮：单击该按钮会弹出如下图所示的泊坞窗界面，用户可以单击相应的光源，来为立体化对象添加光源，还可以设定光源的强度以及是否使用全色范围。

"VP 对象"与 "VP 页面" 按钮：当 "VP 对象" 按钮处于当前选择状态时移动灭点，它的坐标值是相对于对象的；如果 "VP 页面"按钮处于当前选择状态时移动灭点，它的坐标值是相对于页面的。

"立体化方向" 按钮：单击该按钮，弹出如图 8-78 所示的面板，将鼠标指针移动到面板内，当鼠标指针变为 "小手" 时，按住鼠标左键拖动即可改变立体化的方向，如图 8-79 所示。也可以在其中单击按钮，弹出如图 8-80 所示的面板，可以在其中输入所需的旋转值来调整立体的方向。如果要返回则在右下角单击按钮即可。图 8-84 所示为旋转前与旋转后的效果对比图。

图 8-78　立体化方向面板　　图 8-79　按住鼠标左键拖动　　图 8-80　旋转值面板

图 8-81　旋转前与旋转后的效果对比图

"颜色" 按钮：如果要更改立体化的颜色，单击该按钮，弹出立体化的颜色面板，可以在其中编辑与选择所需的颜色。通过在该面板中单击 "使用对象填充" 按钮、"使用纯色" 按钮和 "使用递减的颜色" 按钮来设置所需的颜色，如图 8-82 所示。如果选择的立体化效果设置了斜角，则可以在其中设置所需的斜角边颜色，如图 8-83 所示。

图 8-82　设置立体化颜色的效果

图 8-83　设置斜边角颜色的效果

▲　"立体化光源"泊坞窗界面

　"斜角修饰边"按钮：单击此按钮，可以弹出如图 8-84 所示的面板，从中选中"使用斜角修饰边"复选框，然后在其中的数值框中输入所需的斜角深度与角度来设定斜角修饰边，图 8-85 为使用斜角修饰边的前后对比效果。如果选中"只显示斜角修饰边"复选框，则只显示斜角修饰边。图 8-86 所示为显示与不显示修饰边的立体化效果对比图。

图 8-84　设置立体化效果的颜色

　"立体化颜色"按钮：单击该按钮会弹出如下图所示的泊坞窗界面，用户可以在该泊坞窗界面中通过选择"使用对象填充"、"纯色填充"与"底纹"单选按钮来设置所需的颜色。如果选择的立体化效果设置了斜角，"对斜角边使用立体填充"选项则会被激活。

图 8-85　斜角修饰边前后的效果对比

▲　"立体化颜色"泊坞窗界面

　"立体化斜角"按钮：单击该按钮会弹出如下图所示的泊坞窗界面，在出现的泊坞窗界面中选择"使用斜角修饰边"选项，然后在其中的数值框中输入所需的斜角边深度与斜角边角度来设定斜角修饰边，选择"只显示斜角修饰边"选项，只显示斜角修饰边。

图 8-86　显示与不显示修饰边的立体化效果

▲ "立体化斜角"泊坞窗界面

透明度操作

在"交互式透明工具"属性栏中，包含"透明度操作"选项，单击其下拉按钮，弹出下拉列表，如下图所示。

正常
添加
减少
差异
乘
除
如果更亮
如果更暗
底纹化
色度
饱和度
亮度
反显
和
或
异或
红色
绿色
蓝色

▲ "透明度操作"下拉列表

在"透明度操作"下拉列表中包含了17种透明模式，分别对其进行操作，得出不同的透明图形效果，其对比效果如下图所示。

▲ 正常

"照明"按钮：单击此按钮，弹出如图8-87所示的面板，可以在左边选择相应的光源，为立体化对象添加光源，同时还可以设定光源的强度以及是否使用全色范围。图8-88所示为设置光源前后的效果对比图。

图8-87　"照明"面板

图8-88　设置光源前后的效果对比

8.7 透明效果

使用"交互式透明工具"可以给图形添加一种透明效果，加强图形的可视性及立体感。

在画面中选择一个对象，在工具箱中选择"交互式透明工具"，在其属性栏中的"透明类型"下拉列表框中选择所需的透明度类型，即可为选择的对象添加透明的效果；或者使用"交互式透明工具"在选中的对象上进行拖动，也可为该对象添加线性透明效果。图8-89所示为给对象添加透明效果的前后对比。

图8-89　添加透明度前后的效果对比

对创建好的透明效果可以在"交互式透明工具"属性栏中进行设置，其属性栏如图8-90所示。

图8-90　"交互式透明工具"属性栏

"编辑透明度"按钮：单击该按钮，弹出"渐变透明度"对话框，可以根据需要在其中改变所需的渐变参数来改变透明度，如图8-91所示。

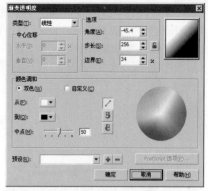

图8-91 "渐变透明度"对话框

▲ 添加

"透明度类型"选项 线性 ▼：可以在其下拉列表框中选择所需的透明度类型，如"标准"、"线性"、"射线"、"圆锥"、"方角"、"双色图样"、"全色图样"、"位图图样"和"底纹"等。图8-92所示为选择不同透明度类型的效果对比图。

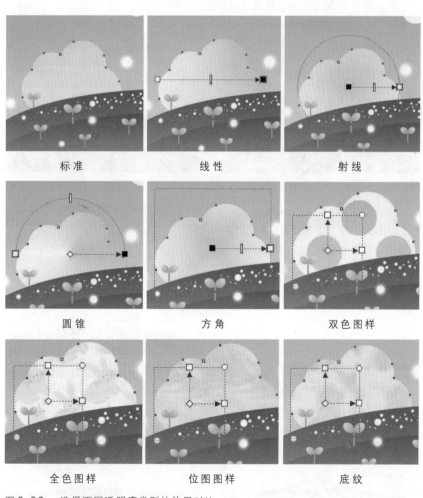

标准　　　　　　　线性　　　　　　　射线

圆锥　　　　　　　方角　　　　　　双色图样

全色图样　　　　位图图样　　　　　底纹

图8-92 选择不同透明度类型的效果对比

▲ 减少

▲ 差异

▲ 乘

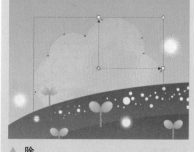

▲ 除

"透明度操作"选项 正常 ▼：可以在其下拉列表框中选择所需的透明度模式，如"正常"、"添加"、"减少"、"差异"、"乘"、"除"、"如果更亮"、"如果更暗"、"底纹化"、"色度"、"饱和度"、"亮度"、"反显"、"和"、"异或"、"红色"、"绿色"和"蓝色"。

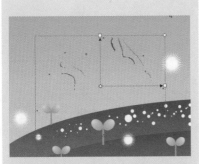

▲ 如果更亮

▲ 如果更暗

▲ 底纹化

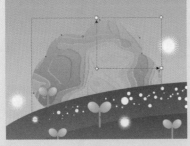

▲ 色度

▲ 饱和度

"透明中心点"选项 ：可以通过拖动滑块来设置透明的中心点位置。图8-93所示为分别设置不同透明中心点的效果对比图。

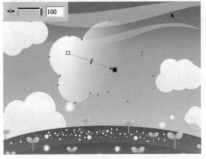

图8-93　不同透明中心点的效果对比

"渐变透明的角度和边界"选项 ： 在 中设置所需的参数，可以改变渐变透明的角度；在 中设置所需的参数，可以改变渐变透明的边界。图8-94所示为分别设置不同参数的效果对比图。

图8-94　设置不同参数的效果对比

"透明度的目标"选项 ：可以在其下拉列表框中选择要应用透明度的范围，其中有填充、轮廓和全部3个选项。图8-95所示为分别设置不同透明度目标的效果对比图。

8-95　不同透明度目标的效果对比

"冻结"按钮 ：单击该按钮，可以冻结透明度内容，冻结后透明度下方对象的视图会随透明度移动，但实际对象保持不变。图8-96所示为分别应用冻结命令效果。

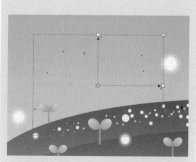

图 8-96　应用冻结命令效果

"复制属性"和"清除透明效果"按钮：单击"复制属性"按钮可以将另一个透明属性复制到当前的对象上；当不再想要透明效果时只须单击"清除透明效果"按钮即可。

▲ 反显

8.8　透镜效果

在 CorelDRAW X5 中为用户提供了 12 种功能不同的透镜，每种透镜所产生的效果各异，添加各种透镜的方法大致相同。

使用"透镜"命令可以改变透镜下方的对象区域的外观，而不改变对象的实际特性和属性。

▲ 和

"透镜"命令的操作方法是先选中一个要添加透镜效果的图形对象，如图 8-97 所示。单击"效果"/"透镜"命令，弹出"透镜"泊坞窗，如图 8-98 所示。在"透镜"泊坞窗预览框下面的透镜类型下拉列表框中选择需要的透镜效果，这里选择"变亮"类型，如图 8-99 所示。并在下拉列表框下面的参数选项中设定好参数。单击"应用"按钮，即可将选定的透镜效果应用于选定对象，效果如图 8-100 所示。

图 8-97　选中图形

▲ 或

无透镜效果
变亮
颜色添加
色彩限度
自定义彩色图
鱼眼
热图
反显
放大
灰度浓淡
透明度
线框

图 8-98　"透镜"　图 8-99　选择透镜　图 8-100　"透镜"效果
泊坞窗　　　　类型

▲ 异或

▲ 红色

▲ 绿色

▲ 蓝色

📷 透镜效果类型

在"透镜"泊坞窗中包括类型下拉列表，在其中包含的类型有无透镜效果、变亮、颜色添加、色彩限度、自定义彩色图、鱼眼、热图、反显、放大、灰度浓淡、透明度和线框，如下图所示。

无透镜效果
变亮
颜色添加
色彩限度
自定义彩色图
鱼眼
热图
反显
放大
灰度浓淡
透明度
线框

▲ "透镜"类型下拉列表

"透镜"泊坞窗中选项参数如下：

"冻结"选项：选择该选项，可以将选中图形下方的其他对象所产生的效果添加在应用透镜效果的图形上，不会因为透镜或者对象的移动而改变该透镜效果，"冻结"选项效果如图 8-101 所示。

图 8-101　"冻结"选项效果

"视点"选项：选择该选项可以在不移动透镜的情况下，选择透镜效果图形下面显示的部分。单击选项右侧的"编辑"按钮，在对象的中心位置会出现一个"X"标记，该标记代表透镜所观察到的对象的中心，拖动该标记到新的位置或在"透镜"泊坞窗中输入坐标位置。应用后可以观察到新视点为中心的对象的透镜效果，"视点"选项效果如图 8-102 所示。

图 8-102　"视点"选项效果

"移除表面"选项：选择该选项用于特定类型的透镜效果，它可以指定其他对象或页面背景是否参与到效果中。在默认情况下，应用透镜效果时，背景总是包含在效果内的。如果使用的透镜改变了其本来颜色，并不希望背景在透过透镜对象的驶入中有任何变化，则选择这个选项就可以保持背景不变。"移除表面"选项效果如图 8-103 所示。

图 8-103　"移除表面"选项效果

8.9 透视效果

利用菜单栏中的"效果"/"添加透视点"命令，可以给矢量图形制作各种形式的透视效果，此命令只对矢量图形有效，具体操作方法如下。

选中需要制作透视效果的图形对象，如图8-104所示，执行菜单"效果"/"添加透视"命令，即可在对象上显示网格，拖动网格中的控制点，以调整其透视角度如图8-105。图8-106所示为制作好的图像透视效果。

图 8-104　选中图形

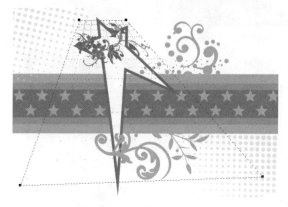

图 8-105　"添加透视"网格

图 8-106　透视效果

各个样式的对比效果如下图所示。

▲ 无透镜效果

▲ 变亮

▲ 颜色添加

▲ 色彩限度

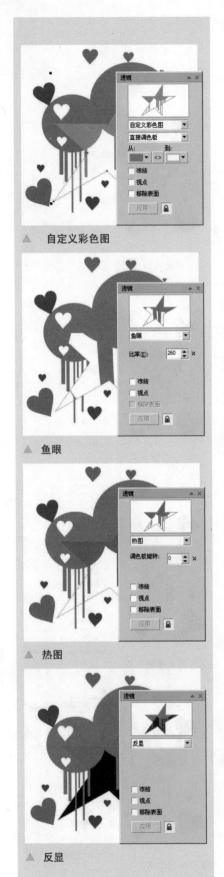

▲ 自定义彩色图

▲ 鱼眼

▲ 热图

▲ 反显

8.10 斜角效果

在菜单栏中执行"效果"/"斜角"命令可以显示或者隐藏"斜角"泊坞窗，"斜角"泊坞窗 可以创建斜角效果。

选择需要创建斜角效果的图形，如图 8-107 所示。在菜单栏中执行"效果"/"斜角"命令，弹出"斜角"泊坞窗，如图 8-108 所示。在样式下拉列表中选择"柔和边缘"选项，设置其他参数，单击"应用"按钮后，图像效果如图 8-109 所示。如果在样式下拉列表中选择"浮雕"样式，"到中心"单选按钮不可用，设置完毕单击"应用"按钮后，效果如图 8-110 所示。

图 8-107 选择图形

图 8-108 "斜角"泊坞窗

图 8-109 柔和边缘效果

图 8-110 浮雕效果

8.11 框架效果

执行"图框精确裁剪"命令可以将图形或图像放置在所选择的容器中，容器可以是图形，也可以是文字；还可以对放置在容器中的图形或图像进行任意调整。

其方法是执行"效果"/"图框精确裁剪"命令，弹出如图8-111所示的子菜单。

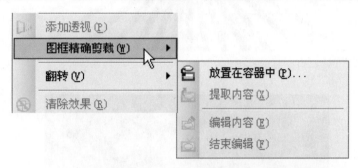

图 8-111　"放置在容器中"子菜单

选中需要放置在容器中的图形对象，如图8-112所示。执行菜单"效果"/"图框精确裁剪"/"放置在容器中"命令。鼠标指针呈粗箭头状，并用粗箭头单击封闭路径，如图8-113所示，即可将导入的图片放置到路径容器中，如图8-114所示。

图 8-112　选择图像

图 8-113　"放置在容器中"黑箭头

图 8-114　"放置在容器中"效果

如果对放置在容器中的内容或位置不满意，还可以对其进行编辑和移动。

执行菜单"效果"/"图框精确裁剪"/"编辑内容"命令，或按【Ctrl】键在置于容器内的对象上单击，即可使容器内的内容处于编辑状态，可以对容器内的对象进行移动和放缩处理，如图8-115所示。

执行"效果"/"图框精确裁剪"/"结束编辑"命令，或按【Ctrl】键在绘制窗口的空白处单击，以完成容器内容的编辑，如图8-116所示。

▲　放大

▲　灰度浓淡

▲　透明度

▲　线框

创建边界命令

执行"排列"/"造形"/"边界"命令与选择挑选工具属性栏中"创建围绕选定对象的新对象"是几乎相同的，如下图所示为两个命令的位置。

▲ "创建围绕选定对象的新对象"按钮

▲ "边界"命令位置

生成边界的基本原理是：自动建立所选取多个对象的最大边界的路径。当然，此操作仅对封闭的路径有效。它与焊接工具的不同之处是自动将最大边界的路径描述一遍，复制生成新的边界路径，而不会修改或破坏源对象。

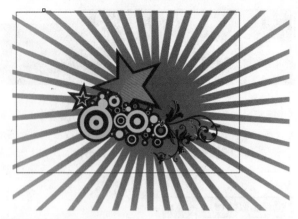

图 8-115 编辑内容

图 8-116 完成编辑

09 Chapter

位图图像的处理

　　CorelDRAW X5不仅仅是一款出色的矢量图形处理软件，它还具有很强大的位图编辑功能，包括矢量图转换为位图、调整图像的颜色、编辑位图、剪切位图、颜色遮罩、应用色彩模式、位图连接和描摹位图，等等。本章主要讲解位图的处理技巧及相关功能的用法，以使读者掌握更多的CorelDRAW X5图形处理功能。

重新取样命令

除了在导入位图时更改"导入"对话框中"全图像"下拉列表中选择"重新取样"外，也可以在图像导入或处理后进行重新取样。执行菜单"位图"/"重新取样"命令，即可弹出"重新取样"对话框，设置方法同正文中相同，设置完成单击"确定"按钮，达到重新取样的效果，如下图所示。

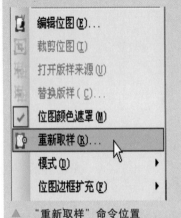

▲ "重新取样"命令位置

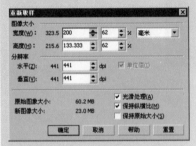

▲ "重新取样"对话框

9.1 准备需要处理的位图图像

在编辑位图之前，首先需要将位图导入到绘图页面当中，调整构图。如果是矢量图先将其转为位图，再对其进行其他位图功能的处理。

9.1.1 导入位图图像

CorelDRAW X5 中置入位图图像的方法有两种：第一种方法是执行菜单"文件"/"导入"命令，弹出"导入"对话框，如图 9-1 所示。在对话框的"查找范围"下拉列表框中查找文件的位置，在下面的窗口中选择需要的位图文件，也可以在"文件名"文本框中输入文件名来导入位图，选中"预览"复选框，可以在预览窗口中预览要导入的位图，在预览的左边的文本框中选择"全图像"，单击"导入"按钮即可将位图导入绘图页面中，如图 9-2 所示。

图 9-1 "导入"对话框

图 9-2 "全图像"导入

第二种方法是在文件夹中找到需要导入的位图文件，用鼠标指针将其拖入CorelDRAW X5 中，也可以得到导入全图像的效果。

9.1.2 裁剪位图

裁剪位图也包含两种方法：第一种方法是导入全图像后利用"裁剪工具"裁剪位图，前面已经在将工具箱中讲过，这里不再讲解"裁剪工具"使用方法。第二种方法是导入位图时，在"导入"对话框的"全图像"下拉列表中选择"裁剪"，单击"导入"按钮，如图 9-3 所示。弹出"裁剪图像"对话框，如图 9-4 所示。拖动预览窗口中的选区框节点来调节图像的区域范围，也可以在"选择要裁剪的区域"选项中输入数值，单击"全选"按钮可以重新进行裁剪编辑，单击"确定"按钮即可将裁剪

图 9-3 "导入"对话框

后的位图导入到页面中，如图9-5所示。

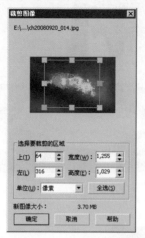

图9-4 "裁剪图像"对话框

图9-5 导入位图

在转换为位图的过程中，如果不选中"透明背景"复选框，那么软件就会用白色覆盖图像之间镂空的部分，如下图所示，在其他设置方面，一般要选择在24位以上的颜色模式，分辨率选择在200点/英寸以上，这样就可以应用位图的各种效果了。

▲ 取消选中"透明背景"复选框

9.1.3 重新取样

在导入时重新取样位图，可以更改位图的尺寸、分辨率及锯齿现象等。在"导入"对话框的"全图像"下拉列表中选择"重新取样"按钮，如图9-6所示。单击"导入"按钮，弹出"重新取样图像"对话框，如图9-7所示。其中，可以设置"宽度"、"高度"以及"分辨率"等，完成后单击"确定"按钮即可，如图9-8所示。

图9-6 "导入"对话框

图9-7 "重新取样图像"对话框

图9-8 导入位图

▲ 选中"透明背景"复选框

9.1.4 矢量图转换为位图

如果需要对矢量图作特效处理等操作，则需要将矢量图转换为位图。选择需要转换的矢量图形后，执行菜单"位图"/"转换为位图"命令后，弹出"转换为位图"对话框，如图9-9所示。其中可以设置"分辨率"、"颜色"、"反锯齿"和"透明背景"，等等。当选中"反锯齿"复选框时可以消除转换为位图后的不同颜色交界处出现的锯齿，选中"透明背景"复选框则可以保持矢量图形在转换后的透明性，如图9-10所示。

高反差色频

在"高反差"对话框中"通道"选项下单击下拉按钮，可以看到4个选项，包括"RGB通道"、"红色通道"、"绿色通道"和"蓝色通道"。分别对4个通道进行调整，对比效果如下图所示。

▲ "RGB通道"调整效果

▲ "红色通道"调整效果

图 9-9 "转换为位图"对话框

图 9-10 矢量图转换为位图

9.2 调整图像操作

在"效果"菜单下的"调整"、"变换"和"校正"命令，可以方便地调整位图图像的色彩效果。其中的一些命令也可以对矢量图形进行操作，例如"色彩平衡"和"伽玛值"等。下面来分别讲解。

9.2.1 调整

"调整"命令可以修复曝光不足或曝光过度以及有其他缺陷的位图。执行菜单"效果"/"调整"命令，可以看到"调整"命令子菜单，如图9-11所示。利用"调整"子菜单中的各命令，可以对位图和矢量图像进行颜色和色调调整。当选择矢量图形时，在"调整"菜单中只有"亮度/对比度/强度"、"颜色平衡"、"伽玛值"和"色调/饱和度/亮度"命令可用；当选择位图图像时，"调整"菜单中的所有命令均可用。

图 9-11 "调整"子菜单

高反差

"高反差"命令可以将图像从最暗区到最亮区重新分布颜色，以调节图像的阴影、中间色和高光区域的明度对比，调整的具体操作方法如下：

选中位图图像，如图9-12所示，执行菜单"效果"/"调整"/"高反差"命令，弹出"高反差"对话框。在对话框中选中"自动调整"复选框，对话框中的参数如图9-13所示，单击"确定"按钮，得到如图9-14所示的效果。

图 9-12 选中位图图像

图 9-13 "高反差"对话框

图 9-14 "高反差"调整效果

▲ "绿色通道"调整效果

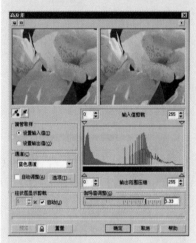

▲ "蓝色通道"调整效果

"调整"对话框选项参数如下：

▶按钮：单击对话框右上角的按钮，可弹出位图滤镜效果菜单命令，此菜单中包括图形图像的调整命令及特殊效果命令。

▣按钮：单击对话框右上角的按钮，可弹出图像调整预览窗口，其中左侧为原始图像预览窗口，右侧为调整后的效果预览窗口。

▢按钮：单击对话框右上角的按钮，可弹出图像调整后的效果预览窗口。

◣按钮：单击按钮，然后在左侧图像窗口中或绘图窗口中选择一种颜色，将其作为最深颜色输入或输出。

◥按钮：单击按钮，然后在左侧图像窗口中或绘图窗口中选择一种颜色，将其作为最浅颜色输入或输出。

"色频"选项：在此选项中可以选取不同的颜色色频进行图像颜色调整。

"自动调整"选项：选中此复选框，可以在色调范围内自动重新分布像素值。

"选项"按钮：单击此按钮，弹出的"自动调整范围"对话框。"黑色限定"选项和"白色限定"选项分别设置色调边缘的像素所占的百分比。

"柱状图显示剪裁"选项：当选中"自动"复选框时，将在色谱曲线中忽略末端一部分亮度值。如果不选中"自动"复选框，可以在前面的窗口中输入数值，指定色谱区中被剪裁部分所占的比例。

"重置"按钮：可以使对话框中的各项参数恢复到刚打开时的状态。

🔒按钮：单击此按钮，可以在预览窗口中随时观察调整后的图像颜色效果。

"预览"按钮：单击此按钮可以预览图像颜色调整后的效果。

"伽玛值调整"选项：调整此选项下方的滑块，可以调整图像的中间色调。

局部平衡

使用"局部平衡"命令用来提高边缘附近的对比度，以显示明亮区域和暗色区域中的细节。可以在此区域周围设置高度和宽度来强化对比度。可以改变绘图中的多个图形或图像的总体平衡度。当图形或图像上有太多的颜色时，使用此命令可以校正图形或图像的色彩浓度。调整绘图窗口中所选择的图形或图像的色彩平衡，是从整体上改变图形或图像颜色的一种快速方法。具体操作方法如下。

📷 局部平衡选项

在"局部平衡"对话框中包括"宽度"选项和"高度"选项，在默认状态下可以看到锁定按钮处于锁定状态。当单击"锁定"按钮时，"锁定"按钮弹起，这时可以分别设定宽度和高度的值，可以不同步进行。

当使用"手绘"样式改变曲线的形态时，其下方会出现"平滑"按钮 平滑(M)，单击此按钮，可以将右侧窗口中的线形变平滑，从而使图像的颜色柔和，单击"平滑"按钮前后的对比效果，如下图所示。

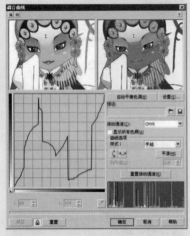

▲ "手绘"样式

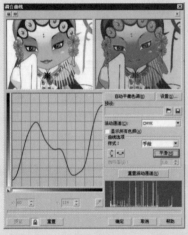

▲ "平滑"按钮

选中位图图像，如图9-15所示，执行菜单"效果"/"调整"/"局部平衡"命令，弹出"局部平衡"对话框，设置对话框中的参数如图9-16所示，单击"确定"按钮，得到如图9-17所示的效果。

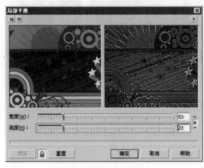

图9-16 "局部平衡"对话框

"局部平衡"对话框选项参数如下：

"宽度"选项和"高度"选项：用于设置像素周围区域的宽度和高度。

"锁定"按钮：不激活此按钮可以单独调整"宽度"选项和"高度"选项的数值。

■ 取样/目标平衡

使用"取样/目标平衡"命令允许使用图像中选取的色样来调整位图中的颜色值，可以从图像的黑色、中间色调以及浅色部分选取色样，并将目标颜色应用于每个色样。具体操作方法如下。

选中位图图像，如图9-16所示。执行菜单"效果"/"调整"/"取样/目标平衡"命令，弹出"样本/目标平衡"对话框，如图9-19所示。在其中选择滴管，接着移动鼠标指针到画面中吸取样本，同时在对话框中就会显示该样本与目标颜色，如图9-20所示。

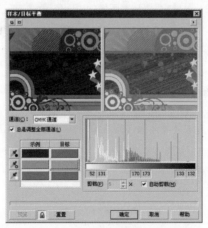

图9-19 "取样/目标平衡"对话框

图9-15 选中位图图像

图9-17 "局部平衡"调整效果

图9-18 选中位图图像

图9-20 "取样/目标平衡"调整效果

"取样/目标平衡"对话框选项参数如下：

"通道"选项：可以在其下拉列表框中选择要调整的颜色通道，根据选择图像的模式不同，其"通道"选项中的选择也各不相同。

"总是调整全部通道"选项：选中此复选框后，无论在"通道"选项列表中选择哪一个通道，在调整时所有的通道都将同时调整。

⬛按钮：单击此按钮，可以在图像中选择比较暗的颜色作为样本颜色。

⬛按钮：单击此按钮，可以在图像中选择中间色颜色作为样本颜色。

⬛按钮：单击此按钮，可以在图像中选择比较亮的颜色作为样本颜色。

调合曲线

使用"调合曲线"命令可以改变图像中单个像素的值来精确地校正颜色，也可以通过更改像素亮度值来更改阴影、中间色调和高光。具体操作方法如下：

选中位图图像，如图9-21所示，执行菜单"效果"/"调整"/"调合曲线"命令，弹出"调合曲线"对话框，在对话框中设置参数，如图9-22所示，单击"确定"按钮，得到如图9-23所示的效果。

图 9-21　选中位图图像

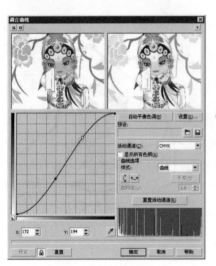

图 9-22　"调合曲线"对话框

图 9-23　"调合曲线"调整效果

"调合曲线"对话框选项参数如下：

"曲线样式"选项：此样式下拉列表框中有"曲线"、"线性"、"手绘"和"伽玛值"4 种样式。选择任意一种样式，将鼠标指针移动到右侧的窗口中的斜线上，单击左键并拖动鼠标，可以改变斜线的形态，从而改变图像的颜色。

"垂直翻转"按钮和"水平翻转"按钮：单击这两个按钮，可以使右侧窗口中调整后的线形垂直翻转或水平翻转。当使用"伽玛值"按钮时，则没有这两个命令。

"空"按钮：单击此按钮，可以重新设置曲线，即恢复到刚打开此对话框时的形态。

"平衡"按钮：单击此按钮，可以将曲线转为手绘调整的形态。

在亮度、对比度和强度每一项后面都有一个相对应的滑块和文本框，可以通过调整滑块的位置来改变绘图窗口中所选择图形或图像的亮度、对比度和强度。当将滑块向右拖动时，被选图形或图像的亮度、对比度和强度将增强，如下图所示。

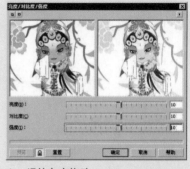

▲　滑块向右拖动

将滑块向左拖动时，被选图形或图像的亮度、对比度和强度将减弱，如下图所示。也可以直接添加数值来设置精确的参数。

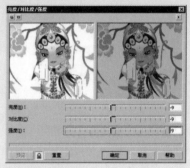

▲　滑块向左拖动

251

图像颜色调整实验室

"图像调整实验室"可以快速、轻松地校正大多数相片的颜色和色调。

"图像调整实验室"由自动和手动控件组成，这些控件按图像校正的逻辑顺序进行组织。从右上角开始一直持续下去，可以仅选择校正特定于图像的问题所需的控件。开始校正颜色和色调之前，最好先对图像的所有区域进行裁剪或润饰。

在"图像调整实验室"中工作时，可以利用以下功能。

创建快照：可以随时在"快照"中捕获校正后的图像版本。"快照"的缩略图出现在窗口中的图像下方。通过快照，可以方便地比较校正后的不同图像版本，进而选择最佳图像。

"撤销"、"重做"和"重置为原始值"：图像校正可能是试用和处理错误的过程，因此能否撤销和重做校正非常重要。"重置为原始值"命令可以清除所有校正，以便重新开始。

使用自动控件

可以从使用以下自动校正控件开始：

自动调整：通过检测最亮的区域和最暗的区域并调整每个色频的自动校正色调范围，自动校正图像的对比度和颜色。在某些情况下，可能只需使用此控件就能改善图像。而在其他情况下，可以撤销更改并继续使用更多精确控件。

"选择白点"工具：依据设置的白点自动调整图像的对比度。例如，可以使用"选择白点"工具使太暗的图像变亮。

"选择黑点"工具：依据设置的黑点自动调整图像的对比度。例如，可以使用"选择黑点"工具使太亮的图像变暗。

使用颜色校正控件

"设置"按钮：单击此按钮，可以弹出"自动调整范围"对话框，设置色调范围边缘像素所占的百分比。

"打开"按钮：单击此按钮，可以打开以前保存的色调曲线文件。

"保存"按钮：单击此按钮，可以将当前调整的色调曲线进行保存。

"全部显示"选项：选中此选项，将在右侧的窗口中显示全部的通道色调曲线。在调整时，首先要在"通道"选项列表中选择想要调整的通道，然后才能在右侧的窗口中调整相应的色调曲线。

亮度/对比度/强度

执行"亮度/对比度/强度"命令可以调整所有颜色的亮度以及明亮区域与暗色区域之间的差异。具体操作方法如下：

选中位图图像，如图9-24所示，执行菜单"效果"/"调整"/"亮度/对比度/强度"命令，弹出"亮度/对比度/强度"对话框，设置对话框中的参数，如图9-25所示，单击"确定"按钮，得到如图9-26所示的效果。

图9-24　选中位图图像

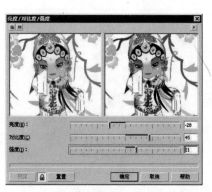

图9-25　"亮度/对比度/强度"对话框

图9-26　"亮度/对比度/强度"调整效果

"亮度/对比度/强度"对话框选项参数如下：

"亮度"选项：此选项可以调节所选图形或图像的亮度，即颜色的深浅。

"对比度"选项：此选项可以调节所选图形或图像的对比度，即深颜色与浅颜色之间的差异。

"强度"选项：此选项可以调节所选图形或图像的强度，使浅颜色区域变亮，而深颜色区域不变。

颜色平衡

执行"颜色平衡"命令可以改变绘图中的多个图形或图像的总体平衡度。当图形或图像上有太多的颜色时，使用此命令可以校正图形或图像的色彩浓度。调整绘图窗口中所选图形或图像的色彩平衡，是从整体上改变图形或图像颜色的一种快速方法。具体操作方法如下：

选中位图图像，如图9-27所示，执行菜单"效果"/"调整"/"颜色平衡"命令，弹出"颜色平衡"对话框，设置对话框中的参数，如图9-28所示，单击"确定"按钮，得到如图9-29所示的效果。

"颜色平衡"对话框选项参数如下：

"范围"选项：决定颜色平衡应用的范围，其中包括"阴影"、"中间色调"、"突出显示"和"保持亮度"4个复选框。"阴影"、"中间色调"和"突出显示"复选框可以分别调整阴影区域、中间色调、高光区域的颜色平衡。

图9-27　选中位图图像

图9-28　"颜色平衡"对话框

图9-29　"颜色平衡"调整效果

"颜色平衡"选项：可以在调整颜色平衡时保持图形或图像原来的亮度。

"色频通道"选项：可以设置颜色的层次，其中包括"青-红"、"洋红-绿"和"黄-蓝"3个选项。

伽玛值

使用"伽玛值"命令可以在对图形或图像的阴影、高光等区域影响不太明显的情况下，改变低对比度图形或图像的细节。伽玛值的计算是以影响中间色调色彩的曲线为基础的。具体操作方法如下。

选中位图图像，如图9-30所示，执行菜单"效果"/"调整"/"伽玛值"命令，设置对话框中的参数，如图9-31所示，单击"确定"按钮，得到如图9-32所示的效果。

"伽玛值"对话框选项参数如下：

"伽玛值"选项：可以改变伽玛值的曲线值。增加伽玛值，可以改善曝光不足、对比度低或发灰图像的质量。

图9-30　选中位图图像

使用自动控件后，可以校正图像中的色偏。色偏通常是由拍摄相片时的照明条件导致的，而且会受到数码相机或扫描仪中的处理器的影响。

"温度"滑块：允许通过提高图像中颜色的暖色或冷色来校正颜色转换，从而补偿拍摄相片时的照明条件的不足。例如，要校正因在室内昏暗的白炽灯照明条件下拍摄相片导致的黄色色偏，可以将滑块向蓝色的一端拖动，以增大温度值（基于开尔文度数）。较低的值与低照明条件对应，如烛光或白炽灯灯泡发出的光，这些条件可能会导致橙色色偏；较高的值与强照明条件对应，如阳光，这些条件会导致蓝色色偏。

"淡色"滑块：可以通过调整图像中的绿色或品红色来校正色偏。可通过将滑块向右侧拖动来添加绿色，可通过将滑块向左侧拖动来添加品红色。使用"温度"滑块后，可以移动"淡色"滑块对图像进行微调。

"饱和度"滑块：可以调整颜色的鲜明程度。例如，通过将该滑块向右侧拖动，可以提高图像中蓝天的鲜明程度；通过将该滑块向左侧拖动，可以降低颜色的鲜明程度；通过将该滑块不断向左侧拖动，可以创建黑白相片效果，从而移除图像中的所有颜色。

可以使用以下控件使整个图像变亮、变暗或提高对比度。

"亮度"滑块：可以使整个图像变亮或变暗。此控件可以校正因拍摄相片时光线太强（曝光过度）或光线太弱（曝光不足）导致的曝光问题。如果要调整图像中特定区域的明暗度，请使用"高光"、"阴影"和"中间色调"滑块。通过"亮度"滑块进行的是非线性调整，因此不影响当前的白点和黑点值。

"对比度"滑块：可以增加或减少图像中暗色区域和明亮区域之间的色调差异。向右拖动滑块可以使明亮区域更亮，暗色区域更暗。例如，如果图像呈现暗灰色调，则可以通过提高对比度使细节鲜明化。

调整高光、阴影和中间色调

可以使图像的特定区域变亮或变暗。在许多情况下，拍摄相片时光的位置或强度会导致某些区域太暗，其他区域则太亮。

"高光"滑块：可以调整图像中最亮区域的亮度。例如，如果使用闪光灯拍摄相片，会使前景主题褪色，此时则可以向左侧拖动"高光"滑块，以使图像的退色区域变暗。可以将"高光"滑块、"阴影"滑块和"中间色调"滑块结合使用来平衡照明效果。

"阴影"滑块：可以调整图像中最暗区域中的亮度。例如，拍摄照片时相片主题后面的亮光（逆光）可能会导致该主题显示在阴影中，此时可通过向右侧拖动"阴影"滑块来使暗色区域更暗并显示更多细节，从而校正相片。可以将"阴影"滑块与"高光"和"中间色调"滑块结合使用来平衡照明效果。

"中间色调"滑块：可以调整图像中的中间范围色调亮度。调整高光和阴影后，可以使用"中间色调"滑块对图像进行微调。

使用柱状图

可以使用柱状图来查看图像的色调范围，从而评估和调整颜色及色调。例如，柱状图有助于检测因曝光不足（在拍照时光线不足）而太暗的相片中隐藏的细节。

柱状图绘制了图像中的像素亮度值，值的范围是 0（暗）到 255（亮）。柱状图的左部表示阴影，中部表示中间色调，右部表示高光。尖突的高度表示每个亮度级别上有多少个像素。例如，柱状图的左侧的像素数量较大表示图像较暗区域中存在的图像细节。

图 9-31 "伽玛值"对话框

图 9-32 "伽玛值"调整效果

色度 / 饱和度 / 亮度

执行"色度/饱和度/亮度"命令可以调整位图中的色频通道，并更改色谱中颜色的位置。这种效果使用户可以更改颜色、浓度以及图像中白色所占的百分比。具体操作方法如下。

选中位图图像，如图 9-33 所示。执行菜单"效果"/"调整"/"色度/饱和度/亮度"命令，弹出"色度/饱和度/亮度"对话框，设置对话框中的参数，如图 9-34 所示，单击"确定"按钮，得到如图 9-35 所示的效果。

图 9-33 选中位图图像

图 9-34 "色度 / 饱和度 / 亮度"对话框

"色度/饱和度/亮度"对话框选项参数如下：

"通道"选项：在此可以设置要调整的通道，其中包括"主对象"、"红"、"黄"、"绿"、"青"、"兰"、"品红"和"灰度" 8 个选项。当选择除"主对象"选项外的任意一个选项时，调整"色调"、"饱和度"和"亮度"选项的数值，只是对所选择的颜色进行调整，如图 9-35 所示。当选择"主对象"选项时，对"色调"、"饱和度"和"亮度"选项的数值进行调整，所有的颜色通道将同时被调整。

图 9-35 "色度 / 饱和度 / 亮度"调整效果

"色度"选项：此选项可以改变选定通道的色彩。

"饱和度"选项：此选项可以改变色彩的饱和度。当调整的"饱和度"数值为负值时，将产生灰色阶单色图像；当调整为正值时，将产生鲜明、强烈色彩的图像。

"亮度"选项：此选项可以改变被选择图形或图像的亮度。

"前面"和"后面"选项：可以看到颜色调整前后的变化以及对应关系。

所选颜色

执行"所选颜色"命令可以在色谱范围内按照选定的颜色来调整组成图像颜色的百分比从而改变图像的颜色。具体操作方法如下。

选中位图图像，如图9-36所示，执行菜单"效果"/"调整"/"所选颜色"命令，设置对话框中的参数如图9-37所示，单击"确定"按钮，得到如图9-38所示的效果。

图9-36　选中位图图像

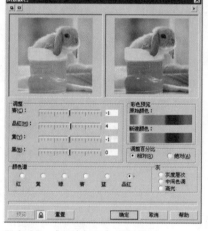

图9-37　"所选颜色"对话框

图9-38　"所选颜色"调整效果

"所选颜色"对话框选项参数如下：

"调整"选项：该选项区域中包括"青"、"品红"、"黄"和"黑"4个选项，通过调整这4个选项的滑块，可以改变青色、洋红、黄色和黑色在色谱中所占的比例。

"颜色谱"选项：在此选项中包括红、黄、绿、青、蓝和品红，主要设置调整颜色的光谱范围。

"调整百分比"选项：在该选项框中可以设置调整颜色的调整方式，其中包括"相对"和"绝对"两个选项，选择"相对"单选按钮，在调整滑块的位置时，改变的数值是颜色变化的相对值。选择"绝对"单选按钮，在调整滑块的位置时，改变的数值是颜色变化的绝对值。

"灰"选项：此选项区域主要用于对灰度的图像添加颜色，包括"灰度层次"、"中间色调"和"加亮显示"3个选项。

在"图像调整实验室"中查看图像。

"图像调整实验室"中的工具可以通过各种方式查看图像，因而可以估计进行的颜色和色调调整。例如，可以旋转图像、平移至新的区域、放大或缩小图像，并选择在预览窗口中显示校正后的图像的方式。

使用其他调整过滤器

尽管使用"图像调整实验室"可以校正大多数图像的颜色和色调，但是有时需要专门的调整过滤器。使用CorelDRAW中功能强大的调整过滤器，可以对图像进行精确调整，例如，可以使用调合曲线来调整图像。

使用"图像调整实验室"校正颜色和色调的方法：

导入一张位图，选择该位图，如下图所示。

▲　选择位图

执行菜单"位图"/"图像调整实验室"命令，弹出"图像调整实验室"对话框，如下图所示。

▲　"图像调整实验室"对话框

单击"自动调整"按钮。"自动调整"将通过设置图像中的白点和黑点来自动调整颜色和对比度。如果要更精确地控制白点和黑点的设置，请单击"选择白点"工具，并单击图像中最亮的区域，然后，单击"选择黑点"工具，并单击图像中最暗的区域。预览效果如下图所示。

▲ "自动调整"效果

拖动"温度"滑块可以调节图像温度，预览效果，如下图所示。

▲ "温度"调整效果

拖动"淡色"滑块可以调节图像淡色，预览效果，如下图所示。

▲ "淡色"调整效果

替换颜色

使用"替换颜色"命令可以用一种位图颜色替换另一种位图颜色。它会创建一个颜色遮罩来定义要替换的颜色。根据设置的范围，可以替换一种颜色或将整个位图从一个颜色范围变换到另一个颜色范围，还可以为新颜色设置色度、饱和度和亮度。具体操作方法如下：

选中位图图像，如图9-39所示，执行菜单"效果"/"调整"/"替换颜色"命令，弹出"替换颜色"对话框，在"原颜色"选项中选择所需的颜色，再单击"新建颜色"下拉按钮，接着在弹出的调色板中设置颜色。然后在"替换颜色"对话框中设置其他参数，如图9-40所示。设置完成后单击"确定"按钮，得到如图9-41所示的效果。

图9-39　选中位图图像

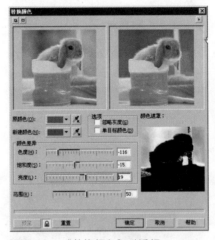

图9-40　"替换颜色"对话框

图9-41　"替换颜色"调整效果

"替换颜色"对话框选项参数如下：

"原颜色"选项：单击此选项后面的按钮，在弹出的下拉列表框中选择图像中要替换的颜色。也可以利用按钮直接在图像中拾取要替换的颜色。

"新建颜色"选项：单击此选项后面的按钮，在弹出的下拉列表中选择一种新的颜色替换图像中所选择的颜色。也可以利用按钮在图像中拾取一种颜色作为新颜色。

"选项"选项：包括"忽略灰度"和"单目标颜色"两个选项。选中"忽略灰度"复选框，可以在替换颜色时忽略灰度像素。选择"选择目标颜色"复选框，可以用新颜色替换所有在当前颜色范围内的颜色。

"颜色差异"选项：在该选项区域中调整"色调"、"饱和度"和"亮度"选项的滑块，可以改变新颜色的色调、饱和度和亮度值。

"范围"选项：决定影响颜色变化的区域。数值越小，影响的颜色越少。数值越大，影响的颜色越多。

取消饱和

执行"取消饱和"命令可以将位图中每种颜色的饱和度降到零，移除色度组件，并将每种颜色转换为与其相对应的灰度，以创建出灰度，从而创建出灰度黑白相片效果，而且不会更改颜色模型。具体操作方法如下。

选中位图图像，如图9-42所示，执行菜单"效果"/"调整"/"取消饱和"命令，即可得到如图9-43所示的取消饱和度效果。该命令不弹出任何对框。

图9-42　选中位图图像

图9-43　"替换颜色"调整效果

通道混合器

"通道混合器"命令可以通过改变不同颜色通道的数值来改变图像的色调。具体操作方法如下。

选中位图图像，执行菜单"效果"/"调整"/"通道混合器"命令，弹出"通道混合器"对话框，如图9-44所示，设置对话框中的参数如图9-45所示，单击"确定"按钮，得到如图9-46所示的效果。

图9-44　选中位图图像

图9-45　"通道混合器"对话框

图9-46　"通道混合器"调整效果

"通道混合器"对话框选项参数如下：

"色彩模型"选项：在此选项右侧的下拉列表框中包括RGB模式、CMYK模式和实验室模式。

"输出通道"选项：在此选项右侧的下拉列表框中可以选择所要输出的通道，如果选择"实验室"模式，"输出通道"选项将显示"亮度"、"a"和"b"选项。

"输入通道"选项：通过调整此选项区域中的"红色"、"绿色"和"蓝色"滑块可以调整图像的颜色。此选项根据选择的颜色模式不同而不同，如果选择"CMYK"模式，输入通道选项将显示"青"、"品红"、"黄"和"黑"选项。

"仅预览导出通道"选项：选中此复选框，将在预览窗口中只查看输出通道列表中所选的通道变化情况。

拖动"饱和度"滑块可以调节图像饱和度，预览效果，如下图所示。

▲　"饱和度"调整效果

拖动"亮度"滑块可以调节图像亮度，预览效果，如下图所示。

▲　"亮度"调整效果

拖动"对比度"滑块可以调节图像对比度，预览效果，如下图所示。

▲　"对比度"调整效果

拖动"高光"滑块可以调节图像高光，预览效果，如下图所示。

▲ "高光"调整效果

拖动"阴影"滑块可以调节图像阴影，预览效果，如下图所示。

▲ "阴影"调整效果

拖动"中间色调"滑块可以调节图像中间色调，预览效果，如下图所示。

▲ "中间色调"调整效果

"变换"子菜单包括"去交错"、"反相"、"极色化"命令，执行相应的命令可以变换对象的颜色和色调以产生特殊效果，"变换"命令子菜单，如图9-47所示。

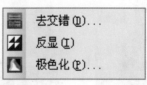

图 9-47　"变换"子菜单

去交错

执行"去交错"命令可以将图像在扫描过程中产生的网线消除，从而使图像更加清晰。其方法是执行菜单"效果"/"变换"/"去交错"命令，在弹出的"去交错"对话框中设置参数来消除图像中的网线，如图9-48所示。

图 9-48　"去交错"对话框

"去交错"对话框选项参数如下：

"扫描行"选项：在此选项区域中包括"偶数行"和"奇数行"两个选项，选中"偶数行"单选按钮可以清除双线；选中"奇数行"单选按钮可以清除单线。

"替换方法"选项：在此选项区域中包括"复制"和"插补"两个选项，选中"复制"单选按钮可以使用相邻像素填充扫描线。选中"插补"单选按钮可以使用扫描线周围像素的平均值填充扫描线。

反显

执行"反显"命令通过将图像的所有颜色转换为与其相对的颜色来创建图像的负片效果。具体操作方法如下。

选中位图图像，如图9-49所示，执行菜单"效果"/"变换"/"反显"命令，即可得到图像的负片效果，如图9-50所示。

图 9-49　选中位图图像

图 9-50　"反显"调整效果

极色化

执行"极色化"命令可以减少图像中的色调值数量，还可以去除颜色层次并产生大面积缺乏层次感的颜色。具体操作方法如下：

选中位图图像，如图9-51所示，执行菜单"效果"/"变换"/"极色化"命令，弹出"极色化"对话框，设置对话框中的参数，如图9-52所示，单击"确定"按钮，得到如图9-53所示的效果。

图 9-51 选中位图图像

图 9-52 "极色化"对话框

图 9-53 "极色化"调整效果

"极色化"对话框选项参数如下：

通过"层次"选项可以设置颜色的级别。数值越小，颜色级别越小；数值越大，颜色级别越大。

9.2.3 校正

执行"校正"/"尘埃与刮痕"命令可以移除位图中的尘埃与刮痕。其具体操作方法如下：

选中位图图像，如图9-54所示，执行菜单"效果"/"校正"/"尘埃与刮痕"命令，设置对话框中的参数如图9-55所示，单击"确定"按钮，得到如图9-56所示的效果。

图 9-54 选中位图图像

图 9-55 "尘埃与刮痕"对话框

图 9-56 "尘埃与刮痕"调整效果

在每调整一步都可以单击右下角的"创建快照"按钮，用于记录，以便调整出更好的效果，如下图所示。

▲ "创建快照"效果

尘埃与刮痕原理

通过移除尘埃与刮痕标记，可以快速改进位图的外观。尘埃与刮痕过滤器用于消除超过设置的阈值像素之间的对比度。可以设置半径以确定更改影响的像素数量。所选的设置取决于瑕疵大小及其周围的区域。

图像调整实验室图像模式

执行"图像调整实验室"命令只能对RGB颜色模式进行编辑，如果是CMYK颜色模式，在执行"图像调整实验室"命令时，操作系统会弹出提示框，提示图像需要转换为选择要调整的位图，如下图所示。

▲ 选中 CMYK 色彩模式图像

在菜单栏中执行"位图"/"图像调整实验室"命令，弹出提示框如下图所示。

▲ 弹出提示框

要求将 CMYK 颜色模式转换为 RGB 颜色模式，单击"确定"按钮，即可弹出"图像调整实验室"对话框，如下图所示。

▲ "图像调整实验室"对话框

"尘埃与刮痕"对话框选项参数如下：

半径"选项"：允许设置为产生效果而使用的像素范围。

"阈值"选项：允许设置杂点减少的数量。

9.2.4 自动调整图像

CorelDreaw X5 可以对导入或转换生成的位图的颜色的对比度等参数进行自动调整。

选中要调整的位图，如图 9-57 所示。执行菜单"位图"/"自动调整"命令，软件会自动对位图进行调整，无须设置参数等，效果如图 9-58 所示。

图 9-57　选中位图图像

图 9-58　"自动调整"效果

这个命令虽然自动化程度较高，但是无法指定调整后的效果，并且自动调整也未必能达到我们想要的特定效果。

图像调整实验室

执行 CorelDreaw X5 中的"图像调整实验室"命令，可以在"图像调整实验室"对话框中手工调整位图的温度、淡色、饱和度、亮度、对比度、高光、阴影、中间色调等项。也可选择分别对高光、阴影、中间色调等部分进行调整。

"图像调整实验室"由自动和手动控件组成。这些控件按图像校正的逻辑顺序进行组织。从右上角开始一直持续下去，用户可以只选择纠正特定于图像的问题所需的控件。在开始校正颜色和色调之前，最好先对图像的所有区域进行裁剪或润饰。具体操作方法如下：

选中要调整的位图，如图 9-59 所示，在菜单栏中执行"位图"/"图像调整实验室"命令，弹出如图 9-60 所示的"图像调整实验室"对话框，在"图像调整实验室"对话框的右侧拖动相应的滑块改变图像的颜色，在对话框的左侧就可以预览相应的效果，单击"创建快照"按钮，即可将预览效果创建一个快照，如图 9-61 所示。

图 9-59 选中位图图像

图 9-60　"图像调整实验室"对话框

图 9-61　创建快照

也可以在"图像调整实验室"对话框中多创建几张快照，以对比其效果，如图 9-62 所示。如果感觉第 4 张快照符合要求，则可以选择第 4 张快照，单击"确定"按钮，即可得到如图 9-63 所示的效果。

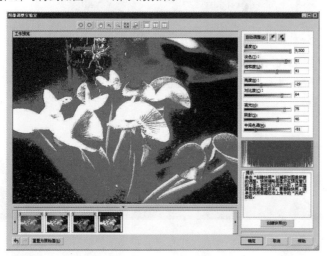

图 9-62　创建 4 张快照

校正图像

　　如果导入位图图像的内容是倾斜的，这时可以利用"校正图像"命令来进行图像校正。

　　导入一张位图，执行"位图"/"校正图像"命令，弹出"校正图像"对话框，在右侧拖动"旋转图像"滑块，旋转到图像与网格平行的位置上，勾选网格选项，拖动滑块，增加网格的数量，设置完毕，单击"确定"按钮，校正完的图像如下图所示。

▲　选择需要校正的位图

▲　"校正图像"对话框

▲　"校正图像"效果

261

裁切后的区别

利用"形状工具"裁切图像，在菜单中执行菜单"位图"/"裁剪位图"命令后，用户可以拖动控制点到边界外。这时可以查看被裁剪掉的部分，发现它实际是以直线进行裁剪的，其图像的尺寸和内容都有所损失。

执行"裁剪位图"命令前后的效果对比，如下图所示。

▲ "形状工具"拖动控制点

▲ "裁剪位图"之前

▲ "裁剪位图"之后

图 9-63　选择第 4 张快照

9.3　编辑位图

编辑位图首先要选中需要编辑的位图，然后执行菜单"位图"/"编辑位图"命令或单击属性栏中的"编辑"按钮，即可启动编辑程序 Corel PHOTO-PAINT X5，如图 9-64 所示。

图 9-64　Corel PHOTO-PAINT X5 界面

Corel PHOTO-PAINT X5 是用来编辑修改位图或创建新的位图的。它比以前的版本功能更加强大，更完善，并且提供了许多编辑图像的工具。使用这些工具可以轻松地完成位图的编辑与创作，也可以用它创建新的位图文件。

9.4　裁剪位图

CorelDreaw X5 可以方便地对位图对象进行尺寸裁切，并能通过编辑曲线的方式对位图进行复杂边缘裁剪。如果要将位图裁剪成不规则形状，可以使用工具栏

中的形状工具来编辑控制位图的节点，将位图的轮廓修剪成任意图形。如果要将位图裁剪成矩形，即可直接使用裁剪工具。

9.4.1 将位图裁剪成不规则形状

选择工具箱中的"形状工具"，在页面中单击要裁剪的位图，位图四边出现节点，如图 9-65 所示。拖动节点来改变位图的形状，也可以用删除或添加节点的办法更好地控制位图的形状，此时图像的尺寸和内容将保存不变。在菜单中执行"位图"/"裁剪位图"命令，即可将位图进行裁剪，如图 9-66 所示。

图 9-65　四边出现节点

图 9-66　添加节点并拖动节点

如果要查看被裁剪的部分，同样可以用形状工具将四周的控制点拖开，即会发现它们以裁剪框的边框为基准进行裁剪了，如下图所示。

▲　查看被剪切的部分

9.4.2 将位图裁剪成矩形

选中要裁剪的图像，在工具箱中选择"裁剪工具"，在画面上拖出一个裁剪框，如图 9-67 所示，然后在裁剪框中双击，将位图进行裁剪，其效果如图 9-68 所示。

图 9-67　绘制裁剪框

图 9-68　将位图裁剪

9.5 位图颜色遮罩

在处理和编辑位图时，如果需要隐藏位图中特定的颜色及该颜色的近似色，执行"位图颜色遮罩"命令，将会得到理想的颜色去除效果。在绘图窗口中如果选择了位图图像，只需要执行菜单"位图"/"位图颜色遮罩"命令，即可弹出"位图颜色遮罩"泊坞窗，如图 9-69 所示。

🔲 "黑白"转换方法

在"转换为1位"对话框中"转换方法"下拉列表框中包括7种转换方法选项。选择不同的转换方式其参数也是不同的，如下图所示。

线条图
顺序
Jarvis
Stucki
Floyd-Steinberg
半色调
基数分布

▲ "转换方法"下拉列表

分别选择不同的转换方法，得到的黑白效果对比，如下图所示。

▲ 线条图

▲ 顺序

"位图颜色遮罩"泊坞窗选项参数如下：

"隐藏颜色"选项：选择此选项，可以使位图的背景颜色隐藏。

"显示颜色"选项：选择此选项，可以使位图的背景颜色显示。

"容限"选项：拖动此滑块或输入参数可以精确所隐藏的颜色，数值越大精确度越小。

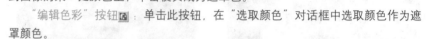

图 9-69 "位图颜色遮罩"泊坞窗

"色彩选取器"按钮🖊：单击此按钮，当光标变为吸管状时，可移动光标到图像的某一处颜色上，单击使其成为遮罩色。

"编辑色彩"按钮🔳：单击此按钮，在"选取颜色"对话框中选取颜色作为遮罩颜色。

"打开遮罩"按钮🔳：单击此按钮，在弹出的"打开"对话框中选择系统提供的颜色遮罩文件，再单击"打开"按钮，所选的文件将用于现在的位图上。

对位图执行颜色遮罩效果的具体操步骤如下：

①执行菜单"文件"/"打开"命令，打开附书光盘"09\素材1.cdr"文件，如图 9-70 所示。

②执行菜单"位图"/"位图颜色遮罩"命令，在"位图颜色遮罩"泊坞窗中，利用按钮在位图图像中选择所要隐藏的绿色。然后拖动"容限"滑块，设置颜色的容限值，如图 9-71 所示。单击"应用"按钮，即可将所选的颜色按照需要进行隐藏，如图 9-72 所示。

③在"位图颜色遮罩"泊坞窗中取消刚才所"隐藏颜色"的选项，单击"显示颜色"单选按钮，然后再单击"应用"按钮，即可将隐藏的颜色重新显示出来，如图 9-73 所示。

图 9-70 打开素材

图 9-71 设置参数

图 9-72 应用颜色遮罩

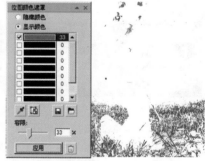

图 9-73 显示颜色

9.6 应用色彩模式

在菜单中执行"位图"/"模式"命令，弹出如图9-74所示的子菜单，在"模式"子菜单下有7种颜色模式可供选择。用户可以根据需要设定位图图像的色彩模式。

■	黑白（1位）(B)...
▮	灰度（8位）(G)
▯	双色（8位）(N)...
▤	调色板色（8位）(P)...
▦	RGB 颜色（24位）(R)
▧	Lab 色（24位）(L)
▮	CMYK 色（32位）(C)

图9-74   "模式"命令子菜单

9.6.1 黑白

黑白模式只有黑和白两种颜色，是1位黑白图像，没有灰度图像，所以会损失一些中间色调和细节，黑和白通常没有层次的变化。具体操作方法如下：

选中要执行黑白模式效果的位图，如图9-75所示。执行菜单"位图"/"模式"/"黑白"命令，弹出"转换为1位"对话框，如图9-76所示。在对话框中右击可以缩放图像，拖动鼠标可以改变图像被观察的位置。设置其他选项参数，调整好后单击"确定"按钮，即可完成转换，效果如图9-77所示。

图9-75   打开位图

图9-76   "转换为1位"对话框

图9-77   "黑白"效果

9.6.2 灰度

灰度模式是将位图转换成8位灰度图。有时只有将位图转换成灰度模式才能再转换成其他模式。其转换方式是：执行位图，执行菜单"位图"/"模式"/"灰度"命令，即可将其位图转换成灰度模式，效果如图9-78所示。

▲ Jarvis

▲ Stucki

▲ Floyd-Steinberg

▲ 半色调

▲ 基数分布

图 9-78　转换为灰度模式前后的效果对比

9.6.3　双色

双色模式也是一种灰色模式，是将彩色位图转换成8位灰度图。其具体操作方法如下：

选中要执行双色模式效果的位图，执行菜单"位图"/"模式"/"双色调"命令，弹出"双色调"对话框，如图9-79所示。选择好类型并设置好各种参数后单击"确定"按钮，即可得到"双色调"模式，对比效果如图9-80所示。

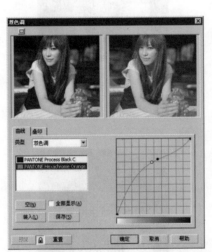

图 9-79　"双色调"对话框　　　　图 9-80　"双色调"效果对比

9.6.4　调色板

调色板模式也是8位颜色模式，这种模式基本上可以满足一般需要，而且转换后文件较小。在将位图转换成调色板模式时，根据位图中的颜色可以创建自定义调色板。其具体操作方法如下：

单击选中位图，执行菜单"位图"/"模式"/"调色板（8位）"命令，在弹出的对话框中单击"调色板"下拉列表按钮，从中选择调色板的类型为"标准VGA"。拖动"抵色强度"滑块，可以设置位图抵色的强度，如图9-81所示。设置好各种参数后再单击"确定"按钮，即可得到调色板模式前后效果对比如图9-82所示。

图 9-81 "转换至调色板"对话框　　　图 9-82 "调色板"命令前后对比效果

9.6.5 RGB 模式

RGB模式是常用的24位颜色模式，如果要将不是RGB模式的位图转换成RGB模式的位图，此时系统会根据颜色管理器中所设定的色彩描述进行正确的色彩模式转换。

其方法是选中位图后，执行菜单"位图"/"模式"/"RGB颜色"命令，即可将所选图形转换为RGB模式。

9.6.6 CMYK 模式

CMYK模式是将全彩图转换成32位的CMYK模式，CMYK模式通常可以用作商用全色打印的标准模式。

其方法是执行菜单"位图"/"模式"/"CMYK颜色"命令，这时出现一个对话框。单击"确定"按钮即可得到CMYK模式的效果。

9.6.7 Lab 颜色

Lab模式也是一种24位颜色模式，它包括CMYK和RGB两种模式的色谱。

其方法是选中位图后，执行菜单"位图"/"模式"/"Lab颜色"命令，即可得到Lab模式效果。

◉ 双色调颜色模式对比

在"双色调"对话框中，右边的曲线可以调节图像的明暗及色调效果。在"类型"下拉列表框中默认的是"单色调"，单击下拉按钮，弹出下拉列表，在弹出的下拉列表中可供选择的类型还有双色调、三色调、四色调，用户可以分别调整4种标准色的效果。

单色调
双色调
三色调
四色调

▲　"类型"下拉列表

在"类型"下拉列表框中双击某个颜色块，从中可以打开"选择颜色"对话框，如下图所示，可以任意设置颜色以重新调整图像的色调。

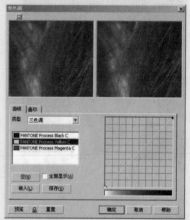

▲　双击色块选择颜色

分别设置单色调、双色调、三色调和四色调的效果如下图所示。

267

▲ 单色调

▲ 双色调

▲ 三色调

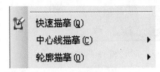

9.7 描摹位图

在本章前面讲过"转换为位图"命令，可以将矢量图转换为位图，CorelDRAW 中如果需要将位图转换成为矢量图，就需要利用描摹功能。在CorelDRAW X5 中，"位图"菜单下有"快速描摹"、"中心线描幕"和"轮廓描摹"命令，如图 9-83 所示。下面来详细介绍一下这些命令的功能。

快速描摹 (Q)

中心线描摹 (C)

轮廓描摹 (O)

图 9-83 描摹命令位置

9.7.1 快速描摹

在菜单中执行"位图"/"快速描摹"命令，弹出如图9-84所示的"PowerTRACE"提示框，提示是否减小位图大小，用户可以根据需要选择，选择完毕，即可得到所需的效果。效果对比如图 9-85 所示。

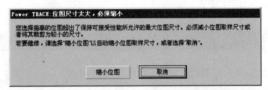

图 9-84 "PowerTRACE" 提示框

图 9-85 "快速描摹" 前后效果对比

线条描摹是将位图图像转换为矢量的线条图形，在菜单中执行"位图"/"中心线描摹"命令，弹出子菜单中包括"技术图解"和"线条画"命令，如图9-86所示。

技术图解(T)...
线条画(L)...

图9-86 "线条描摹"子菜单

技术图解

在菜单中执行"位图"/"中心线描摹"/"技术图解"命令，弹出如图9-87所示的"PowerTRACE"对话框，用户可以根据需要在其中设置所需的参数，同时在预览框中对比描摹之前和之后的效果，设置完成后单击"确定"按钮，即可得到所需的效果，如图9-88所示。

▲ 四色调

图9-87 "PowerTRACE"对话框

图9-88 "技术图解"效果

线条画

"线条画"命令是将位图描摹成矢量草稿图。其方法是在菜单中执行"位图"/"中心线描摹"/"线条画"命令，弹出如图9-89所示的"PowerTRACE"对话框，用户可以根据需要在其中设置所需的参数，同时在预览框中对比描摹之前和之后的效果，设置完成后单击"确定"按钮，即可得到所需的效果，如图9-90所示。

图9-89 "PowerTRACE"对话框

图9-90 "线条画"效果

预览窗口可以预览描摹结果并将其与源位图进行比较。

"预览"列表框：单击可以选择"之前和之后"、"较大预览"和"线框叠加"中任意一项。

之前和之后：同时显示源位图和描摹结果。

较大预览：在单窗格预览窗口中预览描摹结果。

线框叠加：在源位图的上方显示描摹结果的线框（轮廓）视图。

"透明度"滑块：当选择"线框叠加"选项后控制线框下源位图的可视性。

"缩放和平移工具"：可以缩放显示在预览窗口中的图像，平移以缩放级别大于100%显示的图像并使图像符合预览窗口的大小。

"颜色"页面：包括用于修改描摹结果颜色的控件。

"描摹类型"列表框：可以更改描摹方式

"图像类型"列表框：可以为要描摹的图像选择合适的预览样式。根据选择的描摹方式，可用的预览样式会更改。

"撤销"和"重做"按钮：可以撤消和重做执行的上一个操作。

"重置"按钮：可以恢复用于描摹源位图的第一个设置。

"选项"按钮：可以在"选项"对话框中访问 PowerTRACE 选项页面，以设置默认描摹选项。

"设置"页面：包括用于调整描摹结果的控件。"设置"页面上的"描摹结果细节"区域可以在进行调整时查看描摹结果中的对象数、节点数和颜色数。

"轮廓描摹"命令能够跟踪位图，能将位图转换为不同效果的矢量图形。其方法是在菜单中执行"位图"/"轮廓描摹"命令，弹出如图9-91所示的子菜单。

```
线条图(I)…
徽标(O)…
详细徽标(D)…
剪贴画(C)…
低品质图像(L)…
高质量图像(H)…
```

图9-91 "描摹位图"子菜单

线条图

在菜单中执行"位图"/"轮廓描摹"/"线条图"命令，弹出如图9-92所示的 PowerTRACE 提示框，提示是否减小位图大小，根据需要做出选择后，弹出如图9-93所示的"PowerTRACE"对话框。用户可以根据需要在其中设置所需的参数，同时在预览框中对比描摹之前和之后的效果，设置完成后单击"确定"按钮，即可得到所需的效果如图9-94所示。

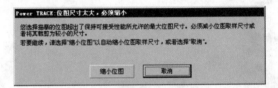

图9-92 "PowerTRACE"提示框

图9-93 "PowerTRACE"对话框　　　　图9-94 "线条图"效果

徽标

"徽标"命令是将位图以徽标效果描摹出来。其方法是在菜单中执行"位图"/"轮廓描摹"/"徽标"命令，弹出与前一个命令相同的 PowerTRACE 提示框，做出选择后弹出如图9-95所示的 PowerTRACE 对话框。用户可以根据需要在其中设置所需的参数，同时在预览框中对比描摹之前和之后的效果，设置完成后单击"确定"按钮，即可得到所需的效果，如图9-96所示。

图 9-95 "PowerTRACE" 对话框

图 9-96 "徽标" 效果

详细徽标

"详细徽标"命令是将位图以徽标细节描摹出来。其方法是在菜单中执行"位图"/"轮廓描摹"/"详细徽标"命令，弹出如图 9-97 所示的 PowerTRACE 对话框，用户可以根据需要在其中设置所需的参数，同时在预览框中对比描摹之前和之后的效果，设置完成后单击"确定"按钮，即可得到所需的效果如图 9-98 所示。

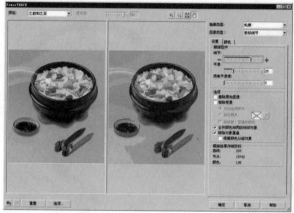

图 9-97 "PowerTRACE" 对话框

图 9-98 "详细徽标"
效果

剪贴画

"剪贴画"命令是将位图以剪贴画的形式描摹出来。其方法是在菜单中执行"位图"/"轮廓描摹"/"剪贴画"命令，弹出如图 9-99 所示的 PowerTRACE 对话框，用户可以根据需要在其中设置所需的参数，同时在预览框中对比描摹之前和之后的效果，设置完成后单击"确定"按钮，即可得到所需的效果，如图 9-100 所示。

微调描摹结果

PowerTRACE 使您可以执行以下调整来微调描摹结果。

调整细节和平滑：可以调整描摹结果中的细节量及平滑曲线。调整细节时，可以更改描摹结果中的对象数。如果使用轮廓描摹方式来描摹位图，调整描摹结果也可更改颜色数。平滑将更改描摹结果中的节点数。还可以通过设置拐角平滑度的阈值来控制描摹结果中拐角的外观。

完成描摹：默认情况下，在描摹后将保留源位图，并且描摹结果中的对象将自动分组。还可以使源位图在描摹完成后自动删除。

移除和保留背景：可以选择在描摹结果中移除或保留背景。使用轮廓描摹方式，还可以指定要移除的背景颜色。如果移除了边缘周围的背景颜色，但通过图像某些区域仍可以看到某些背景颜色，则可以从整个图像中移除背景。

设置其他"轮廓描摹"选项：默认情况下，通过重叠对象从视图隐藏的对象区域会从描摹结果中移除。可以选择保留下层对象区域。该功能可用于将被输出到乙烯基切割机和丝网印刷机的描摹结果。

要减少描摹结果中的对象数，可以合并具有相同颜色的相邻对象，还可以将相同颜色的对象分为一组，从而可以在 CorelDRAW 中更容易地操控它们。

撤销和重做操作：可以在 PowerTRACE 中调整设置，然后根据需要随意重新描摹位图，直到对结果满意为止。如果操作失误，可以撤销或重做某个操作，或者还原到第一次描摹的结果。

链接管理器

在菜单栏中执行"窗口"/"泊坞窗"/"链接和书签"命令，弹出如下图所示的泊坞窗，即可在其中查看到该文件为链接文件，可以在其中单击相关的按钮，对导入当前文件中的图像文件进行重新编辑和更新。

▲ "链接和书签"泊坞窗

"链接管理器"选项参数如下：

"中断链接"按钮 ：单击此按钮可取消位图的链接。

"更新链接的图像"按钮 ：此按钮只有在导入图像的原图被修改、刷新后才可用，单击此按钮，可以将导入的图像更新，更新为修改后的状态。

"使用关联的应用程序打开链接"按钮 ：单击此按钮，可以打开与导入图像相关联的应用程序。

"刷新链接"按钮 ：单击此按钮，将对列表中的导入图像进行刷新。

当导入的图像被编辑后，单击"刷新整个列表"按钮 ，"链接和书签"泊坞窗中图像前面的图标变为" "图标，如下图所示。

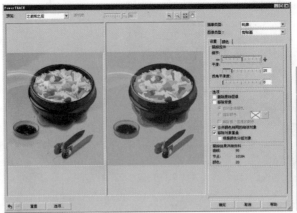

图 9-99 "PowerTRACE"对话框　　　　图 9-100 "剪贴画"效果

低质量图像与高质量图像

"低质量图像"命令是将位图以低质量的图像描摹出来，"高质量图像"命令是将位图以高质量的图像描摹出来。其方法与前面命令相同，在弹出 PowerTRACE 对话框中设置参数，即可得到所需的效果，如图 9-101 和 9-102 所示。

图 9-101 "低质量图像"效果　　　　图 9-102 "高质量图像"效果

9.8 位图连接

如果在导入位图时，在"导入"对话框中选中了"外部链接位图"复选框，则导入到绘图窗口中的位图为链接位图，如图 9-103 所示。

图 9-103　选中"外部链接位图"复选框

9.8.1　中断链接

执行"中断链接"命令可以将链接外部的位图取消链接，以便于执行"位图"菜单中的一些效果命令对其进行编辑与处理。

如果用户不需要位图链接，用户可以在菜单中执行"位图"/"中断链接"命令，将其链接取消。

9.8.2　自链接更新

如果所链接的外部位图已经发生了变化，用户可以执行"自链接更新"命令来更新 CorelDRAW 程序中的位图。

如果使用其他的外部软件将位图进行调整，然后按原路径进行保存后，切换到 CorelDRAW 程序中，那么会发现此时绘图窗口中的位图并没有发生变化。这时，可以在菜单中执行"位图"/"自链接更新"命令，即可将位图进行更新，绘图窗口中的位图才会发生变化，前后效果对比如图 9-104 所示。

当导入的图像被修改路径或修改名称后，单击"刷新整个列表"按钮 ，"链接和书签"泊坞窗中图像前面的图标将变为" "图标，如下图所示。

▲　"链接和书签"泊坞窗

▲ 图像被修改路径或更改名称

图 9-104 "自链接更新" 前后效果对比

10 Chapter

滤镜特效

　　CorelDRAW X5具有很强大的位图编辑功能，不再是单一的矢量软件，越来越能够满足用户的各种需求。在众多的位图功能中，滤镜功能可以迅速改变位图对象的效果。在位图菜单中就拥有10类位图处理滤镜，都各有各自的特性，用户可以使用这些滤镜方便快捷地处理图像。本章来详细地讲解这些滤镜。

在"三维旋转"对话框中含有"最适合"选项。在选择"最适合"选项时，制作出的"三维旋转"效果图像外框适合原图像外框；不选择时，不适合源图像外框。

▲ 原图

▲ 选择"最适合"选项

▲ 未选择"最适合"选项

10.1 三维效果

在"位图"菜单的"三维效果"子菜单中提供了 7 种不同的三维效果命令，包括"三维旋转"、"柱面"、"浮雕"、"卷页"、"透视"、"挤远/挤近"和"球面"效果。"三维效果"滤镜子菜单如图10-1 所示。

图 10-1　"三维效果"子菜单

10.1.1　三维旋转

"三维旋转"命令可以将选中的位图进行各个方向的扭曲调整。

选中位图图像，执行菜单"位图"/"三维效果"/"三维旋转"命令，弹出"三维旋转"对话框，如图 10-2 所示。在对话框中设置参数，完成设置后，单击"确定"按钮。图像调整前后的效果对比，如图 10-3 所示。

图 10-2　"三维旋转"对话框

图 10-3　"三维旋转"命令前后图像效果对比

"三维旋转"对话框的左上角有▣和▣两个按钮，当单击▣按钮时，此对话框将变成预览状态；当单击▣按钮时，对话框的预览状态将变成原图和预览图对比状态，当单击▣按钮时，对话框将隐藏预览状态。

在"三维旋转"对话框的预览状态下，单击"预览"按钮 预览 和 ▣按钮，都可以对当前窗口中的图像所产生的效果进行预览。当再次调整对话框中的参数时，必须再次单击"预览"按钮 预览 进行重新预览；而使用 ▣按钮时则不同，每次调整对话框中的参数时，系统都会自动进行预览。单击"重置"按钮，可以将当前设置的参数和图像预览所产生的效果进行恢复，此时可以重新进行参数设置。

在对话框中单击"重置"按钮，可以将各选项恢复到默认值。

"三维旋转"对话框中选项参数如下：

"垂直"选项：设置其右侧输入框中的数值，可以将图像在垂直方向上旋转。

"水平"选项：设置其右侧输入框中的数值，可以将图像在水平方向上旋转。

"最适合"选项：选中此复选框，可以保证图像适合图框。

10.1.2 柱面

执行"柱面"命令，可以将图像中像素向中间或者两边缩紧。

选中位图图像，执行菜单"位图"/"三维效果"/"柱面"命令，弹出"柱面"对话框，如图10-4所示。在对话框中设置参数，完成设置后，单击"确定"按钮。图像调整前后的效果对比如图10-5所示。

图10-4 "柱面"对话框

图10-5 "柱面"命令前后图像效果对比

"柱面"对话框中选项如下：

"垂直"选项：选择此选项时，调整的图像好像是贴附在一个水平的圆柱体上进行突出或凹陷。

"水平"选项：选择此选项时，调整的图像好像是贴附在一个垂直的圆柱体上进行突出或凹陷。

"百分比"选项：拖动此选项的滑块位置或直接在后面的输入框中输入数值，可以设置缠绕的强度。

10.1.3 浮雕

浮雕效果是设定图像的深度和光线的方向，生成类似浮雕的一种三维效果。

选中位图图像，执行菜单"位图"/"三维效果"/"浮雕"命令，弹出"浮雕"对话框，如图10-6所示。在对话框中设置参数，完成设置后，单击"确定"按钮。图像调整前后的效果对比如图10-7所示。

图10-6 "浮雕"对话框

在"柱面"对话框中含有"柱面模式"选项。在选择"水平"选项时，调节"百分比"滑块，制作出水平柱面效果；在选择"垂直"选项时，调节"百分比"滑块，制作出垂直柱面效果。"水平"和"垂直"选项效果对比如下图所示。

▲ 原图

▲ "水平"选项效果

▲ "垂直"选项效果

在"浮雕色"选项中包括"原始颜色"、"灰色"、"黑色"和"其他"4个选项，下面来详细演示一下4种选项的效果，如下图所示。

▲ "原始颜色"浮雕效果

▲ "灰色"浮雕效果

▲ "黑色"浮雕效果

▲ "其他"颜色浮雕效果

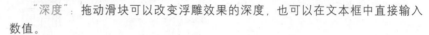

图10-7 "浮雕"设定前后图像效果对比

"浮雕"对话框中选项如下：

"深度"：拖动滑块可以改变浮雕效果的深度，也可以在文本框中直接输入数值。

"层次"：拖动滑块可以控制浮雕的效果，文本框中的数值越大，图像的浮雕效果越明显。

"方向"：旋转方向盘中的指针，或者在数值框中输入数值，可以改变浮雕效果的方向。

"浮雕色"：在该选项区中可以通过单选按钮选择浮雕效果的颜色样式。如果选中"原始颜色"单选按钮，将不会改变图像本身的颜色效果；选中"灰色"单选按钮，图像将会转换成灰色浮雕效果；选中"黑色"单选按钮，图像转换后将变成黑白效果；选中"其他"单选按钮，可以单击按钮，在弹出的颜色框中选择需要的颜色，如果颜色框中没有需要的颜色，则在颜色框底部单击"其他"按钮，然后在弹出的"选择颜色"对话框中设置合适的颜色。

10.1.4 卷 页

卷页效果就是可以把位图的任意一个角像纸一样卷起来，同时还能设定卷页与背景颜色。

选中位图图像，执行菜单"位图"/"三维效果"/"卷页"命令，弹出"卷页"对话框，如图10-8所示。在对话框中设置参数，完成设置后，单击"确定"按钮。图像调整前后的效果对比如图10-9所示。

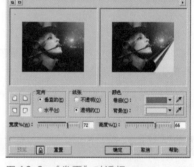

图10-8 "卷页"对话框

图10-9 "卷页"命令前后图像效果对比

"卷页"对话框中选项如下：

"定向"：在该选项区中分别选中"垂直"和"水平"单选按钮，可以设置卷页卷起的方向。

"纸张"：在该选项区中分别选中"不透明"和"透明的"单选按钮，可以设置卷页部分是否透明。

"颜色"：在该选项区中可以分别设置卷页的颜色和卷页后面背景的颜色。

"宽度"%：拖动滑块可以设置卷页的宽度。

"高度"%：拖动滑块可以设置卷页的高度。

10.1.5 透视

"透视"效果就是可以调整4个角的控制点，使位图产生一种拉向远方的三维效果。

选中位图图像，执行菜单"位图"/"三维效果"/"透视"命令，弹出"透视"对话框，如图10-10所示。在对话框中设置参数，类型选择"透视"，完成设置后，单击"确定"按钮。图像调整前后的效果对比如图10-11所示。类型选择"切变"时，图像效果如图10-12所示。

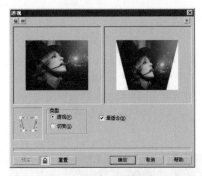

图 10-10　"透视"对话框

图 10-11　"透视"命令前后图像效果对比

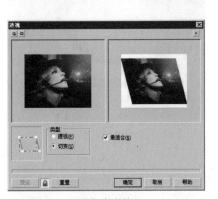

图 10-12　"透视"命令效果

📷 "透明"选项

在"卷页"对话框中含有"纸张"选项，在该选项下含有"不透明"和"透明的"单选项，在选择"不透明"选项时，卷起的页角不透出原图像。在选择"透明的"选项时，卷起的页角透出原图像。"不透明"和"透明的"效果对比如下图所示。

▲　原图

▲　"不透明"选项效果

▲　"透明的"选项效果

● "颜色"选项

在"卷页"对话框中含有"颜色"选项，在该选项下含有"卷曲"和"背景"颜色选项，在"卷曲"后单击颜色块下拉按钮▬，弹出调色板下拉列表框，如下图所示。

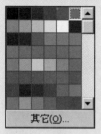

▲ 下拉调色板

在调色板下拉列表框中选择某一个颜色，图像效果如图所示。

▲ "卷曲"颜色效果

在"背景"后单击▬颜色块，弹出下拉调色板。在下拉调色板中选择某一个颜色，图像效果如下图所示。

▲ "背景"颜色效果

"透视"对话框中选项如下：

"类型"：在该选项区中可以设置图像透视的类型，包括"透视"和"切变"两个选项。

"最适合"：选中该复选框后，设置透视效果后的图像尺寸和原图像的尺寸会比较接近。

10.1.6 挤远/挤近

执行"挤远/挤近"效果，是通过变形处理使图像产生被拉近或者拉远的效果。

选中位图图像，执行菜单"位图"/"三维效果"/"挤远/挤近"命令，弹出"挤远/挤近"对话框，如图10-13所示。在对话框中设置参数，完成设置后，单击"确定"按钮。图像调整前后的效果对比如图10-14所示。将滑块拖动到左边，调整后的图像效果如图10-15所示。

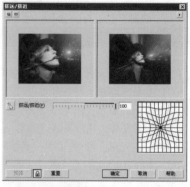

图10-13 "挤远/挤近"对话框

图10-14 "挤远/挤近"命令前后图像效果对比

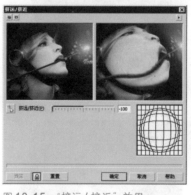

图10-15 "挤远/挤近"效果

"挤远/挤近页"对话框中选项如下：

"挤远/挤近"滑块：在对话框中可以拖动"挤远/挤近"滑块，或者在右侧的文本框中直接输入数值。数值的范围在-100～100之间，向右拖动滑块，可以拖远图像；向左拖动滑块，可以拉近图像。单击▬按钮，可以在左面的原图像窗口中设置效果变化的中心点。

球面效果是通过变形处理图像产生包围在球体内侧和外侧的视觉效果。

选中位图图像,执行菜单"位图"/"三维效果"/"球面"命令,弹出"球面"对话框,如图10-16所示。在对话框中设置参数,完成设置后,单击"确定"按钮。图像调整前后的效果对比如图10-17所示。将滑块拖动到左边,调整后图像效果如图10-18所示。

图10-16 "球面"对话框

图10-17 "球面"命令前后图像效果对比

图10-18 "球面"效果

"球面"对话框选项如下:

"优化":在该选项区中可以选中"速度"或"质量"单选按钮。

"百分比":拖动滑块可以控制图像球面化的程度。

按钮:单击该按钮可以在左侧的原图像预览窗口中设置效果变化的中心。

10.2 艺术笔触

CoreIDRAW X5为用户提供了14种艺术笔触效果,如素描效果、蜡笔效果、水彩效果、钢笔画效果、油画效果和水印效果等。它们均可以运用手工绘画技巧为位图图像添加效果,艺术笔触子菜单如图10-19所示。

设置"挤远/挤近"变化点

在"挤远/挤近"对话框中含有按钮,在预览图或者页面中位图图像上单击该按钮可以设置"挤远/挤近"的变化点位置,单击不同位置的效果,如下图所示。

▲ 原图

▲ 变化点在中间花朵上

▲ 变化点在左侧花朵上

设置"球面"优化

在"球面"对话框中含有"优化"选项，当在"优化"选项中选择"速度"选项时，图像的质量较差，细节上不是很清晰，可在放大的预览图中看到，如下图所示。

当在"优化"选项中选择"质量"时，图像比较清晰，将图像放大，可以看到在细节上马赛克较小，如下图所示。

▲ "速度"选项

▲ "优化"选项

"炭笔画"中"边缘"选项

在"炭笔画"对话框中，含有"边缘"选项，用鼠标拖动滑块，将滑块拖动到右侧时即数值越大边缘越清晰；将滑块拖动到左侧时即数值越小边缘越模糊，如下图所示。

图 10-19 "艺术笔触"子菜单

10.2.1 炭笔画

"炭笔画"效果可以将图像处理为炭笔画效果。

选中位图图像，执行菜单"位图"/"艺术笔触"/"炭笔画"命令，弹出"炭笔画"对话框，如图 10-20 所示。在对话框中设置参数，完成设置后，单击"确定"按钮。图像调整前后的效果对比，如图 10-21 所示。

图 10-20 "炭笔画"对话框

图 10-21 "炭笔画"命令前后图像对比效果

"炭笔画"对话框中选项如下：

"大小"：拖动滑块可以调整画笔的大小，也可以直接在文本框中输入数值。

"边缘"：拖动滑块可以设置生成图像边缘的硬度，也可以直接输入数值。

10.2.2 单色炭笔画

"单色炭笔画"效果可以将位图转换为不同纹理效果的图像。

选中位图图像，执行菜单"位图"/"艺术笔触"/"单色炭笔画"命令，弹出"单色炭笔画"对话框，如图 10-22 所示。在对话框中设置参数，完成设置后，单击"确定"按钮。图像调整前后的效果对比如图 10-23 所示。

图10-22 "单色炭笔画"对话框

图10-23 "单色炭笔画"命令前后图像对比效果

"单色炭笔画"对话框中选项如下：

"单色"：在该选项区中可以选择炭笔的颜色，可以同时选中多个炭笔颜色的复选框。

"纸张颜色"：单击▼按钮，可以设置使用纸张的颜色，也可以单击✍按钮在图像中提取颜色。

"压力"：拖动滑块可以调整图像效果的柔和程度，数值越大效果越强烈。

"底纹"：拖动滑块可以定义图像的底纹效果。

▲ "边缘"设置为"1"效果

▲ "边缘"设置为"9"效果

📷 "单色炭笔画"单色复选项

在"单色炭笔画"对话框中，在"单色"选项区中可以选择蜡笔的颜色，其中含有5个颜色选项，每个颜色选项的效果如下图所示。也可以同时选择多个，来制作需要的效果。

10.2.3 蜡笔画

"蜡笔画"效果可以将图像中的像素进行扩散，创建如用蜡笔所绘制的图画一样的艺术效果。

选中位图图像，执行菜单"位图"/"艺术笔触"/"蜡笔画"命令，弹出"蜡笔画"对话框，如图10-24所示。在对话框中设置参数，完成设置后，单击"确定"按钮。图像调整前后的效果对比如图10-25所示。

图10-24 "蜡笔画"对话框

图10-25 "蜡笔画"命令前后图像效果对比

▲ 各个"单色"效果

◉ "立体派"对话框选项

在"立体派"对话框中，有"大小"、"亮度"和"纸张色"选项。当"大小"数值越小的时候"纸张色"在图像中就越明显，当"大小"到最大的时候，纸张色几乎看不出来。

这里打开一张黄绿色的图，设置"纸张色"为红色，以便看得清楚，将"大小"值调小一些，如下图所示。

▲ 纸张色明显

"蜡笔画"对话框中选项如下：

"大小"：拖动滑块或在文本框中输入数值可以设置蜡笔的大小。

"轮廓"：拖动滑块或在文本框中输入数值可以设置蜡笔的轮廓。

10.2.4 立体派

"立体派"效果可以形成类似立体派油画风格的画面效果，还将相同颜色组成一个小块，创建一种立体派绘画风格。

选中位图图像，执行菜单"位图"/"艺术笔触"/"立体派"命令，弹出"立体派"对话框，如图 10-26 所示。在对话框中设置参数，完成设置后，单击"确定"按钮。图像调整前后的效果对比如图 10-27 所示。

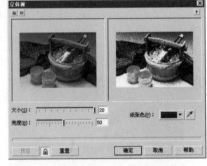

图 10-26 "立体派"对话框

图 10-27 "立体派"命令前后图像对比效果

"立体派"对话框中选项如下：

"大小"：拖动滑块可以设置图像的柔和程度。

"亮度"：拖动滑块可以设置图像效果的亮度。

"纸张色"：单击 ■▼ 按钮，在弹出的颜色框中可以设置图像纸张的颜色；也可以单击 ✔ 按钮，在图像中提取颜色。

10.2.5 印象派

"印象派"效果是指可以将位图转换成小块的纯色，创建一种类似印象派作品的效果。

选中位图图像，执行菜单"位图"/"艺术笔触"/"印象派"命令，弹出"印象派"对话框，如图 10-28 所示。在对话框中设置参数，完成设置后，单击"确定"按钮。图像调整前后的效果对比如图 10-29 所示。

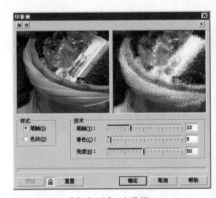

图 10-28 "印象派"对话框

图 10-29 "印象派"命令前后图像效果对比

　　"印象派"对话框中选项如下：

　　"样式"：在该选项区中可以根据需要选中"笔触"或"色块"单选按钮。

　　"技术"：在该选项区中分别调整"笔触"、"着色"和"亮度"的滑块，可以改变色块的大小、染色效果以及图像的亮度。

10.2.6 调色刀

　　"调色刀"效果可以给图像添加类似于使用油画刀绘制的画面艺术效果。

　　选中位图图像，执行菜单"位图"/"艺术笔触"/"调色刀"命令，弹出"调色刀"对话框，如图 10-30 所示。在对话框中设置参数，完成设置后，单击"确定"按钮。图像调整前后的效果对比如图 10-31 所示。

图 10-30 　"调色刀"对话框

图 10-31 　"调色刀"命令前后图像对比效果

　　"调色刀"对话框中选项如下：

　　"刀片大小"选项：设置其右侧的数值可以调节图像的粗糙程度。数值越大，图像越粗糙；数值越小，图像越细腻。

　　"柔软边缘"选项：决定图像边缘柔化程度。

　　"角度"选项：设置使用刀片的角度方向。

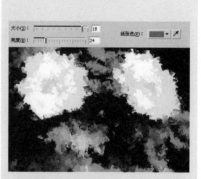

▲　纸张色不明显

◙ "印象派"样式

　　在"印象派"对话框中，"样式"选项中包含"笔触"和"色块"两项。

　　打开一张位图图像，执行"位图"/"艺术笔触"/"印象派"命令，在对话框中分别选择"笔触"和"色块"，其他参数使用相同的值，样式效果对比如下图所示。

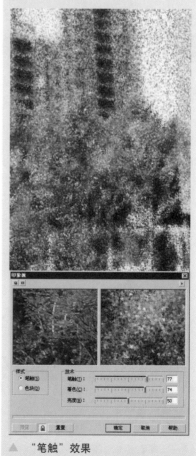

▲　"笔触"效果

▲ "色块"效果

"调色刀"对话框选项

在"调色刀"对话框中，"柔软边缘"选项可以不同程度地柔化边缘。当"大小"数值越小的时候柔化程度越低，当"大小"到最大的时候，柔化程度越高。

将"柔软边缘"的值分别调整到最小和最大，效果对比如下图所示。

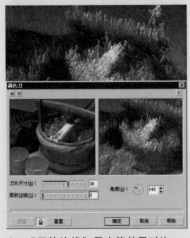

▲ "柔软边缘"最小值效果对比

10.2.7 彩色蜡笔画

"彩色蜡笔画"效果是将图像编辑成一种类似蜡笔作品的效果。

选中位图图像，执行菜单"位图"/"艺术笔触"/"彩色蜡笔画"命令，弹出"彩色蜡笔画"对话框，如图 10-32 所示。在对话框中设置参数，在"彩色蜡笔类型"中选中"柔性"单选按钮，完成设置后，单击"确定"按钮。图像调整前后的效果对比如图 10-33 所示。

"彩色蜡笔画"对话框中选项

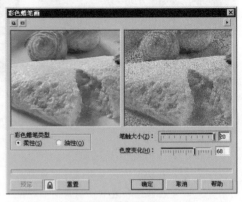

图 10-32 "彩色蜡笔画"对话框

图 10-33 "彩色蜡笔画"命令前后图像效果对比

如下：

"彩色蜡笔类型"：在该选项区中选中"柔性"单选按钮，图像产生的效果不太明显；选中"油性"单选按钮，会使图像效果非常明显。

"笔触大小"：拖动滑块可以设定笔触的笔头大小。

"色度变化"：拖动滑块可以改变图像的色调变化程度。

10.2.8 钢笔画

"钢笔画"效果就是创建一种类似钢笔素描绘画的效果。

选中位图图像，执行菜单栏中的"位图"/"艺术笔触"/"钢笔画"命令，弹出"钢笔画"对话框，如图 10-34 所示。在对话框中设置参数，完成设置后，单击"确定"按钮。图像调整前后的效果对比如图 10-35 所示。

图 10-34 "钢笔画"对话框

图 10-35 "钢笔画"命令执行前后图像对比效果

"钢笔画"对话框中选项如下：

"样式"：定义钢笔画的样式，包括"交叉阴影"和"点画"两个选项。

"密度"：决定使用墨水色彩的紧密程度。数值越大墨水色彩程度越紧密；数值越小墨水色彩程度越稀疏。

"墨池"：设置使用墨水的数量。数值大，图像会偏于黑色；数值小，图像会偏于白色。

10.2.9 点彩派

"点彩派"效果是创建一种类似由大量色点组成的图像效果。

选中位图图像，执行菜单"位图"/"艺术笔触"/"点彩派"命令，弹出"点彩派"对话框，如图 10-36 所示。在对话框中设置参数，完成设置后，单击"确定"按钮。图像调整前后的效果对比如图 10-37 所示。

图 10-36 "点彩派"对话框

"点彩派"对话框中选项如下：

"大小"：拖动滑块可以设定图像中点的大小。

"亮度"：拖动滑块可以设定图像中点的亮度。

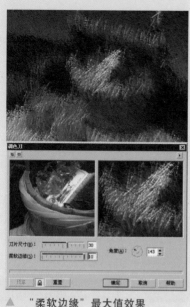

▲ "柔软边缘"最大值效果

"彩色蜡笔画"类型

在"彩色蜡笔画"对话框中，"彩色蜡笔类型"选项中包含"柔性"和"油性"两项。

选中位图图像，执行"位图"/"艺术笔触"/"彩色蜡笔"命令，在对话框中分别选中"柔性"和"油性"单选按钮，其他参数使用相同的值，类型对比效果如下图所示。

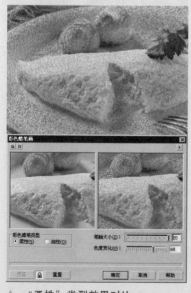

▲ "柔性"类型效果对比

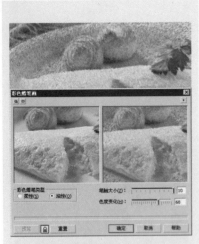

▲ "油性"类型效果

📷 "钢笔画"样式

在"钢笔画"对话框中,"样式"选项中包含"交叉阴影"和"点画"两项。

选中位图图像,执行"位图"/"艺术笔触"/"钢笔画"命令,在对话框中分别选择"交叉阴影"和"点画",其他参数使用相同的值,样式效果对比如下图所示。

▲ "交叉阴影"样式效果

▲ "点画"样式效果

图 10-37 "点彩派"命令前后图像效果对比

10.2.10 木版画

"木版画"效果可以创建一种类似刮涂绘画作品效果。

选中位图图像,执行菜单"位图"/"艺术笔触"/"木版画"命令,弹出"木版画"对话框,如图 10-38 所示。在对话框中设置参数,完成设置后,单击"确定"按钮。图像调整前后的效果对比如图 10-39 所示。

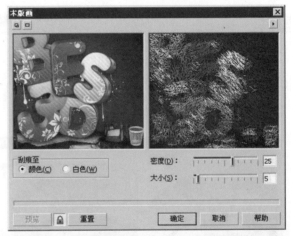

图 10-38 "木版画"对话框

图 10-39 "木版画"命令前后图像效果对比

288

"木版画"对话框中选项如下:

"刮痕至": 在该选项区中可以设置木版的颜色, 包括"颜色"和"白色"两个选项。

"密度": 拖动滑块可以改变图像中木版刮痕的稀疏程度。

"大小": 拖动滑块可以设置图像中刮痕的大小。

10.2.11 素描

"素描"效果是将图像处理为碳色或彩色素描效果。

选中位图图像, 执行菜单"位图"/"艺术笔触"/"素描"命令, 弹出"素描"对话框, 如图10-40所示。在对话框中设置参数, 完成设置后, 单击"确定"按钮。图像调整前后的效果对比如图10-41所示。

图10-40 "素描"命令对话框

图10-41 "素描"命令前后图像对比效果

"素描"对话框中选项如下:

"铅笔类型": 在该选项区中选中"碳色"单选按钮, 可以创建黑白图像; 选中"颜色"单选按钮, 可以创建彩色图像。

"点彩派"样式

在"点彩派"对话框中, 包括"大小"、"亮度"选项。

选中位图图像, 执行"位图"/"艺术笔触"/"点彩派"命令, 在对话框中调整"大小"并保持"亮度"一致, 效果对比如下图所示。

▲ "大小"调到最小

▲ "大小"调到最大

调整"亮度"并保持"大小"一致, 效果对比如下图所示。

▲ "亮度"调到最小

▲ "亮度"调到最大

"样式"：拖动滑块可以设置图像的精细程度。数值越小，图像就越粗糙；数值越大，图像就越精细。

"铅"：设置图像的浓度。使用"6H"绘制出的图像比较细淡；使用"6B"绘制出的图像比较浓黑。

"轮廓"：拖动滑块可以改变图像外轮廓的深浅。设置的数值越小，图像的外轮廓越淡；数值越大，图像的外轮廓越明显。

10.2.12 水彩画

"水彩画"效果可以将图像处理为水彩画效果。

选中位图图像，执行菜单"位图"/"艺术笔触"/"水彩画"命令，弹出"水彩画"对话框，如图10-42所示。在对话框中设置参数，完成设置后，单击"确定"按钮。图像调整前后的效果对比如图10-43所示。

图10-42 "水彩画"对话框

图10-43 "水彩画"命令前后图像效果对比

"水彩画"对话框中选项如下：

"画刷大小"：拖动滑块可以定义画笔的粗细。

"粒状"：拖动滑块可以定义图像的粗糙程度。数值越大，图像粗糙效果越淡；数值越小，图像粗糙效果越浓。

"水量"：拖动滑块可以设置颜料中的含水量。

"速度"：拖动滑块可以设置颜料扩散的快慢程度。

"亮度"：拖动滑块可以定义图像的亮度。

10.2.13 水印画

"水印画"效果可以创建一种类似麦克笔绘画作品的效果。

选中位图图像,执行菜单"位图"/"艺术笔触"/"水印画"命令,弹出"水印画"对话框,如图10-44所示。在对话框中设置参数,完成设置后,单击"确定"按钮。图像调整前后的效果对比如图10-45所示。

图10-44 "水印画"对话框

图10-45 "水印画"命令前后图像效果对比

"水印画"对话框中选项如下:

"变化":在该选项区中可以设置水印的变化类型,包括"默认"、"顺序"和"随机"。

"大小":拖动滑块可以改变图像中斑点的大小。设置的数值越大,生成的斑点越大;设置的数值越小,生成的斑点越小。

"颜色变化":拖动滑块可以定义图像中斑点的颜色。

10.2.14 波纹纸画

"波纹纸画"效果可以将图像处理为波纹纸效果。

选中位图图像,执行菜单"位图"/"艺术笔触"/"波纹纸画"命令,弹出"波纹纸画"对话框,如图10-46所示。在对话框中设置参数,完成设置后,单击"确定"按钮。图像调整前后的效果对比如图10-47所示。

"波纹纸画"对话框中选项如下:

"笔刷颜色模式":在该选项区中可以设置使用笔刷的颜色,其中包括"颜色"和"黑白"两个选项。

"笔刷压力":拖动滑块可以设置波纹纸效果的强度。

"颜色变化":拖动滑块可以定义图像中斑点的颜色。

"木版画"刮痕至选项

在"木版画"对话框中,"刮痕至"选项中包含"颜色"和"白色"两项。

选中位图图像,执行"位图"/"艺术笔触"/"素描"命令,分别选择"颜色"和"白色",其他参数使用相同的值,其效果对比如下图所示。

▲ "颜色"效果

▲ "白色"效果

Chapter 10 滤镜特效

"素描"样式

在"素描"对话框中,"铅笔类型"选项中包含"碳色"和"颜色"两项。

选中位图图像,执行"位图"/"艺术笔触"/"素描"命令,在对话框中分别选择"碳色"和"颜色",其他参数使用相同的值,类型效果对比如下图所示。

▲ "碳色"类型效果

▲ "颜色"类型效果

图 10-46 "波纹纸画"对话框

图 10-47 "波纹纸画"命令前后图像效果对比

10.3 添加和删除滤镜效果

CoreLDRAW 软件提供了 9 种模糊效果,使用这些模糊效果可以为位图图像添加平滑、高斯式模糊、柔和或动态模糊的效果等。模糊是用来软化并混合位图中的像素,使之产生平滑的效果。模糊滤镜子菜单如图 10-48 所示。

图 10-48 "模糊"滤镜子菜单

10.3.1 定向平滑

"定向平滑"效果可以将图像进行亲为模糊处理,调和相同像素间的差别,使位图过渡的区域变得光滑,但保留其边缘的纹理,因此一般不容易察觉,只有放大图像才能看见效果。

选中位图图像,执行菜单"位图"/"模糊"/"定向平滑"命令,弹出"定向平滑"对话框,如图 10-49 所示。在对话框中设置参数,完成设置后,单击"确定"按钮。图像调整前后的效果对比如图 10-50 所示。

图 10-49 "定向平滑"对话框

图 10-50 "定向平滑"命令前后图像效果对比

"定向平滑"对话框中选项如下：

"百分比"：调整"百分比"选项可以调整方向性平滑图像的强烈程度。

10.3.2 高斯式模糊

"高斯式模糊"效果可以使位图产生朦胧的效果，以提高边缘度不高的位图的质量。

选中位图图像，执行菜单"位图"/"模糊"/"高斯式模糊"命令，弹出"高斯式模糊"对话框，如图 10-51 所示。在对话框中设置参数，完成设置后，单击"确定"按钮。图像调整前后的效果对比如图 10-52 所示。

图 10-51 "高斯式模糊"对话框

📷 "波纹纸画"笔刷颜色模式

在"波纹画纸"对话框中，"笔刷颜色模式"选项中包含"颜色"和"黑白"两项。

选中图图像，执行"位图"/"艺术笔触"/"波纹画纸"命令，在对话框中分别选择"颜色"和"黑白"，其他参数使用相同的值，类型效果对比如下图所示。

▲ "颜色"效果

▲ "黑白"效果

"定向平滑"选项

在"定向平滑"对话框中,包含"百分比"选项,其可以调整方向性平滑图像的强烈程度。

选中位图图像,执行"位图"/"模糊"/"定向平滑"命令,在"定向平滑"对话框中分别设置"百分比"为最小和最大,其效果对比如下图所示。

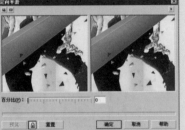

▲ "百分比"最小

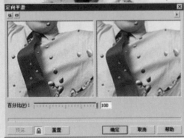

▲ "百分比"最大

图 10-52 "高斯式模糊"命令前后图像效果对比

"高斯式模糊"对话框中选项如下:

"半径":调整"半径"选项可以设置图像高斯模糊的程度。

10.3.3 锯齿状模糊

"锯齿状模糊"效果可以使位图产生朦胧的效果,以提高边缘度不高的位图的质量。

选中位图图像,执行菜单"位图"/"模糊"/"锯齿状模糊"命令,弹出"锯齿状模糊"对话框,如图 10-53 所示。在对话框中设置参数,完成设置后,单击"确定"按钮。图像调整前后的效果对比如图 10-54 所示。

图 10-53 "锯齿状模糊"对话框

图 10-54 "锯齿状模糊"命令前后图像效果对比

"锯齿状模糊"对话框中选项如下：

"宽度"：拖动滑块可以设置宽度上的像素数量。

"高度"：拖动滑块可以设置高度上的像素数量。

"均衡"：选中该复选框，可以同时改变"宽度"和"高度"选项的数值。

10.3.4 低通滤波器

"低通滤波器"效果可以消除位图中尖锐的边缘和细节，只剩光滑反差区域，从而形成模糊效果。

选中位图图像，执行菜单"位图"/"模糊"/"低通滤波器"命令，弹出"低通滤波器"对话框，如图10-55所示。在对话框中设置参数，完成设置后，单击"确定"按钮。图像调整前后的效果对比如图10-56所示。

图10-55　"低通滤波器"对话框

图10-56　"低通滤波器"命令前后图像效果对比

"低通滤波器"对话框中选项如下：

"百分比"：拖动滑块可以改变图像的模糊程度。数值越大，图像越模糊；数值越小，图像越清晰。

"半径"：拖动滑块可以定义图像效果中的抽样宽度。

10.3.5 动态模糊

"动态模糊"效果可以使位图产生快速移动时的模糊效果。

选中位图图像，执行菜单"位图"/"模糊"/"动态模糊"命令，弹出"动态模糊"对话框，如图10-57所示。在对话框中设置参数，完成设置后，单击"确定"按钮。图像调整前后的效果对比如图10-58所示。

"高斯式模糊"半径

在"高斯式模糊"对话框中，包含"半径"选项。

选中位图图像，执行"位图"/"模糊"/"高斯式模糊"命令，分别将"半径"设置为3.2和8.0，效果对比如下图所示。

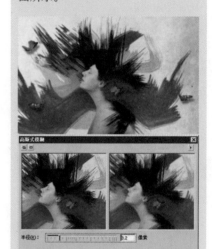

▲　"半径"3.2效果

▲　"半径"8.0效果

"锯齿状模糊"样式

在"锯齿状模糊"对话框中，包括"宽度"、"高度"选项。

选中位图图像，执行"位图"/"模糊"/"锯齿状模糊"命令，在对话框中取消选中"均衡"复选框，调整"宽度"并保持"高度"一致，其效果对比如下图所示。

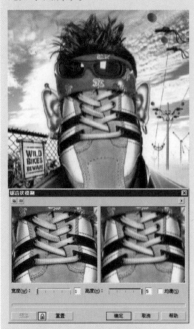

▲ "宽度"最小

▲ "宽度"最大

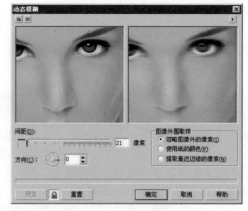

图 10-57 "动态模糊"对话框

图 10-58 "动态模糊"命令前后图像效果对比

"动态模糊"对话框中选项如下：

"间隔"：拖动滑块可以改变图像产生运动特效后偏移的距离。

"方向"：旋转方向盘中的指针可以调整图像模糊的方向。

"图像外围取样"：在该选项区域中可以选择图像外围取样的部分，包括"忽略图像外的像素"、"使用纸的颜色"和"提取最近边缘的像素"3个选项。颜色容差通过调节滑块或输入数值来改变选区，可以调节选区周围颜色被划入选区的程度。调整的数值越大，表示所选取的色彩区域越多，反之越少。

10.3.6 放射式模糊

"放射式模糊"效果是使图像产生从中心点开始的放射模糊效果，中心点位图图像不变，离中心点越远模糊效果越强烈。

选中位图图像，执行菜单"位图"/"模糊"/"放射式模糊"命令，弹出"放射式模糊"对话框，如图10-59所示。在对话框中设置参数，完成设置后，单击"确定"按钮。图像调整前后的效果对比如图10-60所示。

"放射式模糊"对话框中选项如下：

"数量"：在对话框中拖动"数量"滑块，可以设置图像中放射部分的多少和强弱。单击▦按钮，可以在左侧的源图像窗格中重新设置模糊效果中心点的位置。

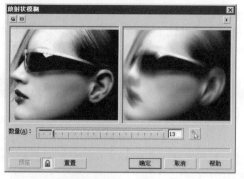

图 10-59 "放射状模糊"对话框

图 10-60 "放射式模糊"命令前后图像效果对比

10.3.7 平 滑

"平滑"效果可以调和相邻像素间的差异，消除位图中的锯齿，从而使位图变得更加平滑。

选中位图图像，执行菜单"位图"/"模糊"/"平滑"命令，弹出"平滑"对话框，如图 10-61 所示。在对话框中设置参数，完成设置后，单击"确定"按钮。图像调整前后的效果对比如图 10-62 所示。

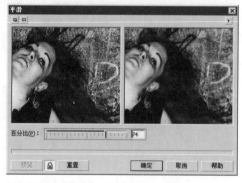

图 10-61 "平滑"对话框

图 10-62 "平滑"命令前后图像效果对比

调整"高度"并保持"宽度"一致，其效果对比如下图所示。

▲ "高度"最小

▲ "高度"最大

"动态模糊"图像外围取样

在"动态模糊"对话框中,"图像外围取样"选项中包含"忽略图像外的像素"、"使用纸的颜色"和"提取最近边缘的像素"3项。

选中位图图像,执行"位图"/"模糊"/"动态模糊"命令,在对话框中分别选择"忽略图像外的像素"、"使用纸的颜色"和"提取最近边缘的像素",其他参数使用相同的值,图像外围取样效果对比如下图所示。

▲ "忽略图像外的像素"取样

▲ "使用纸的颜色"取样

"平滑"对话框中选项如下:

"百分比":拖动"百分比"滑块,或在文本框中输入数值,可以设置图像的平滑程度。

10.3.8 柔和

"柔和"效果可以将颜色比较粗糙的位图柔化,产生轻微的模糊效果,不会影响位图的细节。

选中位图图像,执行菜单"位图"/"模糊"/"柔和"命令,弹出"柔和"对话框,如图10-63所示。在对话框中设置参数,完成设置后,单击"确定"按钮。图像调整前后的效果对比如图10-64所示。

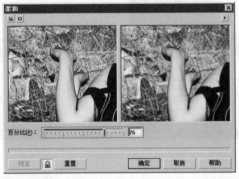

图10-63 "柔和"对话框

图10-64 "柔和"命令前后图像效果对比

"柔和"对话框中选项如下:

"百分比":拖动"百分比"滑块,或在文本框中输入数值,可以改变图像的柔和程度。

10.3.9 缩放

"缩放"效果可以使位图以缩放中心向外扩散,产生模糊效果。

选中位图图像,执行菜单的"位图"/"模糊"/"缩放"命令,弹出"缩放"对话框,如图10-65所示。在对话框中设置参数,完成设置后,单击"确定"按钮。图像调整前后的效果对比如图10-66所示。

"缩放"对话框中选项如下:

"数量":拖动"数量"滑块可以调整缩放效果的强弱。

图 10-65 "缩放"对话框

 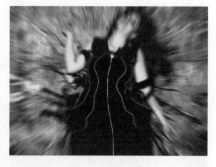

图 10-66 "缩放"命令前后图像效果对比

▲ "使用纸的颜色"取样

10.4 相机

在"相机"菜单中只有"扩散"命令,主要是通过扩散图像的像素来填充空白区消除杂点,类似于给图像添加模糊的效果,但效果不太明显。

选中位图图像,执行菜单"位图"/"相机"/"扩散"命令,弹出"扩散"对话框,如图 10-67 所示。在对话框中设置参数,完成设置后,单击"确定"按钮。图像调整前后的效果对比如图 10-68 所示。

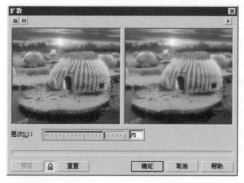

图 10-67 "扩散"对话框

 "柔和"选项

在"柔和"对话框中,包括"百分比"选项。

选中位图图像,执行"位图"/"模糊"/"柔和"命令,在对话框中调整"百分比"选项,调整到最小和最大效果对比如下图所示。

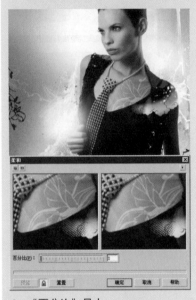

▲ "百分比"最小

▲ "百分比"最大

图 10-68 "扩散"命令前后图像效果对比

"扩散"对话框中选项如下:

"层次":拖动"层次"滑块可以设置图像扩散杂点的强弱。

10.5 颜色转换

颜色转换主要用于位图中的颜色,使位图产生各种颜色的变化,给人强烈的视觉效果。颜色转换包括4种效果,分别是位平面、半色调、梦幻色调和曝光。颜色转换滤镜子菜单,如图 10-69 所示。

图 10-69 "颜色转换"滤镜子菜单

10.5.1 位平面

"位平面"效果是指通过调节红、绿、蓝3种颜色的参数,使图像改变颜色,使图像显示在基本 RGB 颜色下的效果。

选中位图图像,执行菜单"位图"/"颜色转换"/"位平面"命令,弹出"位平面"对话框,如图 10-70 所示。在对话框中设置参数,完成设置后,单击"确定"按钮。图像调整前后的效果对比如图 10-71 所示。

"位平面"对话框中选项如下:

"红"、"绿"、"蓝":分别调整它们的滑块,可以设置相应的颜色值来改变图像的色彩。

"应用于所有位面":选中该复选框后,在调整"红"、"绿"、"蓝"任意一种颜色值时,其他两种颜色值会同时被调整。

图 10-70 "位平面"对话框

 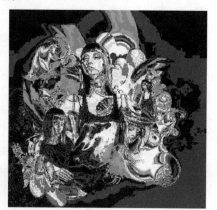

图 10-71 "位平面"命令前后图像效果对比

10.5.2 半色调

"半色调"效果可以使位图产生一种类似网格的效果。

选中位图图像，执行菜单"位图"/"颜色转换"/"半色调"命令，弹出"半色调"对话框，如图 10-72 所示。在对话框中设置参数，完成设置后，单击"确定"按钮。图像调整前后的效果对比如图 10-73 所示。

"半色调"对话框中选项如下：

"青"、"品红"、"黄"、"黑"选项：通过改变颜色的数值来改变图像的色彩。

"最大点半径"选项：用来改变添加斑点的大小。

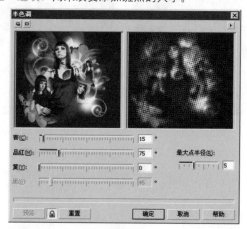

图 10-72 "半色调"对话框

◎ "扩散"层次

在"扩散"对话框中，包括"层次"选项。

选中位图图像，执行"位图"/"相机"/"扩散"命令，在对话框中调整"层次"选项，调整到最小和最大，其效果对比如下图所示。

▲ "层次"最小

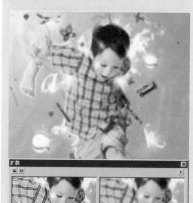

▲ "层次"最大

◉ "位平面"选项

在"位平面"对话框中，包括"红"、"绿"和"蓝"3个选项。

选中位图图像，执行"位图"/"颜色转换"/"位平面"命令，在对话框中取消"应用与所有位面"选项，分别设置"红"、"绿"和"蓝"，其他参数使用相同的值，样式效果对比如下图所示。

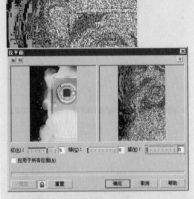

▲ 设置"红"效果

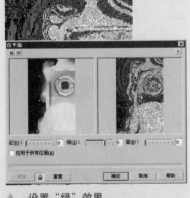

▲ 设置"绿"效果

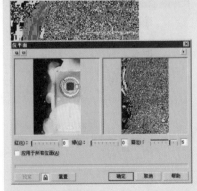

▲ 设置"蓝"效果

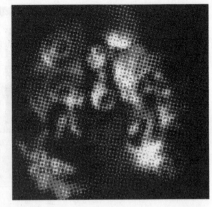

图10-73 "半色调"命令前后图像对比效果

10.5.3 梦幻色调

"梦幻色调"效果可以使位图有一种高对比的电子效果。

选中位图图像，执行菜单"位图"/"颜色转换"/"梦幻色调"命令，弹出"梦幻色调"对话框，如图10-74所示。在对话框中设置参数，完成设置后，单击"确定"按钮。图像调整前后的效果对比如图10-75所示。

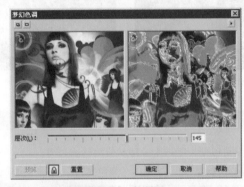

图10-74 "梦幻色调"对话框

图10-75 "梦幻色调"命令前后图像对比效果

"半色调"对话框中选项如下：

"层次"：拖动"层次"滑块，可以设置图像中效果的强烈程度。

"曝光"效果可以使位图转换成像照片的底片的曝光程度，从而产生高对比的效果。

选中位图图像，执行菜单"位图"/"颜色转换"/"曝光"命令，弹出"曝光"对话框，如图10-76所示。在对话框中设置参数，完成设置后，单击"确定"按钮。图像调整前后的效果对比如图10-77所示。

图 10-76 "曝光"对话框

 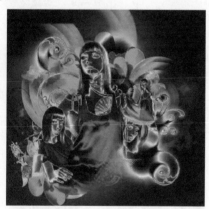

图 10-77 "曝光"命令前后图像效果对比

"曝光"对话框中选项如下：

"层次"：调整"层次"选项可以设置曝光效果的程度。

10.6 轮廓图

轮廓图主要运用于检测和重新绘制图像的边缘。Corel DRAW X5中它包括边缘检测、查找边缘和描摹轮廓3个命令。轮廓图滤镜子菜单如图10-78所示。

- 边缘检测(E)...
- 查找边缘(F)...
- 描摹轮廓(T)...

图 10-78 "轮廓图"滤镜子菜单

"梦幻色调"层次

在"梦幻色调"对话框中，包括"层次"选项。

选中色转换"/"梦幻色调"命令，在对话框中调整"层次"选项，调整到"46"和"255"其效果对比如下图所示。

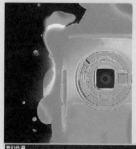

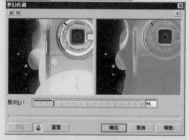

▲ "层次"为"46"效果

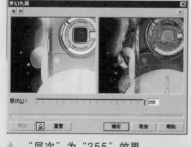

▲ "层次"为"255"效果

"边缘检测"样式

在"边缘检测"对话框中,"背景色"选项中包含"白色"、"黑色"和"其它"3项。

选中位图图像,执行"位图"/"轮廓图"/"边缘检测"命令,在对话框中分别选择"白色"、"黑色"和"其它",其他参数使用相同的值,背景色效果对比如下图所示。

▲ "白"效果

▲ "黑"效果

▲ "其它"效果

10.6.1 边缘检测

"边缘检测"可以检测位图的边缘,然后将其转换为单色的线条效果和不同的边缘效果。

选中位图图像,执行菜单"位图"/"轮廓图"/"边缘检测"命令,弹出"边缘检测"对话框,如图10-79所示。在对话框中设置参数,完成设置后,单击"确定"按钮。图像调整前后的效果对比如图10-80所示。

图10-79 "边缘检测"对话框

图10-80 "边缘检测"命令前后图像效果对比

"边缘检测"对话框中选项如下:

"背景色":在该选项区中可以设置边缘检测的背景颜色。单击■■■▼按钮可以设置其他颜色。

"灵敏度":拖动滑块可以调整图像检测的灵敏度。

10.6.2 查找边缘

"查找边缘"可以查找位图的边缘,然后将其转换为单色的线条效果和不同的边缘效果。

选中位图图像,执行菜单"位图"/"轮廓图"/"查找边缘"命令,弹出"查找边缘"对话框,如图10-81所示。在对话框中设置参数,完成设置后,单击"确定"按钮。图像调整前后的效果对比如图10-82所示。

"查找边缘"对话框中选项如下:

"边缘类型"：选中"软"单选按钮，可以生成平滑模糊的轮廓线；选中"纯色"单选按钮，可以生成尖锐的轮廓线。

"层次"：拖动滑块可以设置查找边缘的强烈程度。

图10-81　"查找边缘"对话框

图10-82　"查找边缘"命令前后图像效果对比

📷 "查找边缘"边缘类型

在"查找边缘"对话框中，"边缘类型"选项中包含"软"和"纯色"两项。

选中位图图像，执行"位图"/"轮廓图"/"查找边缘"命令，在对话框中分别选中"软"和"纯色"单选按钮，其他参数使用相同的值，边缘类型效果对比如下图所示。

▲　"软"边缘类型效果

▲　"纯色"边缘类型效果

10.6.3　描摹轮廓

"描摹轮廓"可以描摹位图的边缘，然后将其转换为单色的线条效果和不同的边缘效果。

选中位图图像，执行菜单"位图"/"轮廓图"/"描摹轮廓"命令，弹出"描摹轮廓"对话框，如图10-83所示。在对话框中设置参数，完成设置后，单击"确定"按钮。图像调整前后的效果对比如图10-84所示。

"描摹轮廓"样式

在"描摹轮廓"对话框中,"边缘类型"、选项中包含"下降"和"上面"两项。

选中位图图像,执行"位图"/"轮廓图"/"描摹轮廓"命令,在对话框中分别选择"下降"和"上面",其他参数使用相同的值,边缘类型效果对比如下图所示。

▲ "下降"边缘效果

▲ "上面"边缘效果

"描摹轮廓"对话框中选项如下:

"层次":拖动滑块可以设置描绘轮廓的程度。

"边缘类型":可以设置图像的边缘类型,包括"下降"和"上面"两种。

图 10-83 "描摹轮廓"对话框

图 10-84 "描摹轮廓"命令前后图像效果对比

10.7 创造性

创造性效果用于模仿工艺品和纺织品的表面,Corel DRAW X5中创造性效果提供了14种类型。这些效果可以将位图转换成不同的形状和纹理。"创造性"滤镜中包括"工艺"、"晶体化"、"织物"、"框架"、"玻璃砖"和"儿童游戏",等等。创造性滤镜子菜单如图10-85所示。

图 10-85 "创造性"滤镜子菜单

10.7.1 工艺

　　"工艺"效果可以通过模仿传统工艺形状作为位图的元素框架效果。

　　选中位图图像，执行菜单"位图"/"创造性"/"工艺"命令，弹出"工艺"对话框，如图10-86所示。在对话框中设置参数，完成设置后，单击"确定"按钮。图像调整前后的效果对比如图10-87所示。

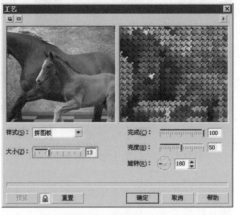

图10-86　"工艺"对话框

图10-87　"工艺"命令前后图像效果对比

　　"工艺"对话框中选项如下：

　　"样式"：在该选项的下拉列表框中可以选择覆盖图像的工艺品样式。

　　"大小"：拖动滑块可以改变覆盖图像的工艺品的大小。

　　"完成"：拖动滑块可以设置位图所覆盖的面积。数值越大，覆盖就越密；数值越小，覆盖就越疏。

　　"亮度"：拖动滑块可以设置图像覆盖后的亮度。

　　"旋转"：旋转方向盘中的指针，或直接在数值框中输入数值，可以调整覆盖图形的角度。

10.7.2 晶体化

　　"晶体化"效果可以将图像转换为水晶碎块的效果。

　　选中位图图像，执行菜单"位图"/"创造性"/"晶体化"命令，弹出"晶体化"对话框，如图10-88所示。在对话框中设置参数，完成设置后，单击"确定"按钮。图像调整前后的效果对比如图10-89所示。

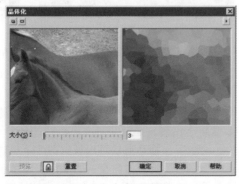

图10-88　"晶体化"命令对话框

"工艺"滤镜样式对比

　　在"工艺"对话框中"样式"下拉列表中包括"拼图板"、"齿轮"、"弹珠"、"糖果"、"瓷砖"和"筹码"样式。"样式"下拉列表如下图所示。

拼图板
齿轮
弹珠
糖果
瓷砖
筹码

▲　"样式"下拉菜单

　　利用相同的图分别用同样的参数制作出这些样式，其效果对比如下图所示。

▲　拼图板

▲　齿轮板

▲　弹珠

▲ 糖果

▲ 瓷砖

▲ 筹码

图 10-89 "晶体化"命令前后图像效果对比

"晶体化"对话框中选项如下：

"大小"：该选项决定分裂不规则碎片直径的大小。数值越小，不规则碎片就越小，对图像的破坏力就越弱；数值越大不规则碎片就越大，对图像的破坏力就越强。

10.7.3 织物

"织物"效果可以给位图创建不同的纺织物底纹效果。

选中位图图像，执行菜单"位图"/"创造性"/"织物"命令，弹出"织物"对话框，如图 10-90 所示。在对话框中设置参数，完成设置后，单击"确定"按钮。图像调整前后的效果对比如图 10-91 所示。

图 10-90 "织物"对话框

图 10-91 "织物"命令前后图像效果对比

"织物"对话框中选项如下：

"样式"：在该选项的下拉列表框中可以选择织物的样式。

"大小"：拖动滑块可以改变覆盖图形的织物大小。

"完成"：拖动滑块可以设置位图所覆盖的面积。数值越大，覆盖越密；数值越小，覆盖越疏。

"亮度"：拖动滑块可以设置图像添加效果后的亮度。

"旋转"：旋转方向盘中的指针，或直接在数值框中输入数值，可以调整覆盖图形的覆盖角度。

"框架"效果可以将位图创建在预设的框架中或另一幅图中,以形成一种画框的效果。

选中位图图像,执行菜单"位图"/"创造性"/"框架"命令,弹出"框架"对话框,如图10-92所示。在对话框中设置参数,完成设置后,单击"确定"按钮。图像调整前后的效果对比如图10-93所示。

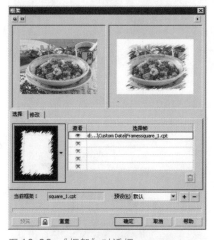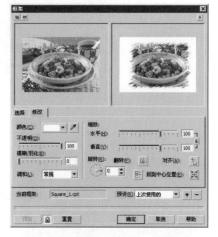

图10-92 "框架"对话框

图10-93 "框架"命令前后图像效果对比

"框架"对话框中选项如下:

选项设置"颜色":可以设置任意的颜色作为框架颜色。

"不透明":决定框架的透明度,数值越低框架越透明。

"模糊/羽化":决定框架边角的透明度和羽化度。

"调和":其右侧的下拉列表中包括"常规"、"添加"和"相乘"3个选项,用户可以任意选择不同的选项进行修改。

"缩放":包括"水平"缩放和"垂直"缩放两个选项,用来放缩图像的宽度或长度,可以确保放缩的宽度和长度相等。

"旋转":用来设置框架的旋转角度。

"翻转":可以使框架水平或垂直翻转。

"对齐":单击其右侧的按钮,可以在图像上确定框架的中心。

"回到中心位置":单击其右侧的按钮,可以恢复框架中心的默认位置。

"预设":可以在此下拉列表中选择一种预置效果,单击按钮,可以将当前的设置保存,并在弹出的对话框中输入预置的名称。再次单击按钮,可以将选择的预置删除。

 "织物"滤镜样式对比

在"织物"对话框中"样式"下拉列表中包括"刺绣"、"地毯勾织"、"彩格被子"、"珠帘"、"丝带"和"拼纸"样式。"样式"下拉菜单如下图所示。

刺绣
地毯勾织
彩格被子
珠帘
丝带
拼纸

▲ "样式"下拉列表

利用相同的图分别用同样的参数制作出这些样式,其效果对比如下图所示。

▲ 刺绣

▲ 地毯勾织

▲ 彩格被子

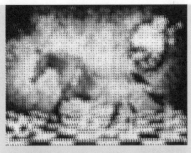

▲ 珠帘

▲ 丝带

▲ 拼纸

📷 "框架"滤镜预设效果对比

在"框架"对话框中含有"选择"、"修改"两个选项卡，如下图所示。

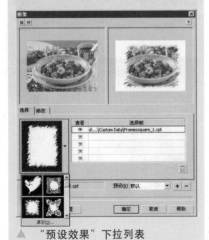

▲ "预设效果"下拉列表

在"选择"选项卡中框架预设效果下拉列表中有17种预设效果，如下图所示。

10.7.5 玻璃砖

"玻璃砖"效果是可以产生透过厚玻璃观看到的透视效果。

选中位图图像，执行菜单"位图"/"创造性"/"玻璃砖"命令，弹出"玻璃砖"对话框，如图10-94所示。在对话框中设置参数，完成设置后，单击"确定"按钮。图像调整前后的效果对比如图10-95所示。

图10-94 "玻璃砖"对话框

图10-95 "玻璃砖"命令前后图像效果对比

"玻璃砖"对话框中选项如下：

"块宽度"：拖动滑块可以设置玻璃砖的宽度值。

"块高度"：拖动滑块可以设置玻璃砖的高度值。

10.7.6 儿童游戏

"儿童游戏"效果可以将位图转换成有趣的游戏图形。

选中位图图像，执行菜单"位图"/"创造性"/"儿童游戏"命令，弹出"儿童游戏"对话框，如图10-96所示。在对话框中设置参数，完成设置后，单击"确定"按钮。图像调整前后的效果对比如图10-97所示。

图10-96 "儿童游戏"对话框

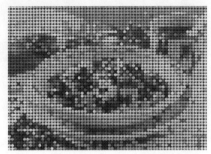

图 10-97 "儿童游戏"命令前后图像效果对比

"儿童游戏"对话框中选项如下：

"游戏"：在下拉列表框中可以选择一种添加效果样式。

"大小"：设置覆盖图形的大小。

"完成"：设置位图所覆盖的面积。数值越大，覆盖越密；数值越小，覆盖越疏。

"亮度"：设置图像添加效果后的亮度。

"旋转"：可以调整覆盖图形的覆盖角度。

"马赛克"效果将位图转换成若干颜色块。

选中位图图像，执行菜单"位图"/"创造性"/"马赛克"命令，弹出"马赛克"对话框，如图 10-98 所示。在对话框中设置参数，完成设置后，单击"确定"按钮。图像调整前后的效果对比如图 10-99 所示。

图 10-98 "马赛克"对话框

图 10-99 "马赛克"命令前后图像效果对比

"马赛克"对话框中选项如下：

"大小"：拖动滑块设置图像中马赛克的大小。

"背景色"：单击 ▇按钮在弹出的颜色框中可以设置背景的颜色。

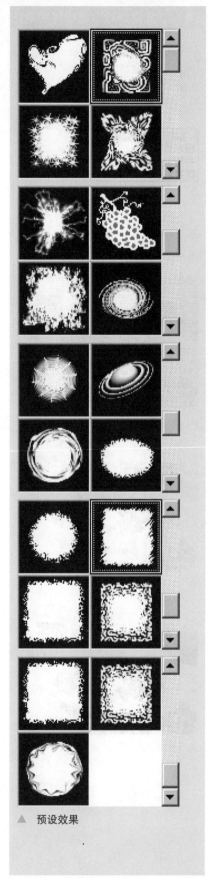

▲ 预设效果

"儿童游戏"滤镜样式对比

在"儿童游戏"对话框中"样式"下拉列表中包括"圆点图案"、"积木图案"、"手指绘画"和"数字绘画"。"样式"下拉列表如下图所示。

圆点图案
积木图案
手指绘画
数字绘画

▲ "样式"下拉列表

利用相同的图分别用同样的参数制作出这些样式，其效果对比如下图所示。

▲ 圆点图案

▲ 积木图案

▲ 手指绘画

"虚光"：选中该复选框后，可以混合位图及图像的背景色。

10.7.8　粒子

"粒子"效果可以在图像中添加气泡微粒。

选中位图图像，执行菜单"位图"/"创造性"/"粒子"命令，弹出"粒子"对话框，如图10-100所示。在对话框中设置参数，完成设置后，单击"确定"按钮。图像调整前后的效果对比如图10-101所示。

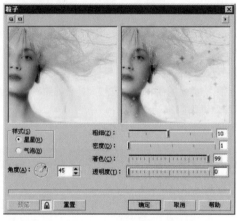

图10-100　"粒子"对话框

图10-101　"粒子"命令前后图像效果对比

"粒子"对话框中选项如下：

"样式"：在该选项区中可以选择质点的类型，包括"星星"和"气泡"两种选项。

"角度"：旋转方向盘中的指针，或在数值框中输入数值，可以设置图像上质点的覆盖角度。

"粗细"：拖动滑块可以设置图像上质点的大小。

"密度"：设置质点在图像中分布的多少。数值越大，分布越密集。

"着色"：拖动滑块可以设置质点的色彩多少。

"透明度"：拖动滑块可以设置质点的透明度。

10.7.9 散开

"散开"效果可以将位图中的像素散射，产生分离模糊特殊效果，看起来有点像透过磨砂玻璃看图。

选中位图图像，执行菜单"位图"/"创造性"/"散开"命令，弹出"散开"对话框，如图10-102所示。在对话框中设置参数，完成设置后，单击"确定"按钮。图像调整前后的效果对比如图10-103所示。

图10-102   "散开"对话框

图10-103   "散开"命令前后图像效果对比

"散开"对话框中选项如下：

"水平"：拖动滑块可以设置在水平方向上的扩散程度。

"垂直"：拖动滑块可以设置在垂直方向上的扩散程度。

10.7.10 茶色玻璃

"茶色玻璃"效果可以在位图上添加一层颜色，看起来像一层薄雾笼罩在玻璃上。

选中位图图像，执行菜单"位图"/"创造性"/"茶色玻璃"命令，弹出"茶色玻璃"对话框，如图10-104所示。在对话框中设置参数，完成设置后，单击"确定"按钮。图像调整前后的效果对比如图10-105所示。

▲   数字绘画

◎ "马赛克"滤镜"虚光"选项

在"马赛克"对话框中"虚光"选项可以混合位图，即图像的背景色，选中该选项与不选该选项的图像效果对比如下图所示。

▲   不选"虚光"选项

▲   选中"虚光"选项

"粒子"滤镜样式对比

在"粒子"对话框中"样式"选项中包括"星星"和"气泡"两项，如下图所示。

▲ "样式"选项

利用相同的图分别用同样的参数制作出这些样式，其效果对比如下图所示。

▲ "星星"样式效果

▲ "气泡"样式效果

图10-104 "茶色玻璃"对话框

图10-105 "茶色玻璃"命令前后图像效果对比

"茶色玻璃"对话框中选项如下：

"淡色"：拖动滑块可以设置遮挡在图像上的玻璃颜色的深浅程度。

"模糊"：拖动滑块可以设置图像的模糊程度。

"颜色"：单击 ▬▬▬▼按钮可以设置玻璃的颜色，也可以单击 ▰ 按钮在图像中选择所需的颜色。

10.7.11 彩色玻璃

"彩色玻璃"效果与结晶的效果相同，只是彩色玻璃可以设置玻璃块之间的颜色，并且能控制边缘的厚度和颜色。

选中位图图像，执行菜单"位图"/"创造性"/"彩色玻璃"命令，弹出"彩色玻璃"对话框，如图10-106所示。在对话框中设置参数，完成设置后，单击"确定"按钮。图像调整前后的效果对比如图10-107所示。

"彩色玻璃"对话框中选项如下：

"大小"：拖动滑块可以设置拼贴碎片的大小。

"焊接宽度"：拖动滑块可以设置碎片的焊接宽度。

"光源强度"：拖动滑块可以调整图像的亮度。

"焊接颜色"：单击下拉按钮可以为焊接边缘选择颜色。

"三维照明"：选中该复选框，可以创建三维灯光效果。

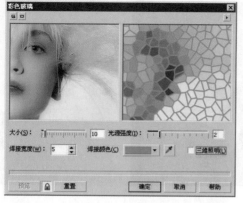

图 10-106 "彩色玻璃"对话框

 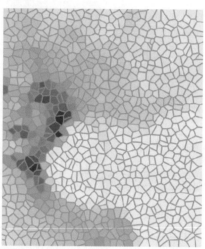

图 10-107 "彩色玻璃"命令前后图像效果对比

10.7.12 虚光

"虚光"效果可以在位图周边加一个椭圆、圆形、矩形等虚框,以产生不同颜色的朦胧感觉。

选中位图图像,执行菜单"位图"/"创造性"/"虚光"命令,弹出"虚光"对话框,如图 10-108 所示。在对话框中设置参数,完成设置后,单击"确定"按钮。图像调整前后的效果对比如图 10-109 所示。

图 10-108 "虚光"对话框

"三维照明"选项

在"彩色玻璃"滤镜对话框中包含"三维照明"复选框,当选中"三维照明"复选框时,添加三维灯光效果较有立体感。效果对比如下图所示。

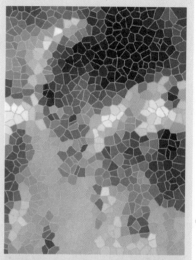

▲ 不选"三维照明"选项效果

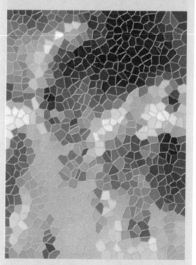

▲ 选中"三维照明"选项效果

在"虚光"对话框中"颜色"下的选项中包括"黑"、"白色"和"其它"颜色，颜色选项如下图所示。

▲ "颜色"选项

利用相同的图分别用同样的参数制作出这些颜色，其效果对比如下图所示。

▲ "黑"选项

▲ "白"选项

▲ "其它"选项

图10-109 "虚光"命令前后图像效果对比

"虚光"对话框中选项如下：

"颜色"：在该选项区中可以为图像的边框选择颜色，包括"黑色"、"白色"和"其它"选项。选中"其它"单选  按钮时，可以为边框设置其他颜色。

"形状"：在该选项区中可以选择边框外部的形状，包括"椭圆"、"圆形"、"矩形"和"正方形"4个选项。

"调整"：在该选项区中拖动"偏移"选项的滑块，可以设置边框遮盖的大小；拖动"褪色"选项的滑块，可以设置边框的渐隐程度。

10.7.13 旋涡

"旋涡"效果可以使位图围绕指定的中心旋转，产生类似旋涡形状的效果。

选中位图图像，执行菜单"位图"/"创造性"/"旋涡"命令，弹出"旋涡"对话框，如图10-110所示。在对话框中设置参数，完成设置后，单击"确定"按钮。图像调整前后的效果对比如图10-111所示。

"旋涡"对话框中选项如下：

"样式"：在该选项的下拉列表框中可以选择图像的旋涡样式。

"大小"：拖动滑块可以设置图像效果的强弱。

"内部方向"：旋转方向盘中的指针可以设置图像内部的旋转方向。

"外部方向"：旋转方向盘中的指针可以设置图像外部的旋转方向。

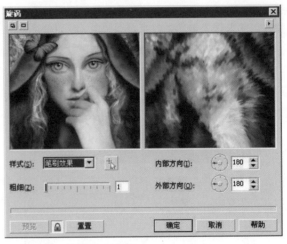

图10-110 "旋涡"对话框

图 10-111 "旋涡"命令前后图像效果对比

10.7.14 天气

"天气"效果可以在位图中添加雨、雾等自然效果，显示出不同天气下观测到的气候效果。

选中位图图像，执行菜单"位图"/"创造性"/"天气"命令，弹出"天气"对话框，如图 10-112 所示。在对话框中设置参数，完成设置后，单击"确定"按钮。图像调整前后的效果对比如图 10-113 所示。

图 10-112 "天气"对话框

图 10-113 "天气"命令前后图像效果对比

在"虚光"对话框中"形状"下的选项中包括"椭圆形"、"圆形"、"矩形"和"正方形"。形状选项如下图所示。

▲ "形状"选项

利用相同的图分别用同样的参数制作出这些形状，共效果对比如下图所示。

▲ "椭圆形"选项

▲ "圆形"选项

▲ "矩形"选项

▲ "正方形"选项

"旋涡"滤镜样式对比

在"旋涡"对话框中"样式"下拉列表中包括"笔刷效果"、"层次效果"、"粗体"和"细体"样式。样式下拉列表如下图所示。

▲ "样式"下拉列表

利用相同的图分别用同样的参数制作出这些样式，其效果对比如下图所示。

▲ "笔刷效果"样式

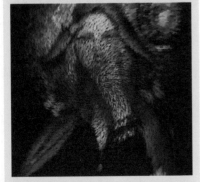

▲ "层次效果"样式

▲ "粗体"样式

"天气"对话框中选项如下：

"预报"：在该选项区中可以选择添加"天气"的类型，包括"雪"、"雨"和"雾"3个选项。

"浓度"：拖动滑块可以设置"天气"效果的浓度。

"大小"：拖动滑块可以设置"天气"效果的大小。

"随机化"：单击该按钮可以使所选择的"天气"随机变化。

10.8 扭曲

扭曲效果可以使位图图像表面产生不同的变形，扭曲效果中包括"块状"、"置换"、"偏移"、"龟纹"，等等。CorelDRAW X5 提供了 10 种扭曲类型效果，这些效果可以改变位图的外观同时不加深位图。"扭曲"滤镜子菜单如图 10-114 所示。

	块状(B)...
	置换(D)...
	偏移(O)...
	像素(P)...
	龟纹(R)...
	旋涡(T)...
	平铺(T)...
	湿笔画(W)...
	涡流(H)...
	风吹效果(N)...

图 10-114 "扭曲"子菜单

10.8.1 块状

"块状"效果可以使位图分成若干小块，类似一种方块拼贴的效果。

选中位图图像，执行菜单"位图"/"扭曲"/"块状"命令，弹出"块状"对话框，如图 10-115 所示。在对话框中设置参数，完成设置后，单击"确定"按钮。图像调整前后的效果对比如图 10-116 所示。

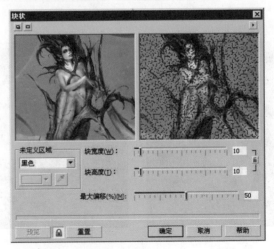

图 10-115 "块状"对话框

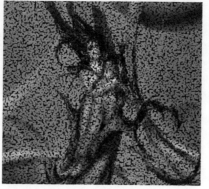

图 10-116　"块状"命令前后图像效果对比

"块状"对话框中选项如下：

"未定义区域"：在其下拉列表中可以选择块与块之间空白区域的颜色，包括"图像原稿"、"反相图像"、"黑色"、"白色"和"其他"选项。

"块宽度"：可以设置图块的宽度。

"块高度"：可以设置图块的高度。

"最大偏移%"：决定两个块之间的距离大小。

10.8.2　置换

"置换"效果可以决定所选位图中像素的变形方式。

选中位图图像，执行菜单"位图"/"扭曲"/"置换"命令，弹出"置换"对话框，如图 10-117 所示。在对话框中设置参数，完成设置后，单击"确定"按钮。图像调整前后的效果对比如图 10-118 所示。

"置换"对话框中选项如下：

"缩放模式"：设置变形图样的覆盖模式，包括"平铺"和"伸长适合"两个选项。当选中"平铺"单选按钮时，可以将变形图样在图像区域中平铺；当选中"伸长适合"单选按钮时，可以将变形图样经过拉伸后覆盖到图像上。

"未定义区域"：可以选择应用效果后空白区域的填充方式。包括"重复边缘"和"换行"两个选项。

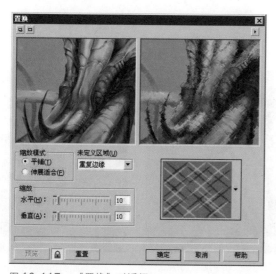

图 10-117　"置换"对话框

▲　"细体"样式

📷 "块状"滤镜样式对比

在"块状"对话框中"未定义区域"下拉菜单中包括"原始图像"、"反转图像"、"黑色"、"白色"和"其它"。未定义区域下拉列表如下图所示。

▲　"未定义区域"下拉列表

利用相同的图分别用同样的参数制作出这些样式，其效果对比如下图所示。

▲　"原始图像"效果

▲ "反转图像"效果

▲ "黑色"效果

▲ "白色"效果

▲ "其它"效果

图 10-118 "置换"命令前后图像效果对比

"水平":决定在水平方向上变形图样的位置。

"垂直":决定在垂直方向上变形图样的位置。

10.8.3 偏移

"偏移"效果可以按照指定的数值偏移整个位图。

选中位图图像,执行菜单"位图"/"扭曲"/"偏移"命令,弹出"偏移"对话框,如图 10-119 所示。在对话框中设置参数,完成设置后,单击"确定"按钮。图像调整前后的效果对比如图 10-120 所示。

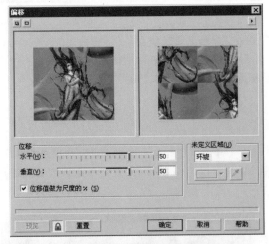

图 10-119 "偏移"对话框

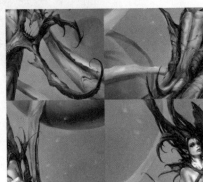

图 10-120 "偏移"命令前后图像效果对比

"偏移"对话框中选项如下：

"位移"：在该选项区中拖动相应的滑块，可以改变图像在水平方向和垂直方向上的偏移大小。如果选中"位移值做为尺度的%"复选框，可以按照图像尺寸的百分比来位移图像。

"未定义区域"：在该选项区中可以设置图像偏移后空白区域的填充方式，包括"环绕"、"重复边缘"和"颜色"3个选项。

10.8.4 像素

"像素"效果可以将位图分割为几何状和放射状的单元。

选中位图图像，执行菜单"位图"/"扭曲"/"像素"命令，弹出"像素"对话框，如图10-121所示。在对话框中设置参数，完成设置后，单击"确定"按钮。图像调整前后的效果对比如图10-122所示。

图10-121　"像素"对话框

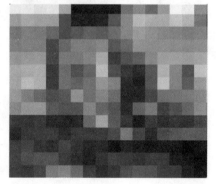

图10-122　"像素"命令前后图像效果对比

"像素"对话框中选项如下：

"像素化模式"：在该选项区中可以选择图像中像素分散的模式，包括"正方形"、"矩形"和"射线"3个选项。选中"射线"单选按钮后，单击▣按钮可以在右侧的源图像窗口中重新设置射线的中心。

"宽度"：决定像素点在宽度上的大小。

"高度"：决定像素点在高度上的大小。

"不透明度（%）"：决定像素点的透明程度。数值越小透明度越高，数值越大透明度越低。

◎　"置换"滤镜预设效果对比

在"置换"对话框的右下角位置有10种预设效果，如下图所示。

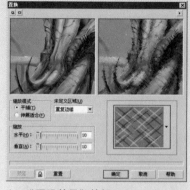

▲　"预设效果"按钮

单击下拉三角按钮，在下拉列表中有10种预设效果，如下图所示。

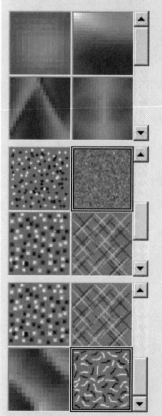

▲　"预设效果"下拉列表

"龟纹"效果可以为图像添加波纹效果使位图变形。

选中位图图像，执行菜单"位图"/"扭曲"/"龟纹"命令，弹出"龟纹"对话框，如图10-123所示。在对话框中设置参数，完成设置后，单击"确定"按钮。图像调整前后的效果对比如图10-124所示。

在"偏移"对话框中的"未定义区域"选项下拉列表中包括"环绕"、"重复边缘"和"颜色"。未定义区域下拉列表，如下图所示。

环绕
重复边缘
颜色

▲ "未定义区域"下拉列表

利用相同的图分别用同样的参数制作出这些样式，其效果对比如下图所示。

▲ "环绕"效果

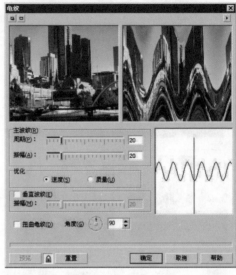

图10-123　"龟纹"对话框

▲ "重复边缘"效果

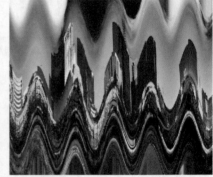

图10-124　"龟纹"命令前后图像效果对比

"龟纹"对话框中选项如下：

"主波纹"：包括"周期"和"振幅"两个选项。"周期"选项决定波纹的周期频率大小，数值越小周期越小、频率越大；数值越大周期越大、频率越小。"振幅"选项决定波纹振幅的大小，数值越小振幅就会越小，数值越大振幅就会越大。拖动相应的滑块可以设置波纹周期频率的大小和波纹振幅的大小。

"优化"：在该选项区中可以选择波纹的优化类型。

"垂直波纹"：选中该复选框，可以激活"振幅"选项，此时可以调整垂直波纹的振动幅度。

"扭曲龟纹"：选中该复选框，可以为波纹添加锯齿状边缘。

"角度"选项：旋转方向盘中的指针可以设置波纹的角度和方向。

▲ "颜色"效果

10.8.6 旋涡

"旋涡"效果可以使图像按照指定的中心产生旋涡的效果。

选中位图图像，执行菜单"位图"/"扭曲"/"旋涡"命令，弹出"旋涡"对话框，如图 10-125 所示。在对话框中设置参数，完成设置后，单击"确定"按钮。图像调整前后的效果对比如图 10-126 所示。

图 10-125　"旋涡"对话框

图 10-126　"旋涡"命令前后图像效果对比

"旋涡"对话框中选项如下：

"定向"：在该选项区中可以设置图像旋转的角度。

"优化"：在该选项区中可以选择旋涡的优化类型。

"角"：在该选项区中拖动相应的滑块，可以设置图像旋转的圈数和附加角度。

10.8.7 平铺

"平铺"效果可以将图像平铺在整个位图范围中，这种效果对网页背景的预览十分有用。

选中位图图像，执行菜单"位图"/"扭曲"/"平铺"命令，弹出"平铺"对话框，如图 10-127 所示。在对话框中设置参数，完成设置后，单击"确定"按钮。图像调整前后的效果对比如图 10-128 所示。

◎ "像素"滤镜像素化模式对比

在"像素"对话框中的"像素化模式"选项中包括"正方形"、"矩形"和"射线"，如下图所示。

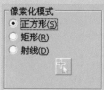

▲　"像素化模式"选项

利用相同的图分别用同样的参数制作出这些样式，其效果对比如下图所示。

▲　"正方形"效果

▲　"矩形"效果

▲　"射线"效果

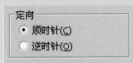

"旋涡"滤镜定向样式对比

在"旋涡"对话框中"定向"选项中包括"顺时针"和"逆时针"选项。"定向"选项如下图所示。

```
定向
  ● 顺时针(C)
  ○ 逆时针(O)
```

▲ "定向"选项

利用相同的图分别用同样的参数制作出这些定向样式，其效果对比如下图所示。

▲ "顺时针"效果

▲ "逆时针"效果

图 10-127　"平铺"对话框

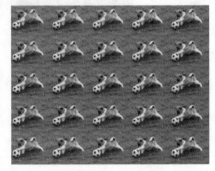

图 10-128　"平铺"命令前后图像效果对比

"平铺"对话框中选项如下：

"水平平铺"：决定在水平方向上平铺图像的数量。数值越大平铺的个数越多，数值越小平铺的个数越少。

"垂直平铺"：决定在垂直方向上平铺图像的数量。数值越大平铺的个数越多，数值越小平铺的个数越少。

"重叠"：决定平铺图像的重叠百分比，数值越大图像的重叠部分将越大，数值越小图像的重叠部分将越小。

10.8.8　湿画笔

"湿画笔"效果可以使位图产生一种特殊的效果。

选中位图图像，执行菜单"位图"/"扭曲"/"湿画笔"命令，弹出"湿画笔"对话框，如图 10-129 所示。在对话框中设置参数，完成设置后，单击"确定"按钮。图像调整前后的效对比果如图 10-130 所示。

图 10-129　"湿画笔"对话框

图 10-130　"湿画笔"命令前后图像效果对比

"湿画笔"对话框中选项如下：

"润湿"：拖动滑块可以设置笔画颜色的湿度。数值越大，图像中画笔的效果越湿；数值越小，图像中画笔的效果越干。

"百分比"：拖动滑块可以设置画笔的粗细。

10.8.9　涡流

"涡流"效果可以为位图添加流动的旋涡图案，可以预设也可以自定义。

选中位图图像，执行菜单"位图"/"扭曲"/"涡流"命令，弹出"涡流"对话框，如图 10-131 所示。在对话框中设置参数，完成设置后，单击"确定"按钮。图像调整前后的效果对比如图 10-132 所示。

图 10-131　"涡流"对话框

图 10-132　"涡流"命令前后图像效果对比

"平铺"选项

在"平铺"对话框中，其选项包含"水平平铺"、"垂直平铺"和"重叠"3 项。

选中位图图像，执行"位图"/"扭曲"/"平铺"命令，在对话框中分别设置"水平平铺"、"垂直平铺"和"重叠"参数，其效果对比如下图所示。

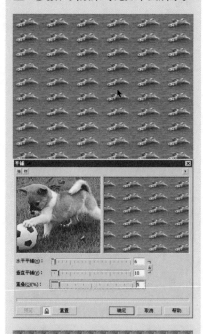

▲　不同参数效果对比

"涡流"滤镜样式对比

在"涡流"对话框的"样式"下拉列表中包括"笔刷笔触"、"明确"、"源泉"、"环形"、"污迹"、"过分弯曲"和"默认"、"上次使用的"样式。"样式"下拉列表如下图所示。

▲ "样式"下拉列表

利用相同的图分别用同样的参数制作出这些样式,其效果对比如下图所示。

▲ "笔刷笔触"样式效果

▲ "明确"样式效果

▲ "源泉"样式效果

"涡流"对话框中选项如下:

"间距":拖动滑块可以调整涡流之间的距离。

"擦拭长度":拖动滑块可以调整涡流线的长度大小。

"扭曲":拖动滑块可以调整图像中涡流的扭曲程度。数值越大,扭曲越强烈。

"弯曲":选中该复选框后可以使图像弯曲。

"条纹细节":拖动滑块可以设置图像中涡流线的层次。

"样式":在该选项的下拉列表框中可以选择涡流线的样式。单击 ➕ 按钮可以将当前所选的样式添加到样式列表中;再次单击 ➖ 按钮可以将当前所选的样式删除。

10.8.10 风吹效果

"风吹效果"可以使位图产生被风吹动的效果。

选中位图图像,执行菜单"位图"/"扭曲"/"风吹效果"命令,弹出"风吹效果"对话框,如图 10-133 所示。在对话框中设置参数,完成设置后,单击"确定"按钮。图像调整前后的效果对比如图 10-134 所示。

图 10-133 "风吹效果"对话框

图 10-134 "风吹效果"命令前后图像效果对比

"风吹效果"对话框中选项如下:

"浓度"选项:设置风效果的强度大小。数值越小风的强度就越小,数值越大风的强度就越大。

"不透明"选项:设置风的效果的透明程度。数值越小越透明,数值越大越不透明。

"角度"选项:设置风吹的方向。

10.9 杂点

杂点效果可以创建、控制和消除杂点，使位图变得柔和。杂点效果提供了6种杂点类型效果，"杂点"滤镜中包括"添加杂点"、"最大值"、"中值"、"最小"、"去除龟纹"和"去除杂点"。"杂点"滤镜子菜单如图10-135所示。

添加杂点(A)...
最大值(M)...
中值(E)...
最小(I)...
去除龟纹(R)...
去除杂点(N)...

图10-135 "杂点"子菜单

10.9.1 添加杂点

"添加杂点"效果可以为位图图像添加颗粒状的杂点。

选中位图图像，执行菜单"位图"/"杂点"/"添加杂点"命令，弹出"添加杂点"对话框，如图10-136所示。在对话框中设置参数，完成设置后，单击"确定"按钮。图像调整前后的效果对比如图10-137所示。

"添加杂点"对话框中选项如下：

"杂点类型"：设置添加杂点的类型，包括"高斯"、"尖突"和"均匀"3个选项。

"层次"：决定所选择类型的杂点强度。

"密度"：决定添加杂点的分布情况。数值越大杂点密度大，数值越小杂点密度越小。

"颜色模式"：设置添加杂点的颜色模式，包括"强度"、"随机"和"单一"3个选项。当选择"单一"选项时，可以设置添加杂点的颜色。

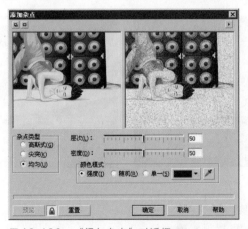

图10-136 "添加杂点"对话框

▲ "环形"样式效果

▲ "污迹"样式效果

▲ "过分弯曲"样式效果

▲ "默认"样式效果

Corel PHOTO-PAINT

可以访问 CorelDRAW 中的完善图像编辑程序 Corel PHOTO-PAINT。编辑完位图后，可以在 CorelDRAW 中快速恢复所做的工作。

要将位图发送到 Corel PHOTO-PAINT，可以单击属性栏上的"编辑位图"按钮，或者执行"位图"菜单上的"编辑位图"命令。也可以通过双击位图来启用，使可以访问 Corel PHOTO-PAINT 的选项。

可以从 Corel PHOTO-PAINT 复制选定的对象，然后将它们粘贴到绘图中。选定的对象将被粘贴为一组位图。

使用 Corel PHOTO-PAINT 编辑位图：

在工具箱中选择"挑选下"工具，选中要编辑的位图，如下图所示。

▲ 选中位图

在属性栏上，单击"编辑位图"启动 Corel PHOTO-PAINT，其界面如下图所示。

▲ Corel PHOTO-PAINT 界面

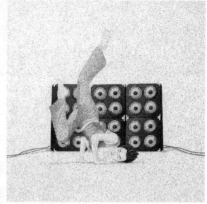

图 10-137 "添加杂点"命令前后图像效果对比

10.9.2 最大值

"最大值"效果可以使图像像素化，让图像中的高亮度像素以方块形状组合排列。

选中位图图像，执行菜单"位图"/"杂点"/"最大值"命令，弹出"最大值"对话框，如图 10-138 所示。在对话框中设置参数，完成设置后，单击"确定"按钮。图像调整前后的效果对比如图 10-139 所示。

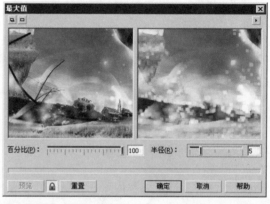

图 10-138 "最大值"对话框

图 10-139 "最大值"命令前后图像效果对比

"最大值"对话框中选项如下：

"百分比"：可以设置效果的强度。

"半径"：设置使用这种效果时选择和评估的像素数量。

CorelDRAW X5 入门与实用技巧大全

"去除龟纹"效果可以去除在扫描时图像中经常出现的图案杂点。

选中位图图像，执行菜单"位图"/"杂点"/"去除龟纹"命令，弹出"去除龟纹"对话框，如图10-140所示。在对话框中设置参数，完成设置后，单击"确定"按钮。图像调整前后的效果对比如图10-141所示。

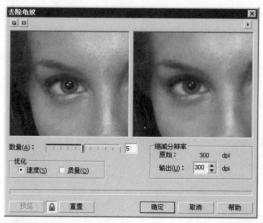

图10-140　"去除龟纹"对话框

选定的位图显示在Corel PHOTO-PAINT的图像窗口中，编辑该位图。编辑完成后如下图所示。

▲　编辑该位图

在属性栏上，单击"结束编辑"退出Corel PHOTO-PAINT。编辑的位图将显示在CorelDRAW的绘图页上，如下图所示。

▲　结束编辑

图10-141　"去除龟纹"命令前后图像效果对比

"去除龟纹"对话框中选项如下

"数量"：决定去除网纹的强度。

"缩减分辨率"：包括"原稿"和"输出"的分辨率，可以设置"输出"选项的分辨率。

"中值"效果可以通过平均图像中像素的颜色值消除杂点和细节。

选中位图图像,执行菜单"位图"/"杂点"/"中值"命令,弹出"中值"对话框,如下图所示。

▲ "中值"对话框

在对话框中设置参数,完成设置后,单击"确定"按钮。图像调整前后的效果对比如下图所示。

▲ "中值"命令前后图像效果对比

"中值"对话框中选项如下:

"半径":设置使用这种效果时选择和评估的像素数量。

"去除杂色"效果可以去除在扫描时图像中经常出现的图案杂点和抓取图像中的杂点,使图像变得柔和。

选中位图图像,执行菜单"位图"/"杂点"/"去除杂色"命令,弹出"去除杂色"对话框,如图10-142所示。在对话框中设置参数,完成设置后,单击"确定"按钮。图像调整前后的效果对比如图10-143所示。

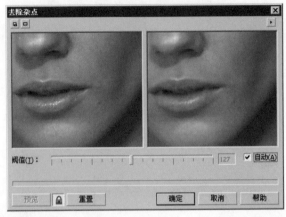

图10-142 "去除杂色"对话框

图10-143 "去除杂色"命令前后图像效果对比

"去除杂色"对话框中选项如下:

"阈值":设置去除杂点的范围。

"自动":选中此复选框,可以设置自动去除杂点。

10.10 鲜明化

CorelDRAW X5 的鲜明化效果提供了 5 种锐化效果，这些效果可以增大相邻像素间的对比度，使所选位图图像的像素变得鲜明，增强位图边缘使其产生锐化效果。"鲜明化"滤镜中包括"适应非鲜明化"、"定向柔化"、"高通滤波器"、"鲜明化"和"非鲜明化遮罩"。"鲜明化"滤镜子菜单如图 10-144 所示。

> 适应非鲜明化(A)...
> 定向柔化(D)...
> 高通滤波器(H)...
> 鲜明化(S)...
> 非鲜明化遮罩(U)...

图 10-144 "鲜明化"子菜单

10.10.1 适应非鲜明化

"适应非鲜明化"效果通过分析相邻像素的值使图像的边缘细节突出，对于高分辨率图的效果不明显。

选中位图图像，执行菜单"位图"/"鲜明化"/"适应非鲜明化"命令，弹出"适应非鲜明化"对话框，如图 10-145 所示。在对话框中调整"百分比"选项参数，完成设置后，单击"确定"按钮。图像调整前后的效果对比如图 10-146 所示。

图 10-145 "适应非鲜明化"对话框

图 10-146 "适应非鲜明化"命令前后图像效果对比

最小

"最小"效果可以使图像像素化，使图像中的暗调像素以方块型组合排列。

选中位图图像，执行菜单"位图"/"杂点"/"最小"命令，弹出"最小"对话框，如下图所示。在对话框中设置参数，完成设置后，单击"确定"按钮。图像调整前后的效果对比如下图所示。

▲ "最小"命令对话框

▲ "最小"命令前后图像效果对比

"最小"对话框中选项如下：

"百分比"：可以设置效果的强度。

"半径"：设置使用这种效果时选择和评估的像素数量。

选择对象

对于窗口所有对象的选择，简单的方法就是双击工具箱中的"挑选工具"按钮 ，另外可以执行"编辑"/"全选"命令，"全选"子菜单还可以分类选择，如下图所示。还可以用组合键【Ctrl+A】，这种方法也能全选除辅助线和被锁定的对象外的所有对象。

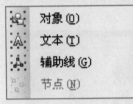

▲ "全选"子菜单

要选取群组中的某个对象，可以按住【Ctrl】键，再单击要选取的对象；如果没有按住【Ctrl】键只会选中群组的所有对象。这种方法只能选取群组中一个对象，无法同时选取多个对象。

当群组中的某个对象被选中，如下图所示，在该对象的周围出现的不是黑色小方块，而是8个黑色小圆点，如下图所示。

▲ 选择群组中的图形

10.10.2 定向柔化

"定向柔化"效果可以分析图像中边缘的像素，并确定柔化的方向。

选中位图图像，执行菜单"位图"/"鲜明化"/"定向柔化"命令，弹出"定向柔化"对话框，如图 10-147 所示。在对话框中调整"百分比"选项参数，完成设置后，单击"确定"按钮。图像调整前后的效果对比如图 10-148 所示。

图 10-147 "定向柔化"对话框

图 10-148 "定向柔化"命令前后图像效果对比

10.10.3 高通滤波器

"高通滤波器"效果可以通过突出图像中高光和明亮的区域消除位图的细节。

选中位图图像，执行菜单"位图"/"鲜明化"/"高通滤波器"命令，弹出"高通滤波器"对话框，如图 10-149 所示。在对话框中调整"百分比"选项参数，完成设置后，单击"确定"按钮。图像调整前后的效果对比如图 10-150 所示。

图 10-149 "高通滤波器"对话框

图 10-150 "高通滤波器"命令前后图像效果对比

10.10.4 鲜明化

"鲜明化"效果可以找到图像的边缘并提高相邻像素与背景的对比度来突出图像的边缘，使边缘区域更加明显。

选中位图图像，执行菜单"位图"/"鲜明化"/"鲜明化"命令，弹出"鲜明化"对话框，如图 10-151 所示。在对话框中设置参数，完成设置后，单击"确定"按钮。图像调整前后的效果对比如图 10-152 所示。

图 10-151 "鲜明化"对话框

图 10-152 "鲜明化"命令前后图像效果对比

"鲜明化"对话框中选项如下：

"边缘层次"：决定锐化效果的强度大小。

"保护颜色"：选中此复选框，可以将效果应用于像素的亮度值。

"阈值"：决定锐化区域的大小。数值越大，效果越不明显；数值越小，效果越明显。

CorelDRAW X5 对窗口中的所有对象都采用层叠的方式摆放，新绘制的对象都会处于以前所绘制对象的上层。如果新绘制的对象面积大于先前所绘制的对象面积，就会将先前所绘制的对象遮盖。如果选取被遮盖的对象，可以按住【Alt】键再单击该对象所处的大致位置，即可以选中，如下图所示。

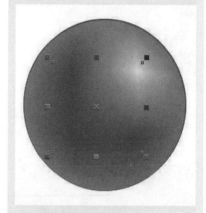

▲ 选中被遮盖对象

取消被选取的对象仅需要将鼠标在窗口的空白区域单击，或按键盘上的【Esc】键即可。

用"挑选工具"移动对象，位置关系仅只能依靠用户的目视检测，无法精确控制移动的距离。这时可以在图形对象被选中的状态下按【↑】、【↓】、【←】或【→】进行微调移动。

◎ 外挂式过滤器

根据用户的需要，可以自行安装"外挂式过滤器"。安装的"外挂式过滤器"位于"位图"菜单底部，如下图所示。

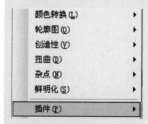

▲ "外挂式过滤器"位置

如果在工作中为工作便利将CorelDRAW X5的工作区随意地更改多处，以至于不能利用选项内容恢复默认设置的时候，还有另外一种快捷的方法来恢复工作区，即关闭CorelDRAW X5软件，按住【F8】键不放，双击桌面CorelDRAW X5图标，启动该软件，如下图所示。

▲ 双击桌面图标

稍待片刻会弹出提示框，提示"确实要用厂商提供的默认值覆盖当前的工作区吗？"，如下图所示。

▲ 恢复默认设置提示框

单击"是"按钮确认覆盖。界面打开后如下图所示。

▲ CorelDRAW X5 恢复默认设置后

10.10.5 非鲜明化遮罩

"非鲜明化遮罩"效果可以使位图中模糊的区域变得鲜亮。

选中位图图像，执行菜单"位图"/"鲜明化"/"非鲜明化遮罩"命令，弹出"非鲜明化遮罩"对话框，如图10-153所示。在对话框中设置参数，完成设置后，单击"确定"按钮。图像调整前后的效果对比如图10-154所示。

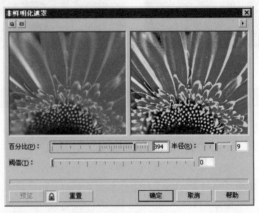

图 10-153 "非鲜明化遮罩"对话框

图 10-154 "非鲜明化遮罩"命令前后图像效果对比

"非鲜明化遮罩"对话框中选项如下：

"百分比"选项：设置边缘的锐化程度和图像中平滑区域的鲜明程度。

"半径"选项：可以控制选定和评估的像素数量。

"阈值"选项：决定锐化区域的大小。

指导器材选取　　学会选择最适合自己的人像摄影器材及配件
学会光线控制　　运用不同的光线来表达光影艺术的独特魅力
巧用色彩表现　　用五彩缤纷的色彩尽情渲染摄影作品的情感
掌握构图技巧　　完美的构图体现出作品非同凡响的独特气质
详解拍摄技法　　用真实实用的实拍技法解读人像摄影的秘籍

书号：ISBN　978-7-113-12551-6

定价：59.00元

15天 短期规划 成就软件应用梦想

书名：15天精通Photoshop CS5
书号：ISBN 978-7-113-13185-2
定价：59.00元（附赠光盘）

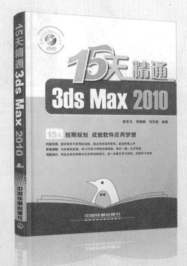

书名：15天精通3ds Max 2010
书号：ISBN 978-7-113-13329-0
定价：59.00元（附赠光盘）

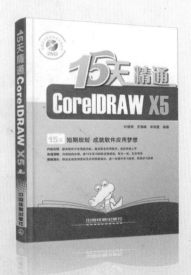

书名：15天精通CorelDRAW X5
书号：ISBN 978-7-113-13251-4
定价：59.00元（附赠光盘）

书名：15天精通Dreamweaver CS5
+Flash CS5+Photoshop CS5网页制作
书号：ISBN 978-7-113-13264-4
定价：59.00元（附赠光盘）

书名：15天精通Photoshop CS5数码照片处理
书号：ISBN 978-7-113-13320-7
定价：79.00（附赠光盘）

书名：15天精通Illustrator CS5
书号：ISBN 978-7-113-13289-7
定价：59.00元（附赠光盘）

内容实用：摒弃软件不常用的功能，重点突击实用技术，旨在快速上手

条理清晰：内容结构合理，按15天学习例程合理规划，每日一练，扎实有效

视频演示：附送全部实例素材及实例视频演示，进一步提升学习效率，巩固学习效果